新编**实用化工产品**丛书

丛书主编　李志健
丛书主审　李仲谨

# 化妆品
## ——配方、工艺及设备

HUAZHUANGPIN PEIFANG GONGYI JI SHEBEI

余丽丽　赵 婧　张 彦　等编著



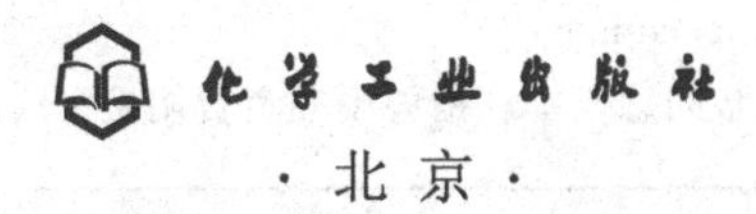


·北京·

本书对化妆品的定义、分类、产品发展趋势、原料等进行了简要介绍，重点阐述了保湿化妆品、祛斑美白化妆品、洁肤化妆品、抗衰老和抗皱化妆品、防晒化妆品、美容类化妆品、发用化妆品、功能化妆品配方、工艺等内容，同时对化妆品生产常用的乳化、混合、真空脱气、灭菌、灌装、天然产物提取、水处理等相关设备进行了系统介绍。

本书适合从事化妆品生产、配方研发、管理的人员使用，同时可供精细化工等专业的师生参考。

**图书在版编目（CIP）数据**

化妆品：配方、工艺及设备/余丽丽，赵婧，张彦等编著. —北京：化学工业出版社，2017.12（2023.5 重印）

（新编实用化工产品丛书）

ISBN 978-7-122-30896-2

Ⅰ.①化…　Ⅱ.①余…②赵…③张…　Ⅲ.①化妆品　Ⅳ.①TQ658

中国版本图书馆 CIP 数据核字（2017）第 266840 号

责任编辑：张　艳　刘　军　　　文字编辑：陈　雨

责任校对：王素芹　　　装帧设计：王晓宇

出版发行：化学工业出版社（北京市东城区青年湖南街 13 号　邮政编码 100011）

印　　装：北京建宏印刷有限公司

710mm×1000mm　1/16　印张 16½　字数 311 千字　2023 年 5 月北京第 1 版第 8 次印刷

购书咨询：010-64518888　　　售后服务：010-64518899

网　　址：http://www.cip.com.cn

凡购买本书，如有缺损质量问题，本社销售中心负责调换。

**定　　价：48.00 元**

# 前言

# FOREWORD

“新编实用化工产品丛书”主要按照生产实践用书的模式进行编写。丛书对所涉及的化工产品的门类、理论知识、应用前景进行了概述，同时重点介绍了从生产实践中筛选出的有前景的实用性配方，并较详细地介绍了与其相关的工艺和设备。

该丛书主要面向相关行业的生产和销售人员，对相关专业的在校学生、教师也具有一定的参考价值。

该丛书由李志健任主编，余丽丽、王前进、杨保宏任副主编，李仲谨任主审，参编单位有西安医学院、陕西科技大学、陕西省石油化工研究设计院、西北工业大学、西京学院、西安工程大学、西安市蕾铭化工科技有限公司、陕西能源职业技术学院。参编作者均为在相关企业或高校从事多年生产和研究的一线中青年专家学者。

作为丛书分册之一，本分册的编写主要是从化妆品中的主要有效成分和其相关功效出发，介绍化妆品的配方、工艺以及相关设备，以满足相关行业的生产、销售人员对化妆品基本知识的需求，同时也能提高普通消费者对化妆品的正确认识，并帮助其解读日常使用化妆品的准确功效。

全书共10章。第1章主要对化妆品的发展趋势、原料以及分类进行概述；第2～9章详细阐述各类功效化妆品的基本原理、常用配方和生产工艺；第10章介绍了化妆品生产过程所需的主要设备。

本分册由余丽丽、赵婧、张彦主持编写。各章编写人员分工如下：

余丽丽（西安医学院）负责编写第1、5、7、10章；姚琳（西安医学院）负责编写第2章；张彦（西安医学院）和余丽丽负责第3章；刘少静（西安医学院）负责第4章；梁飞（西安医学院）负责第6章；赵婧（西安工程大学）和余丽丽负责第8、9章。全书最后由余丽丽和李仲谨（陕西科技大学）统稿和审阅定稿。

本书在产品配方筛选、审核、编排过程中得到了西安医学院药学院各位老师的帮助，在编写过程中，西安医学院的曹敏、杨雪莉、归萌、姚广大、王雪、时炀、王琳、阮子静、李笑萌、苏力等在书稿的电子化和校对中做了大量的工作，在此一并表示诚挚的感谢。

由于作者水平所限，书中难免有疏漏和不妥之处，恳请读者提出批评意见，以便完善。

编著者

2017年10月

# 目录
# CONTENTS

# 1
# 化妆品概述

化妆品科学涉及生命科学、天然产物化学、皮肤科学、应用化学、精细化工等多个学科，是面向终端消费者的一门交叉学科。人类使用化妆品的历史源远流长，关于化妆品的使用可以追溯到公元前的古代中国、古希腊、古代埃及。在中国，化妆品的历史记载非常丰富，《汉书》中就有关于女性画眉、点唇的记载，《齐民要术》中介绍了有丁香香味的香粉，后唐《中华古今注》也有关于胭脂的记载。

进入 20 世纪后，随着现代生物科技、医学、精细化学工艺等领域科技的不断进步，学科交叉的不断深入、新科技的不断植入，化妆品的科技内涵得到了不断的提升，我国化妆品工业也得到了长久的发展。化妆品工业是我国国民经济的重要组成部分。

## 1.1 化妆品的定义和分类

### 1.1.1 化妆品的定义

人类使用化妆品最初的目的是保护身体，使得裸露的身体能够抵御大自然中温度的变化、紫外线或强光的照射、虫蚁等带来的伤害。因此，最初的化妆品是油，或油、泥土、植物的混合物。随着人类文明的发展，一些化妆品被赋予了宗教意义，比如一些宗教人士在身体上涂上颜色以防灾避难，或在身体上涂抹颜色来完成一些神秘的宗教仪式。随着现代科学技术的发展，化妆品的内涵发生了根本的变化，化妆品的作用转化为清洁、美容、保护、防止老化等。

中华人民共和国《化妆品标识管理规定》将化妆品定义为：“化妆品是指以涂抹、喷、洒或者其他类似方法，施于人体（皮肤、毛发、指趾甲、口唇齿等），以达到清洁、保养、美化、修饰和改变外观或者修正人体气味，保持良好状态为目的的产品。”化妆品属于日用化学工业产品，也是一类重要的精细化学品。

## 1.1.2 化妆品的分类和作用

### 1.1.2.1 化妆品的分类

GB/T 18670—2002《化妆品分类》按照功能将化妆品分为清洁类化妆品、护理类化妆品、美容/修饰类化妆品三大类（如表1-1所示），每一种功能的化妆品又可以按照使用部位分为皮肤用化妆品、发用化妆品、指甲用化妆品、唇用化妆品，其中包含了多个品种（表1-1）。

表1-1 GB/T 18670—2002关于化妆品的分类

| 功能<br>部位 | 清洁类化妆品 | 护理类化妆品 | 美容/修饰类化妆品 |
|---|---|---|---|
| 皮肤 | 洗面奶、卸妆水(乳)、清洁霜(蜜)、面膜、花露水、痱子粉、爽身粉、浴液 | 护肤膏霜、乳液、化妆水 | 粉饼、胭脂、眼影、眼线笔(液)、眉笔、香水、古龙水 |
| 毛发 | 洗发液、洗发膏、剃须膏 | 护发素、发乳、发油、发蜡、焗油膏 | 定型摩丝、发胶、染发剂、烫发剂、睫毛膏(液)、生发剂、脱毛膏 |
| 指甲 | 洗甲液 | 护甲水(霜)、指甲硬化剂 | 指甲油 |
| 口唇 | 唇部卸妆油 | 润唇膏 | 唇膏、唇彩 |

国际上则将化妆品分为两大类：①护肤、护发用品，属于基础化妆品，产品有雪花膏、冷霜、润肤霜、蜜类、花露水、生发水、洗发香波、护发素等；②美容化妆品，如香粉、粉饼、粉底霜、面膜、指甲油、眼影粉、眉笔、染发剂、头发固定剂等。

### 1.1.2.2 化妆品的作用和举例

化妆品的小类可以根据化妆品的主要作用进行细致地分类，包括清洁作用、保护作用、营养作用、美容作用、预防治疗作用。

清洁作用化妆品是一类起到清洁卫生作用或消除不良气味的化妆品。该类化妆品主要用于去除皮肤（面部、身体）、头发、口腔（含牙齿）表面脏污。常见的有洗面奶、卸妆水（乳、霜）、洗发液（膏）、牙膏、漱口水、沐浴露（盐）、痱子粉、洗甲水、清洁面膜等。

保护作用化妆品是一类用以保护皮肤、毛发、口腔、指甲、口唇等部位，使得皮肤和毛发滋润、富有弹性，能够抵御环境损伤的化妆品。此类化妆品是日常生活中使用最为普遍的产品，主要包括日常使用的润肤乳、润肤霜、防晒霜（油）、护发乳（膏）、防皲裂霜等。

营养作用化妆品的主要作用是提高皮肤、面部、毛发的营养，增强组织活力，减少水分流失，进而起到缓解皮肤衰老，预防或减缓色斑形成，或防止脱发等作用。这类化妆品多数含有具有功能性的营养活性物质，常见的产品有精华液（乳）、精油、化妆水、焗油膏等。

美容作用化妆品的主要作用是美化面部、指甲、身体，使使用者个人魅力增加。该类化妆品包括面部美容所需的粉底液、粉饼、香粉、胭脂、唇膏、遮瑕膏、眼线笔（液）、睫毛膏、眉笔、眼影等；头发美化所需的发胶、发蜡、发用精油；指甲美化所需的指甲油；美化身体所用的香水、人体彩绘用的颜料等。

预防治疗作用化妆品主要用于预防或者改善皮肤、头发、牙齿等部位的一些病理性问题，这类化妆品中很大一部分具有一定的治疗效果，因此会添加一些药物，属于特殊用途化妆品，如祛斑化妆品、祛痘化妆品、抑汗化妆品、瘦身化妆品、丰胸化妆品、生发育发化妆品、美白牙膏等。

#### 1.1.2.3 特殊用途化妆品的种类和现状

中华人民共和国《化妆品卫生监督条例》规定："特殊用途化妆品是指用于育发、染发、烫发、脱毛、美乳、健美、除臭、祛斑、防晒的化妆品"。

育发化妆品，又称生发用化妆品，具有生发、防止头发脱落及改善发质的作用，常见的配方是在乙醇溶液中添加生发、养发、抑菌等成分的液体或乳状制剂，如生发水等。

染发化妆品是具有改变头发颜色作用，达到美化毛发目的的化妆品，如各种染发剂（暂时性染发剂、半持久染发剂、持久染发剂、无机染化剂、植物染发剂、矿物染发剂）、头发漂白剂等。

烫发化妆品具有改变头发弯曲度并维持相对稳定的作用，包含头发软化剂、中和剂。

脱毛化妆品是能够减少、消除体毛的一类化妆品，其基本原理是使用强还原剂切断毛发角质中蛋白胱氨酸中的二硫键实现脱毛。

美乳化妆品是有助于乳房健美的一类产品，最为常见的是丰乳化妆品，多数含乳酸钠硅烷醇、硅烷醇透明质酸酯、水杨酸酯硅烷醇、啤酒花精和甘草精、激素等。

健美化妆品是能够使体形健美的一类产品，较为常见的是减肥瘦身的化妆品。多数含有甲基黄嘌呤、硅烷醇及其复合物、辅酶 A 和 L-肉碱、草药提取物等活性物质。

除臭化妆品是有助于消除腋臭、体味或能够抑制汗液分泌的一类化妆品。

祛斑化妆品是用于缓解皮肤表皮色素沉积或形成的化妆品。

防晒化妆品是通过无机或有机活性物质吸收或散射紫外线，来减轻紫外线引起皮肤损伤或色素沉积的化妆品。

美白、祛粉刺、祛痘类等一些具有特殊功能的化妆品，并未包含在特殊用途化妆品的范畴内，但是近年来随着化妆品市场份额的不断加大，消费者对特殊功能化妆品的需求不断提高，在化妆品抽检过程中发现了一些药品添加的现象，严重危害了消费者的利益。如 2005 年卫生部通报的对 9 个省市 189 种“宣称祛痘、除螨及去皱”等功能化妆品的抽检情况显示：126 种祛痘类产品中 17 种产品被检出甲硝唑；9 种产品被检出氯霉素；6 种产品同时被检出甲硝唑和氯霉素；63 种祛皱功能的护肤类化妆品中部分检出含有可的松、地塞米松、雌激素等物质。

事实上特殊用途化妆品的范畴应该是药物与化妆品结合的一类化妆品，是医药学和精细化学之间的交叉产业。日本称之为“准药品”；美国、英国则认定其为非处方药（OTC）或药妆品，其中包含了添加药物的皮肤保健品、护肤及头发的护理品、口腔清洁剂等。在我国除了涉及化学药物的添加，更多的特殊用途化妆品还涉及了中药提取物或天然植物提取物的添加。我国对于该类化妆品的总体要求是无毒副作用，并规定了 359 种禁用成分、57 种限制添加成分、66 种限用防腐剂。

# 1.2 化妆品工业的发展趋势

20 世纪美容化妆品行业取得了很大的进展，但是在科学技术含量上相对较低，其采用的原料绝大多数是化学物质。化学原料的大量使用使得化妆品的发展受到了限制，它最大的弊端是可能引起严重的毒副作用和过敏反应。21 世纪突飞猛进的科学技术发展，带动了化妆品科学和化妆品工业的显著发展。化妆品总体的发展趋势表现为功能化、天然化、生物工程化、新技术化。

## 1.2.1 功能化

爱美之心人皆有之，更多的消费者开始追求更为细腻富有弹性的皮肤，更为永驻的青春，更为精美的妆容，更为纤细或健美的体型，更为完美的曲线。在这些市场需求和消费群体的驱动下，化妆品朝着功能化的方向发展。此外，中国人口年龄结构不断变化，2014 年 16 周岁以上至 60 周岁以下（不含 60 周岁）的年龄群占总人口的比重为 67.0%，60 周岁及以上人口占总人口的 15.5%，人口结构趋于老龄化。抗皱、美白、祛斑、美体等具有抗衰老功能的化妆品及其相关服务的需求迅速增长，因此这类化妆品将成为化妆品市场的主流。

## 1.2.2 天然化

英国科学家本斯提出，欧洲女性每年通过化妆品使用 2.3kg 的化学物质，这些物质很多可以被人体吸收。因此中华人民共和国国家卫生和计划生育委员会

2015 年出台的《化妆品安全技术规范》对化妆品中常用的有毒物质，进行了严格地限制。随着消费者安全意识的不断加强，人们在追求美丽的同时，开始关注化妆品和健康之间的关系，在环保美容消费理念的驱动下“天然化妆品”“草本化妆品”应运而生，因此天然化成为化妆品的又一发展趋势。开发天然化妆品在我国有得天独厚的条件，我国有几千年中医药的历史积淀，留下大量珍贵的医学古典。中药由天然的植物、动物、矿物组成，是人类了解较为深入的一批天然物质，基于几千年的研究基础，通过对中药中有效成分提纯、分析，依照中医基本理论配方，应用现代技术、生产设备配置，开发的中药化妆品具有科学性、适用性、安全性。中药化妆品可集天然化、疗效化、营养化等多种功能于一体，符合当今世界化妆品潮流，大量的植物成分已经进入化妆品配方设计的首选，其中使用最多的有绿茶提取液、芦荟提取液、人参提取液等（表 1-2），因此原料天然化也必将对我国和世界化妆品的发展作出贡献。

**表 1-2　2011～2014 年全球市场面部护肤品八大植物成分　　单位：%**

| 植物成分 | 2011 年 | 2012 年 | 2013 年 | 2014 年 | 全样本统计 |
|---|---|---|---|---|---|
| 绿茶提取物 | 10.5 | 10.9 | 11.3 | 11.8 | 11.1 |
| 库拉索芦荟叶提取物 | 7.1 | 6.1 | 7.1 | 7.1 | 6.8 |
| 人参提取物 | 6.0 | 4.8 | 4.0 | 4.0 | 4.7 |
| 洋甘菊提取物 | 3.8 | 3.8 | 5.3 | 5.5 | 4.6 |
| 薰衣草油 | 3.6 | 3.8 | 3.9 | 4.6 | 3.9 |
| 迷迭香提取物 | 3.2 | 3.8 | 3.9 | 4.6 | 3.9 |
| 香橼果实提取物 | 3.4 | 3.3 | 3.4 | 4.1 | 3.5 |
| 金盏菊提取物 | 2.7 | 3.3 | 2.7 | 4.2 | 3.2 |

### 1.2.3　生物工程化

生物工程包括基因工程、细胞工程、酶工程、发酵工程、生化工程和转基因工程。随着生物技术的不断进步和发展，以分子生物学为基础的现代皮肤生理学研究不断发展。这些研究逐步揭示了皮肤损伤、衰老、色素沉积、光致损伤、毛发损伤的生物化学过程，并对这些生理过程进行了科学的阐述。在此基础上依据皮肤的内在作用机制，并通过适当的体外模型，有针对性地指导化妆品原料的选择，可达到保护皮肤、延迟衰老、防治损容性皮肤病的目的。例如生物工程相关研究发现，婴幼儿的皮肤之所以亮泽、富有弹性，是因为其皮肤中含有大量表皮生长因子（EGF）。EGF 可强烈驱使细胞分裂、繁殖，化妆品行业称之为美容因子。此外类似的生物工程因子还有白细胞介素、肿瘤坏死因子（TNF）、酸性成纤维细胞生长因子（$\alpha$-FGF）、胰岛素生长因子（IGF）、角质形成细胞生长因子（KGF）、神经生长因子（NGF）、阿尔法转化生长因子（$\alpha$-TGF）等。每一个生物工程因子都有它独特的功能和特性，如能将它们均应用于化妆品行业，将会带来巨大的突破。

### 1.2.4 新技术化

目前化妆品配方设计过程中涉及的新技术主要包括新型乳化技术、纳米技术、天然植物萃取技术等。

(1) 新型乳化技术　乳化是化妆品相关技术中较为关键的步骤，是乳液、霜膏稳定性和状态的关键，为了实现乳膏更为丰富的触感，大量新型的乳化剂被设计用于化妆品的乳化过程，如新型乳化剂 343，可非常方便地配制水溶性乳膏；复合乳化剂 OW340B 可帮助各种中药及提取物在乳剂中均匀稳定分散。

(2) 纳米技术　纳米技术是用于化妆品最热门的技术。纳米颗粒是指粒径在 0.1～100nm 范围内的粒子。纳米技术使化妆品发生了质的改变，研究发现将化妆品的原料粉碎到纳米级别，能大大提高皮肤对原料的吸收率和利用率。

纳米技术在化妆品的各个小类中均有采用。如二氧化钛（$TiO_2$）是美容化妆品行业中应用最广的防晒剂。纳米二氧化钛，是一种透明状的粉末，它既能散射又能吸收紫外线，与常规的二氧化钛相比纳米二氧化钛可起到更高的防晒效果，并且对皮肤无刺激，可配制成透明防晒霜。又如大部分祛斑化妆品效果不佳的原因是真皮型或混合型黄褐斑的黑色素不在表皮上，而是在真皮浅层，因一般的祛斑活性物质无法达到真皮使治疗效果甚微。如果将从甘草中提取的祛斑原料光甘草定粉碎到纳米级别，由它配制的祛斑化妆品可透入真皮浅层，从而达到祛斑的效果。维生素 E 是化妆品中较为传统的抗氧化物质，在皮肤外用过程中也不能获得良好的效果，研究发现采用纳米技术包载维生素 E，可协助其进入皮肤并为表皮细胞所用，起到嫩肤、除皱、延缓衰老的作用。

(3) 天然植物萃取技术　煎煮是传统的植物萃取方式，由该法得到的提取物成分复杂，外观较差，限制了其在化妆品中的使用。在天然产物提取中，各种现代化提取技术逐步使用，如超微粉碎、低温提取、超临界萃取等，可充分保留药物的有效成分，同时也有效降低了各种不良反应。

## 1.3 化妆品原料

化妆品的特性和品质在一定程度上取决于原料，化妆品原料按性质和用途分为基质原料、辅助原料和添加剂。

### 1.3.1 基质原料

基质原料是根据化妆品类别和形态要求，赋予产品剂型特征的组分，是化妆品配制必不可少的原料。基质原料主要有油性原料、粉质原料、胶质原料、溶剂原料、表面活性剂等。

(1) 油性原料　油性原料是化妆品的主要基质原料，主要有油脂类、蜡类、高级脂肪酸类、高级脂肪醇类和酯类等。

① 油脂和蜡类。油脂和蜡类是组成膏霜、唇膏、乳液类等化妆品的油性基质原料，主要是动植物油脂、矿物油脂、合成油脂、动植物蜡类、矿物蜡类、合成蜡类等。

动植物油脂和动植物蜡类是化妆品中最为常用的一类安全性较高的油性原料，常见的有橄榄油、茶籽油、椰子油、蛇油、马油、巴西棕榈蜡、蜂蜡等。其中，橄榄油是较为常用的植物油脂，是发油、防晒油、唇膏和W/O型霜膏的重要原料；巴西棕榈蜡是化妆品原料中硬度最高的一种蜡类原料，主要用于增加制品的硬度、耐热性、韧性和光泽度，在唇膏、睫毛膏等化妆品中较为常见；蜂蜡又称蜜蜡，是构成蜂巢的主要成分，配伍性好，是乳液类化妆品中的油相组分，也起助乳化作用，在唇膏、发蜡、油性膏霜等制品中常见使用。

矿物油脂和矿物蜡类是指以石油、煤为原料精制得到的蜡性组分，该类原料性质稳定，价格较低，常用的有液状石蜡（白油）、凡士林等。

合成油脂和合成蜡类通常是通过各种油脂或原料，改性得到的油脂和蜡类，常用的有羊毛脂衍生物、硅油衍生物等。

② 高级脂肪酸类、高级脂肪醇类和酯类。高级脂肪酸、脂肪醇是动植物油脂和蜡类的水解产物，脂肪酸酯类则是高级脂肪酸人工酯化后的产物。其中，高级脂肪酸和脂肪醇是各种乳液和膏霜的重要原料，脂肪酸酯则常用于代替天然油脂，赋予乳化制品特殊功能，也是脂溶性色素和香精的溶剂。部分脂肪酸酯还具有优良的表面活性。

(2) 粉质原料　粉质原料是爽身粉、香粉、粉饼、胭脂、眼影等化妆品的基质原料，主要起遮盖、滑爽、附着、摩擦等作用。此外，它在芳香制品中也用作香料的载体，在防晒化妆品中用作紫外线屏蔽剂。

常见的粉类原料有滑石粉、高岭土、钛白粉、云母粉等。滑石粉的延展性为粉体类中最佳，但吸油性及吸附性稍差，多用在香粉、爽身粉等中；高岭土对皮肤黏附性好，具有抑制皮脂及吸收汗液的性能，在化妆品中与滑石粉配合使用，能起到缓和及消除滑石粉光泽的作用，是制造香粉、粉饼、水粉、胭脂、粉条及眼影等制品的常用原料；钛白粉的遮盖力是粉末中最强的，且着色力也是白色颜料中最好的，又因为对紫外线透过率最小，常用于防晒化妆品，也可作香粉、粉饼、水粉饼、粉条、粉乳等产品中重要的遮盖剂。

(3) 胶质原料　胶质原料主要是水溶性高分子化合物，又称水溶性聚合物或水溶性树脂。化妆品所用的天然胶质原料有淀粉、植物树胶、动物明胶等，这类天然化合物易受气候、地理环境的影响而质量不稳定。近年来，大量的合成高分子化合物被大量使用，如聚乙烯醇等。

（4）溶剂原料　溶剂是液状、浆状、膏状化妆品（如香水、花露水、洗面奶、冷露、雪花膏及指甲油）等多种制品配方中不可或缺的主要成分，主要起溶解作用，使制品具有一定的物理性能和剂型。化妆品中溶剂原料主要包括水，醇类和酮、醚、酯类及芳香族有机化合物等。

（5）表面活性剂　这是化妆品的重要组分之一，对化妆品的形成、理化特性、外观和用途都有着重要作用。它的主要作用有乳化作用、增溶作用、分散作用、起泡作用、去污作用、润滑作用和柔软作用等。

## 1.3.2 辅助原料

辅助原料及添加剂对化妆品的成型、色、香和某些特性起作用，一般用量较少，但也有重要作用，主要有色素、香精、防腐剂、抗氧化剂和各种添加剂等。

（1）色素　色素也称着色剂，是彩妆类化妆品的主要成分，主要有有机合成色素、无机颜料、天然色素和珠光颜料四类。

（2）香精　香精由香料调配而成，赋予化妆品舒适的气味。香精的选择不仅影响制品的气味，还可能会造成刺激性、致敏性等问题，并有可能影响产品的稳定性，因此在配制时需要考虑香精的物理、化学和毒理性质。

（3）防腐剂　在化妆品中添加防腐剂，其作用是使化妆品免受微生物的污染，延长化妆品的寿命，确保其安全性。2015 版《化妆品安全技术规范》对化妆品组分中限用防腐剂的最大允许浓度及限用范围和必要条件都有明确的规定。

此外，化妆品中还需要一些添加剂来实现保湿、营养、抗衰老、防晒等作用，该部分的原料和应用将在后面各章具体介绍。

# 2 保湿化妆品

## 2.1 皮肤保湿

### 2.1.1 皮肤的生理结构

人体皮肤如同人体的屏障，保护着体内各组织和器官免受外界的机械性、物理性、化学性或生物性侵袭或刺激，同时具有天然的保湿性能。皮肤分表皮、真皮和皮下组织三部分，每个部分对皮肤的保湿性能起到各自的生理作用。

皮肤表皮层是直接与外界接触的部分，其中从外向内与保持水分关系最为密切的是角质层、透明层和颗粒层。颗粒层是表皮内层细胞向表层角质层过渡的细胞层，可防止水分渗透，对储存水分有重要的作用。透明层含有角质蛋白和磷脂类物质，可防止水分及电解质等透过皮肤。角质层是表皮的最外层部分，由角质形成细胞不断分化演变而来，重叠形成坚韧富有弹性的板层结构。角质层细胞内充满了角蛋白纤维，属于非水溶性硬蛋白，对酸、碱和有机溶剂具有抵抗力，可抵抗摩擦，阻止体液的外渗以及化学物质的内渗。角蛋白吸水能力强，角质层不仅能防止体内水分的散发，还能从外界环境中获得一定的水分。健康的角质层细胞一般脂肪含量为7%，水分含量为15%～25%，如水分含量降至10%以下，皮肤就会干燥发皱，产生肉眼可见的裂纹甚至鳞片即为皱纹。

真皮在表皮之下，主要由蛋白纤维结缔组织和含有糖胺聚糖的基质组成。真皮结缔组织中主要成分为胶原纤维、网状纤维和弹力纤维，这些纤维的存在对维持正常皮肤的韧性、弹性和充盈饱满程度具有关键作用。真皮中含水量的下降可影响弹力纤维的弹性和胶原纤维的韧性。纤维间基质主要是多种糖胺聚糖和蛋白质复合体，它们在皮肤中分布广泛，可以结合大量水分，是真皮组织保持水分的重要物质基础。例如透明质酸（HA）就是真皮中含量最多的糖胺聚糖。总体而言，人体皮肤的含水量为体重的18%～20%，其中75%的水存在于细胞外，水分主要储存在真皮中。真皮基质中HA减少，糖胺聚糖类变性，真皮上层的血管伸缩性和血管壁通透性减弱，都将导致真皮内含水量下降，影响皮肤光泽度、弹性和饱满度，并出现皮肤老化的现象。

皮下组织内含较多的血管、淋巴管、神经、毛囊、皮脂腺、汗腺等。其中，皮脂腺分布于全身皮肤，内部为皮脂细胞，是皮肤中分泌油性物质——皮脂的腺体。皮脂形成油脂膜，使皮肤平滑、光泽，并可防止皮肤水分的蒸发，起润滑皮肤的作用。小汗腺是分泌汗液的腺体，它借助肌上皮细胞的收缩将汗液输送到皮肤表面，平时分泌量较少，以肉眼看不见的蒸汽形式发散，分泌量增加时在皮肤表面形成水滴状。汗液不断分泌起保湿作用，防止皮肤干燥，并有助于调节体温和排出体内的部分代谢产物。此外，部分水在尚未到达表皮时，已经汽化为蒸汽，从皮肤溢出，造成皮肤失水，这一过程目前被认为与表皮的角质化程度和速度有关系。

### 2.1.2 皮肤的渗透和吸收作用

皮肤是人体的天然屏障和净化器，皮肤对机体起到保护作用，并且具有一定的渗透能力和吸收能力，有些物质可以通过表皮渗透入真皮，被真皮吸收，影响全身。一般情况下，多数水和水溶性物质不可直接被皮肤吸收，而油和油溶性物质可经皮肤吸收。其中，动物油脂较植物油脂更易被皮肤吸收，矿物油、水和固体物质不易被皮肤吸收。

物质一般通过角质层最先被吸收，角质层在皮肤表面形成一个完整的半通透膜，在一定条件下水分可以自由通过，进入细胞膜到达细胞内。外界物质对皮肤的渗透是皮肤吸收小分子物质的主要渠道，物质进入皮肤的可能途径有：①角质层是影响皮肤渗透吸收最重要的部位，软化的皮肤可以增加渗透吸收，软化角质层后，物质经角质层细胞膜渗透进入角质层细胞，继而可能再透过表皮进入真皮层；②少量大分子和不易透过的水溶性物质，可通过皮肤毛囊，经皮脂腺和毛囊管壁进入皮肤深层的真皮内，再由真皮层进一步扩散；③一些超细物质也可经过角质层细胞间隙渗透进入真皮。

皮肤的渗透和吸收作用受以下因素影响：①皮肤表皮角质层的完整性直接影响皮肤的渗透性和吸收性能；②皮肤的水合作用是影响皮肤吸收速度和程度的主要因素，可影响渗透物质在角质层内的分配和浓度梯度；③表皮被水软化后的吸收能力增强；④表皮的脂质组成也是影响皮肤渗透性的重要因素。

此外，化妆品中采用的一些组分，如渗透剂、透皮促进剂、脂质体等，也能影响皮肤的渗透和吸收作用。

### 2.1.3 天然保湿因子

1976年，Jacobi发现在皮肤角质层中有许多吸附性的水溶性物质参与了角质层中水分的保持，并将这类物质命名为天然保湿因子（NMF）。NMF形成于表皮细胞的角化过程，具有稳定皮肤角质层中水分含量的作用，还具备从空气中吸附水分的能力。

表2-1 NMF的化学组成

| 成分 | 含量/% | 成分 | 含量/% | 成分 | 含量/% |
|---|---|---|---|---|---|
| 氨基酸类 | 40.0 | 钠 | 5.0 | 氯化物 | 6.0 |
| 吡咯烷酮羧酸 | 12.0 | 钾 | 4.0 | 柠檬酸盐 | 0.5 |
| 乳酸盐 | 12.0 | 钙 | 1.5 | 糖、有机酸、肽等其他未确定物 | 8.5 |
| 尿素 | 7.0 | 镁 | 1.5 | | |
| 氨、尿酸、氨基葡萄糖、肌酸 | 1.5 | 磷酸盐 | 0.5 | | |

NMF中的氨基酸、吡咯烷酮羧酸、乳酸、尿酸及其盐类等物质多为亲水性物质（表2-1）。这些物质都具有极性基团，易与水分子以化学键、氢键、范德华力等形式形成分子间缔合，使得水分挥发能力下降，从而起到皮肤保湿的作用。另外，这些亲水性物质能镶嵌于细胞脂质和皮脂等结构中，或被脂质形成的双分子层包围，起到防止亲水性物质流失和控制水分挥发的作用。

NMF的这些成分一般存在于角质细胞中。如果皮肤角质层的完整性受到破坏，NMF将会受到影响，皮肤的保湿作用下降。皮肤角质层中的NMF是皮肤保湿的重要内部因素。

## 2.2 保湿活性成分和产品配方实例

### 2.2.1 丙二醇保湿化妆品

丙二醇又称1,2-丙二醇，结构式为$CH_2OHCHOHCH_3$，为无色透明、具有一定黏度的吸湿性液体。可溶于水、乙酸乙酯、乙醇，并能溶解各种精油。主要用于乳化制品和各种液体制品的湿润剂和保湿剂。通常，在化妆品中用量低于15%时，不会引起一次性的刺激和过敏，因此是化妆品行业中最为常用的安全保湿剂之一。

配方：保湿化妆品组合物

| 组　分 | | 质量分数/% | 组　分 | | 质量分数/% |
|---|---|---|---|---|---|
| A组分 | 狗牙蔷薇果提取物 | 4.0 | B组分 | 竹沥水 | 7.0 |
| | 巴西莓果提取物 | 4.0 | | 橄榄油酰水解小麦蛋白 | 0.7 |
| | 鼠尾草提取物 | 3.5 | | 糖胺肽 | 0.8 |
| | β-谷甾醇 | 2.0 | | 甘草酸二钾 | 2.0 |
| | 蔓越莓籽油 | 2.0 | | 栗子多糖 | 0.7 |
| | 葡萄籽油 | 1.8 | | 去离子水 | 加至100.0 |
| | 米油 | 0.7 | C组分 | 卵磷脂 | 6.0 |
| | 角鲨烯 | 4.0 | | 辛酸癸酸聚乙二醇甘油酯 | 22 |
| | 维生素E | 4.0 | | 1,2-丙二醇 | 4.0 |
| | 肉豆蔻酸异丙酯 | 12.0 | | | |

制备工艺：

① 按上述质量分数称取各组分；

② 将B组分加入去离子水中混合均匀，得水相；将A组分加入肉豆蔻酸异丙酯中混合均匀，得油相；将C组分混合均匀，得乳化剂/助乳化剂混合物；

③ 将水相和乳化剂/助乳化剂混合物混合并超声振荡10～30min，加入油相，超声振荡至呈均一透明乳液，即得产品。

### 2.2.2　聚乙二醇保湿化妆品

聚乙二醇缩写为PEG，是由环氧乙烷与水或乙二醇聚合而成，根据分子量的差异，其物理形态有无色黏稠液（分子量为200～700）、蜡状半固体（分子量为1000～2000）、坚硬的蜡状固体（分子量为3000～20000）三种不同的状态。聚乙二醇易溶于水，随着分子量增加，其水溶性和吸湿性下降。

聚乙二醇具有水溶性、不挥发性、生理惰性、温和性、润滑性、保湿性等性能，此外，液体聚乙二醇（如PEG-400）对很多活性分子具有良好的溶解能力，因此在化妆品工业或药物制剂中常用作保湿剂、增溶辅料等。美国联邦食物药品和化妆品法规的食品添加剂增补条例中，已批准把食物化学品药典级的聚乙二醇直接或间接地用作食品添加剂。

配方：保湿化妆水

| 组　分 | 质量分数/% | 组　分 | 质量分数/% |
|---|---|---|---|
| 亚麻籽胶提取液 | 72.8 | 透明质酸钠 | 0.02 |
| 丙三醇 | 10 | 透明黄原胶 | 0.05 |
| 1,3-丁二醇 | 5.0 | PEG-40氢化蓖麻油 | 2.0 |
| 聚乙二醇(32) | 5.0 | 尼泊金甲酯 | 0.1 |
| PEG-26甘油醚 | 5.0 | 去离子水 | 加至100 |

制备工艺：

① 将亚麻籽按体积比亚麻籽：水＝1：30的比例60℃浸提30min，得滤液即为亚麻籽胶提取液；

② 在搅拌条件下向亚麻籽胶提取液中加入透明质酸钠、透明黄原胶，搅拌均匀至完全溶解；

③ 依次加入丙三醇、1，3-丁二醇、聚乙二醇(32) 和 PEG-26 甘油醚，继续搅拌后加入其余组分，搅拌均匀即得该产品。

### 2.2.3 甘油保湿化妆品

甘油又称丙三醇，其结构式为 $CH_2OHCHOHCH_2OH$，无色黏稠液体。甘油可混溶于乙醇，与水混溶，可溶解某些无机物，在制药工业、香料工业、化妆品工业可用作溶剂。

甘油具有从环境吸收水分的功能，是化妆品行业中应用较早的保湿剂，特别是在水包油型乳化制品中使用较为广泛。甘油最大携水能力接近自身质量的 1 倍，适用于相对湿度高的条件，在湿度很低时（如寒冷的冬天或干燥多风时节），保湿效果不佳，因此常用作基础保湿剂。甘油用作保湿剂时，在化妆品中和水的比例一般控制在 3∶1 左右。

配方 1：燕麦润肤霜

| 组　分 | 质量分数/% | 组　分 | 质量分数/% |
|---|---|---|---|
| 白油 | 12.0 | 单甘酯 | 2.0 |
| 二甲基硅油 | 10.0 | 甘油 | 2.0 |
| 羊毛脂 | 3.0 | 山梨醇 | 4.0 |
| 肉豆蔻酸异丙酯 | 3.0 | 防腐剂、香精 | 适量 |
| 燕麦浆(25%) | 6.0 | 去离子水 | 加至 100.0 |

制备工艺：将油相（白油、二甲基硅油、羊毛脂、肉豆蔻酸异丙酯）、水相（单甘酯、甘油、山梨醇、去离子水）混合乳化时加入燕麦浆，80℃均匀搅拌 5min，然后抽真空降温至室温，加入防腐剂、香精后即得产品。

配方 2：保湿精华水

| 组　分 | | 质量分数/% | 组　分 | | 质量分数/% |
|---|---|---|---|---|---|
| A 组分 | 丁二醇 | 8.0 | B 组分 | 银耳提取物 | 0.15 |
| | 甘油 | 10.0 | C 组分 | PEG-40 氢化蓖麻油 | 0.08 |
| | 芦苣胶油 | 5.0 | | 香精 | 0.01 |
| | 羟乙基脲 | 8.0 | | 乙醇 | 4.0 |
| | 乙二胺四乙酸二钠 | 0.05 | D 组分 | 马齿苋提取物 | 1.0 |
| | 羟苯甲酯 | 0.1 | | 甘草酸二钾 | 0.1 |
| | 乙基己基甘油 | 0.6 | | 烟酰胺 | 1.0 |
| | 双-PEG-18 甲基醚二甲基硅烷 | 0.3 | | 海茴香提取物 | 0.02 |
| | 温泉水 | 10.0 | | 透明颤菌发酵产物 | 2.0 |
| | 去离子水 | 加至 100.0 | | 燕麦 $\beta$-葡聚糖 | 5.0 |
| B 组分 | 小分子 HA | 0.2 | | 浮游生物提取物 | 3.0 |
| | 丙二醇 | 5.0 | | | |

制备工艺：

① 分别将B组分、C组分混合溶解，备用；

② 将A组分混合搅拌均匀至完全溶解，加热至80℃，保温20min，待温度降至45℃，加入混合好的B组分和C组分，搅拌均匀；

③ 依次加入D组分，搅拌均匀至完全溶解，待温度降至36℃，用400目滤布过滤得产品。

配方3：美白保湿化妆品

| 组　　分 | 质量分数/% | 组　　分 | 质量分数/% |
| --- | --- | --- | --- |
| 五味子提取物 | 8.9 | 乙二醇 | 5.4 |
| 桑树皮提取物 | 6.25 | 迷迭香叶油 | 2.7 |
| 余甘子果提取物 | 11.6 | 小麦胚芽 | 10.7 |
| 雪莲花 | 16.1 | 荞麦籽提取物 | 7.0 |
| 茯苓 | 8.0 | 去离子水 | 加至100.0 |
| 甘油 | 14.3 | | |

制备工艺：

① 将小麦胚芽提取物、乙二醇、五味子提取物、桑树皮提取物、余甘子果提取物、甘油混合并加入2倍的去离子水，加热至70℃保温70min，搅拌均匀；

② 将迷迭香叶油和荞麦籽提取物加入，在转速为1800r/min下搅拌均匀得到最终产品。

配方4：树硅油保湿乳液

| 组　　分 | | 质量分数/% | 组　　分 | | 质量分数/% |
| --- | --- | --- | --- | --- | --- |
| A组分 | 乳木果香 | 3.0 | B组分 | 1，3-丁二醇 | 2.0 |
| | 橄榄油 | 4.0 | | 海藻糖 | 1.0 |
| | 16/18醇 | 1.0 | | 林蛙油 | 0.2 |
| | 乳化蜡 | 2.0 | | 去离子水 | 加至100.0 |
| B组分 | 甘油 | 3.0 | 防腐剂 | 桑普IPBCⅡ | 0.1 |

制备工艺：

① 林蛙油干品粉碎后过40目筛，备用；

② 将B组分中除林蛙油以外的其余各组分混合，加热至85℃，搅匀；

③ 将A组分混合，加热至85℃，并缓慢地加入至B组分中；

④ 冷却至70℃恒温水浴，加入林蛙油粉末并均质乳化，常温下加入防腐剂得成品。

配方5：肌肤保湿霜

| 组分 | | 质量分数/% | 组分 | | 质量分数/% |
|---|---|---|---|---|---|
| A组分 | 矿油 | 6.0 | B组分 | 甘油聚甲基丙烯酸酯 | 8.0 |
| | 聚二甲基硅氧烷 | 5.0 | | 乙二醇 | 6.0 |
| | $C_{12}$～$C_{20}$酸PEG-8酯 | 5.0 | | 麦芽寡糖基糖苷 | 5.0 |
| | 牛油果树果脂 | 3.0 | | 甘油 | 4.0 |
| | 异壬酸异壬酯 | 3.0 | | 聚丙烯酸钠 | 0.3 |
| | 凡士林 | 2.0 | | HA | 0.05 |
| | 16/18醇 | 1.2 | | 去离子水 | 加至100.0 |
| | 单甘酯 | 1.0 | C组分 | 香精 | 适量 |
| | 羊毛脂 | 0.5 | | 防腐剂 | 适量 |
| | 卵磷脂 | 0.2 | | | |

制备工艺：

① 将HA和聚丙烯酸钠分散到乙二醇中，然后与B组分中的其他原料一起加入去离子水中，加热至80～85℃，搅拌混合均匀得到水相；

② 将油相（A组分）原料加热至80～85℃混合均匀后，加入前述水相混合物中，3000r/min下搅拌2min，然后降温至45℃，加入适量香精与防腐剂，继续搅拌30min即得到保湿霜。

### 2.2.4 山梨醇保湿化妆品

山梨醇又称为山梨糖醇，为白色吸湿性粉末或晶状粉末，也可为片状或颗粒状，极易溶于水（1g/0.45mL），微溶于冷乙醇。山梨醇具有良好的保湿性能，与甘油相当，在相等浓度下，山梨醇黏度高于甘油。山梨醇在化妆品工业中应用广泛，是生产非离子表面活性剂（如吐温和司盘系列）的重要原料，也是膏霜、婴儿护肤品等制剂的优良保湿剂，对皮肤或口腔黏膜无刺激，不引起急性皮肤损伤和过敏。

配方：保湿面膜

| 组分 | | 质量分数/% | 组分 | | 质量分数/% |
|---|---|---|---|---|---|
| A1组分 | 去离子水 | 加至100.0 | B组分 | 牛油树脂 | 2.5 |
| | 乙二胺四乙酸四钠 | 0.1 | | 蜂蜡 | 3.0 |
| | 山梨醇 | 3.0 | | 红没药醇 | 0.2 |
| | 尿囊素 | 0.2 | C组分 | 去离子水 | 5.0 |
| | 芦荟凝胶 | 1.0 | | 醋栗果提取物 | 1.0 |
| A2组分 | 汉生胶 | 0.5 | D组分 | 柠檬酸钠(50%) | 0.2 |
| | 硅酸铝镁 | 5.5 | E组分 | 染料D&C绿色3号 | 0.04 |
| | 高岭土 | 12.0 | | 香精 | 0.1 |
| B组分 | 16/18醇,16/18烷基葡糖苷 | 5.0 | | DMDM已内酰脲/尼泊金甲酯/尼泊金丙酯 | 1.0 |
| | 甜杏仁油 | 2.0 | | | |
| | 三辛酸/癸酸甘油酯 | 3.0 | | | |

制备工艺：

① 混合A1组分至溶解；

② 搅拌下将 A2 组分加入 A1 组分中，并加热至 70℃，搅拌下加入 B 组分，均质；

③ 冷却至 40℃，加入预先混合好的 C 组分，慢慢搅拌至物料均匀；

④ 用 D 组分调节 pH 值至 5.0，然后依次加入 E 组分，混合均匀即得产品。

### 2.2.5 1,3-丁二醇保湿化妆品

1,3-丁二醇结构式为 $CH_3CHOHCH_2CH_2OH$，无色透明黏稠液体，与水和乙醇混溶，溶于低级醇类、酮和酯类。1,3-丁二醇具有良好的吸湿性，可吸收相当于本身质量的 12.5%（RH 为 50%）和 38.5%（RH 为 80%）的水分。在化妆品中主要用作保湿剂，常用于化妆水、膏霜、乳液和牙膏中，还可用作精油和染料的溶剂，对皮肤、眼睛和口腔黏膜无刺激作用。

配方 1：补水保湿精华

| 组 | 分 | 质量分数/% | 组 | 分 | 质量分数/% |
|---|---|---|---|---|---|
| A 组分 | 大分子透明质酸钠 | 0.05 | B 组分 | 甘油 | 8.5 |
| | 阿尔卑斯冰川水 | 3.0 | | 丁二醇 | 5.0 |
| | 赤藓糖醇 | 3.0 | | 黄原胶 | 0.1 |
| | 水通道蛋白 | 2.0 | | 去离子水 | 加至 100.0 |
| B 组分 | 乙二胺四乙酸二钠 | 0.05 | C 组分 | 防腐剂 | 0.4 |
| | 尿囊素 | 0.15 | | 香精 | 0.1 |
| | 泛醇 | 0.2 | | | |

制备工艺：

① 将 B 组分加入水相锅中，80～85℃保温，均匀搅拌溶解；

② 降温至 30～45℃后加入 A 组分和 C 组分，搅拌均匀即可。

配方 2：清爽保湿补水美容液

| 组 | 分 | 质量分数/% | 组 | 分 | 质量分数/% |
|---|---|---|---|---|---|
| A 组分 | 尿囊素 | 0.1 | B 组分 | 丙烯酰二甲基牛磺酸铵/VP 共聚物 | 0.02 |
| | 双-PEG-18 甲基醚二甲基硅烷 | 0.5 | | HA | 0.01 |
| | 甘油聚醚-26 | 2.0 | | 去离子水 | 加至 100.0 |
| | 甜菜碱 | 1.0 | C 组分 | 葡糖酸锰 | 0.1 |
| | 甘油 | 2.0 | D 组分 | 甲基异噻唑啉酮 | 0.009 |
| | 三羟甲基丙烷三丙烯酸酯 | 1.0 | | 碘丙炔醇丁基氨甲酸酯 | 0.005 |
| | 甘油聚丙烯酸酯 | 1.0 | E 组分 | 乙醇 | 2.0 |
| B 组分 | 丁二醇 | 5.0 | | PEG-40 氢化蓖麻油 | 0.03 |
| | 丙烯酸羟乙酯/丙烯酰二甲基牛磺酸钠共聚物 | 0.05 | | 香精 | 0.01 |

制备工艺：

① 将一半 B 组分混合并分散均匀，加入去离子水中预溶 10min，再均质 1min，然后将 A 组分加入并在 80r/min 转速下搅拌，升温至 80～85℃，恒温 30min；

② 温度降至60℃左右，将剩下的B组分混合并分散均匀，然后在100r/min转速下搅拌15～20min后，继续开冷却水降温；

③ 待温度降至45℃左右，分别加入C组分、D组分以及E组分，然后搅拌至完全均匀为止，用经过消毒的800目滤布过滤，停止搅拌和冷却水，即得产品。

### 2.2.6 透明质酸保湿化妆品

透明质酸（HA），又称玻尿酸，是由（1→3）-2-乙酰氨基-2-脱氧-β-D-葡萄糖醛酸的双糖重复单位所组成的一种酸性糖胺聚糖。天然HA广泛存在于人和动物体内（如人胎盘脐带、公鸡冠、牛眼和皮肤组织），是细胞间的基质，分子量为20万～100万，其最重要的生物学作用是保持细胞间基质中的水分，其保持水分的能力比一般的天然和合成聚合物要强。研究发现HA可保留比自身重500～1000倍的水，质量分数为2%的HA水溶液能保持质量分数为98%的水分。HA的高分子结构缠绕形成网状结构，水分子以极性键和氢键的形式与HA分子结合分布于网状结构中，使水分不易流失。

大分子HA（1800000～2200000）可在皮肤表面形成一层透气的薄膜，使皮肤光滑湿润，并可阻隔外来细菌、灰尘、紫外线的侵入；中分子HA（1000000～1800000）可紧致皮肤，长久保湿；小分子HA（400000～1000000）能渗入真皮，具有轻微扩张毛细血管，增加血液循环、改善中间代谢、促进皮肤吸收营养的作用。HA生物相容性好，几乎可添加到任何剂型的化妆品中，一般添加量为0.05%～0.5%。

配方1：保湿护肤面膜

| 组分 | | 质量分数/% | 组分 | | 质量分数/% |
|---|---|---|---|---|---|
| A1组分 | 丁二醇 | 0.4 | B组分 | 苯氧乙醇 | 0.1 |
| | 神经酰胺3 | 0.1 | | 甘油 | 1.5 |
| | 聚季铵盐-51 | 0.3 | C组分 | 双丙甘醇 | 0.3 |
| | 三乙醇胺 | 0.1 | | 角鲨烷 | 0.2 |
| | 乙二胺四乙酸二钠 | 0.1 | | 甜菜碱 | 0.1 |
| | 聚山梨醇酯-20 | 0.2 | | 丙烯酸(酯)类/$C_{10}$～$C_{30}$烷醇丙烯酸酯交联聚合物 | 0.1 |
| | 聚山梨醇酯80 | 0.1 | | | |
| | 去离子水 | 加至100.0 | | 卵磷脂 | 0.1 |
| A2组分 | 植物氨基酸类 | 0.2 | | 维生素E | 0.3 |
| | 泛醇 | 0.1 | | 糖基海藻糖 | 0.1 |
| | HA | 0.1 | D组分 | 羟苯甲酯 | 0.1 |
| | 尿囊素 | 0.1 | | 香精 | 0.1 |
| A3组分 | 三色堇提取物 | 0.25 | | 羟苯丙酯 | 0.1 |
| | 银耳提取物 | 0.1 | | | |

制备工艺：

① 将A1组分升温至完全溶解，保温20min，加入A2组分搅拌均匀，将溶

液降温至50℃，加入A3相保温20min，得到A组分；

② 将B组分搅拌至完全溶解，加入A组分中，搅拌升温至85℃，得混合物；

③ 将C组分混合，升温至85℃搅拌至完全溶解，搅拌下将C组分加入上述混合物中，搅拌均匀，保温20min，开始降温；

④ 温度降至40℃以下时加入D组分，搅拌均匀，降温至室温即得产品。

配方2：保湿焕颜精华液

| 组分 | | 质量分数/% | 组分 | | 质量分数/% |
|---|---|---|---|---|---|
| A组分 | 羊胎素冻干粉 | 0.55 | A组分 | 维生素C | 0.11 |
| | 白术根提取物 | 0.55 | | 苯氧乙醇 | 0.11 |
| | 库拉索芦荟提取物 | 0.65 | | 透明质酸钠 | 0.03 |
| | 鳕鱼胶原蛋白 | 0.16 | | 玫瑰精油 | 0.04 |
| | 甘油 | 4.36 | B组分 | 海藻酸钠 | 0.55 |
| | PEG-40氢化蓖麻油 | 0.55 | | 羟丙基甲基纤维素 | 0.55 |
| | 尿囊素 | 0.11 | C组分 | 去离子水 | 加至100.0 |

制备工艺：

① 将A组分混合后溶解于85g去离子水（C组分）中，搅拌均匀，备用；

② 将B组分与剩余去离子水混合均匀，与上述溶液均匀混合即得产品（拟配制100mL溶液）。

配方3：保湿乳

| 组分 | | 质量分数/% | 组分 | | 质量分数/% |
|---|---|---|---|---|---|
| A组分 | 16/18烷基葡糖苷和16/18醇 | 3.0 | B组分 | 甘油 | 5.0 |
| | GLUCAMATE SSE-20 | 0.5 | | 羟乙基尿素 | 7.0 |
| | 可可脂 | 1.0 | | AVC | 0.1 |
| | 季戊四醇双硬脂酸酯 | 0.4 | | 汉生胶 | 0.15 |
| | 辛酸/癸酸三甘油酯 | 3.0 | | 三甲基氨基酸 | 4.0 |
| | 聚二甲基硅氧烷 | 3.0 | C组分 | HA | 0.05 |
| | 角鲨烷 | 3.0 | | 去离子水 | 10.0 |
| | 碳酸二辛酯 | 3.0 | D组分 | β-葡聚糖 | 1.5 |
| | 维生素E | 0.5 | | 生物糖膜-1 | 1.5 |
| | α-红没药醇 | 0.1 | | 蜂蜜天然保湿剂 | 1.0 |
| B组分 | 去离子水(补加3%蒸馏水) | 加至100.0 | E组分 | 防腐剂 | 0.6 |
| | 乙二胺四乙酸二钠 | 0.05 | | 香精 | 0.08 |

注：GLUCAMATE SSE-20是甲基葡萄糖苷聚乙二醇(20)醚倍半硬脂酸酯。

制备工艺：

① 预先将C组分用无菌水分散并完全溶解好将A组分加入油相锅，搅拌并加热至80～85℃；

② 将B组分加入真空乳化锅，搅拌并加热至85℃，搅拌下将A组分加入乳化锅，均质7～8min，抽真空并恒温10min，消完泡后降温；

③ 温度降至55℃将C组分、D组分加入体系，搅拌，恒温3min后降温，温度降至45℃将E组分加入体系，继续搅拌；

④ 温度降至39℃出料。

### 2.2.7 乳酸、乳酸钠保湿化妆品

乳酸又名2-羟基丙酸，结构式为$CH_3CHOHCOOH$，为无色至浅黄色糖浆状液体，可与水、醇和甘油混溶。乳酸是自然界中广泛存在的有机酸，是厌氧生物新陈代谢过程的最终产物，安全无毒。它是人体表皮的NMF中主要的水溶性酸类。乳酸对蛋白质有明显的增塑和柔润作用，可使皮肤柔软、溶胀、富有弹性，是护肤类化妆品中很好的酸化剂，可促进水分吸收。

乳酸钠是乳酸的钠盐，乳酸钠的平衡相对湿度比同等浓度的甘油低，说明其保湿性比甘油强。乳酸-乳酸钠缓冲溶液，在pH 4.0～4.5范围内，可达到乳酸分子和电离乳酸根的平衡，即达到最合适的吸附和润湿的平衡，构成具有亲和作用的皮肤柔润保湿剂。

配方：保湿祛痘霜

| 组分 | | 质量分数/% | 组分 | | 质量分数/% |
|---|---|---|---|---|---|
| A组分 | 黄原胶 | 0.1 | C组分 | 丹参根提取物 | 0.001 |
| | 丁二醇 | 11.0 | | 丁香花提取物 | 0.001 |
| | 甘油 | 10.0 | | 黄芩根提取物 | 0.015 |
| | 去离子水 | 加至100.0 | | 甘草根提取物 | 0.001 |
| B1组分 | 去离子水 | 适量 | | 壬二酰二甘氨酸钾 | 0.525 |
| | 库拉索芦荟叶汁 | 0.22 | | 辛酰水杨酸 | 0.525 |
| B2组分 | 乳酸 | 0.001 | | 辛酰甘氨酸 | 0.195 |
| | 乳酸钠 | 3.55 | | 苦参根提取物 | 0.525 |
| | 葡萄酸钠 | 3.52 | | 吡哆素 | 0.001 |
| B3组分 | 深层抑脂剂 | 9.5 | D组分 | Microcare® MTI | 0.1 |
| C组分 | 当归提取物 | 0.22 | | Euxyl® K 145 | 0.1 |

制备工艺：

① 将A组分混合搅拌均匀，均质3～5min，搅拌10～60min；

② 将B1组分加热至50～70℃，溶解均匀，加入B2组分，搅拌5～15min，过200目筛后加入B3相，得B组分；

③ B组分加热至80～85℃，搅拌均匀后，将A组分加入B组分，保温搅拌10～30min；

④ 将C组分加热至60～65℃溶解均匀，过200目筛加入上述混合物中，75～80℃保温搅拌30～40min；

⑤ 降温至35～40℃，加入D组分，搅拌均匀即得产品。

## 2.2.8 吡咯烷酮羧酸钠保湿化妆品

吡咯烷酮羧酸钠又名2-吡咯烷酮-5-羧酸钠，简称PCA-Na，是谷氨酸的环状衍生物，极易溶于水、乙醇等。PCA-Na大量存在于皮肤角质层中，是表皮的颗粒层丝质蛋白聚集体的分解产物，是皮肤NMF的重要组成部分。PCA-Na的生理作用是使角质层柔润，角质层中PCA-Na含量减少，皮肤变得干燥和粗糙。PCA-Na有良好的吸湿性，其吸湿性远比甘油、丙二醇、山梨醇等高，与HA相当，在相对湿度65%的情况下，放置20d后其吸湿性高达56%，30d后为60%。在同一湿度和浓度下，PCA-Na的黏度远低于其他保湿剂，手感清盈舒爽，无黏腻厚重感，对皮肤及眼黏膜几乎没有刺激。

配方1：高效保湿霜

| 组分 | | 质量分数/% | 组分 | | 质量分数/% |
|---|---|---|---|---|---|
| A组分 | 甘油 | 5.0 | B组分 | 澳洲坚果籽油 | 1.0 |
| | 丁二醇 | 8.0 | | 杏仁油 | 1.0 |
| | HA | 0.1 | | 角鲨烷 | 1.0 |
| | 小核菌胶 | 0.2 | | 维生素E | 0.2 |
| | 卡波姆 | 0.3 | C组分 | 火把莲花蜜 | 5.0 |
| | 去离子水 | 加至100.0 | | 辛甘醇 | 1.0 |
| B组分 | 鳄梨油 | 5.0 | | 乙基己基甘油 | 1.0 |
| | 环五聚二甲基硅氧烷 | 5.0 | | 马齿苋提取物 | 2.0 |
| | 十六烷基十八烷醇 | 2.0 | | 卵磷脂 | 0.2 |
| | 鲸蜡硬脂醇 | 2.0 | | 神经酰胺1 | 0.2 |
| | 椰油基葡糖苷 | 2.5 | | PCA-Na | 2.0 |
| | 肉豆蔻酸异丙酯 | 3.0 | | 苯氧乙醇 | 0.8 |
| | 辛酸/癸酸甘油三酯 | 3.0 | | 香精 | 0.1 |
| | 霍霍巴籽油 | 2.0 | | CI 13015 | 0.001 |
| | 刺阿干树仁油 | 1.0 | | CI 15580 | 0.002 |

制备工艺：

① 将A组分升温至80℃并溶解，均匀搅拌30min；

② 将B组分加热至80℃搅拌至混合均匀后与A组分混合；

③ 60r/min转速下均质10min，抽真空20min，将搅拌速度降至30r/min，搅拌降温，待温度降至35℃时加入C组分搅拌均匀即得产品。

配方2：O/W乳剂型保湿粉底液

| 组分 | 质量分数/% | 组分 | 质量分数/% |
|---|---|---|---|
| 卡波姆 | 0.3 | 1,3-丁二醇 | 1.0 |
| 三乙醇胺 | 适量 | 甘油 | 2.0 |
| 鲸蜡硬脂醚-6 | 1.5 | 丙二醇 | 2.0 |
| 硬脂鲸蜡硬脂醚-25 | 1.0 | PCA-Na | 2.0 |
| 辛酸/癸酸甘油三酯 | 4.0 | 钛白粉 | 6.0 |
| 棕榈酸异丙酯 | 5.0 | 尼泊金酯 | 0.2 |
| 白油 | 5.0 | 去离子水 | 加至100.0 |

制备工艺：

① 将卡波姆溶于去离子水中，加入适量三乙醇胺，再加入1,3-丁二醇、甘油、丙二醇、钛白粉、PCA-Na，搅拌溶解并加热至80℃，得A组分；

② 将鲸蜡硬脂醚-6、硬脂鲸蜡硬脂醚-25、辛酸/癸酸甘油三酯、棕榈酸异丙酯、白油混合，加热至80℃熔化，得B组分；

③ 在慢速搅拌下将B组分滴加入A组分，加完后边进行高速（5000r/min）分散均质边用冷却水冷却，当温度降至40℃时，加入尼泊金酯，搅拌均匀后即得产品。

## 2.2.9 神经酰胺类保湿化妆品

神经酰胺又称酰基鞘氨醇，为角质层脂质中主要组分，约占表皮角质层脂质含量的50%，在角质层的生理功能中起关键作用。天然神经酰胺主要由牛脑（含脑苷脂糖 $\omega=35\%$、脑苷脂糖硫酸盐 $\omega=35\%$ 和神经鞘髓磷脂 $\omega=15\%$）和牛脊髓提取获得。合成神经酰胺是由高碳醇缩水甘油醚化、环氧化1∶1开环、仲胺酰胺化三步获得，目前已实现工业化。

人表皮角质层中有6类（7种）天然神经酰胺，均含有长链的氨基醇或4-羟双氢神经鞘氨醇，这种结构使神经酰胺分子具有两亲性。

神经酰胺保持皮肤水分中的主要作用如下：①屏障作用，神经酰胺在皮肤屏障功能的调控中起主导作用，能够保持皮肤生理健康；②黏合作用，神经酰胺可与细胞表面的蛋白质通过酯键连接黏合细胞，表皮角质层中神经酰胺含量减少将导致皮肤干燥，脱屑，呈鳞片状；③保湿作用，神经酰胺具有较强的缔合水分子的能力，通过在角质层中形成的网状结构来维持皮肤的水分，具有防止皮肤水分流失的作用。

配方1：保湿抗皱霜

| 组分 | | 质量分数/% | 组分 | | 质量分数/% |
|---|---|---|---|---|---|
| A组分 | 鲸蜡硬脂醇 | 4.0 | B组分 | 尿囊素 | 0.15 |
| | 红没药醇 | 0.3 | | 咪唑烷基脲 | 0.2 |
| | 鲨肝醇 | 0.3 | | 还原谷胱甘肽 | 0.75 |
| | 氢化椰油酸甘油酯 | 3.0 | | 三甲基甘氨酸 | 2.7 |
| | 季戊四醇四异硬脂酸酯 | 2.0 | | 神经酰胺3 | 0.15 |
| | 聚二甲基硅氧烷(6cp) | 4.0 | | 卵磷脂 | 0.3 |
| | 角鲨烷 | 3.0 | | 芦荟提取物 | 2.25 |
| | 司盘-60 | 1.3 | | 甘油 | 1.5 |
| | 吐温-60 | 2.5 | | 丁二醇 | 2.25 |
| | 羟苯甲酯 | 0.2 | | 丙烯酰二甲基牛磺酸铵和VP共聚物 | 0.5 |
| | 羟苯丙酯 | 0.1 | | | |
| B组分 | 二丙二醇 | 5.0 | | 去离子水 | 加至100.0 |
| | 泛醇 | 0.5 | C组分 | 香精 | 适量 |

制备工艺：

① 将A组分置于油相锅，B组分置于水相锅，分别将A组分、B组分加热至80℃，将B组分均匀搅拌3min后，加入A组分，继续均匀搅拌5min；

② 冷却降温至45℃左右时，加入C组分，搅拌混合均匀即得产品。

配方2：高效保湿霜

| 组分 | | 质量分数/% | 组分 | | 质量分数/% |
|---|---|---|---|---|---|
| A组分 | 白池花籽油 | 3.0～9.0 | B组分 | 甘油 | 3.0～9.0 |
| | 轻质液化石蜡 | 3.0～9.0 | | 透明质酸钠 | 0.05～0.15 |
| | 聚二甲基硅氧烷 | 3.0～9.0 | | 卡波姆 | 0.30 |
| | 神经酰胺3 | 0.2～0.6 | | 氨甲基丙醇 | 0.18 |
| | 鲸蜡硬脂醇 | 0.5～1.5 | | 去离子水 | 加至100.0 |
| | ARLACEL 165 | 3.0 | | | |

注：ARLACEL 165是甘油硬脂酸酯和PEG-100硬脂酸酯的复配物。

制备工艺：

① 将A组分原料在80℃下搅拌溶解至均匀，得到油相；

② 将去离子水、甘油、透明质酸钠、卡波姆在80℃下搅拌至分散均匀，得到水相；

③ 将油相匀速加到水相中，同时以600r/min的转速搅拌3min。待水相加入完毕后，均质乳化（转速6000r/min）3min，降温至50℃加入氨甲基丙醇，搅拌均匀即可。

## 2.2.10 酰胺类保湿化妆品

常见的酰胺类保湿成分有乳酰氨基丙基三甲基氯化铵、乙酰基单乙醇胺、乳酰基单乙醇胺和乙酰氨基丙基三甲基氯化铵等，这类季铵和酰胺化合物结构中含有羧基、羟基、酰氨基和氨基等亲水性基团，能与水分子形成氢键，对水有较好的亲和作用，具有良好的保湿功效。与常用保湿剂甘油比较，该系列产物有更好地吸收和保持水分的能力，可取代其他保湿剂，适用于香波、护发素和各种膏霜以及乳液，化妆品中一般添加浓度为2%～5%。

配方：保湿美白BB霜

| 组分 | | 质量分数/% | 组分 | | 质量分数/% |
|---|---|---|---|---|---|
| A组分 | 环五聚二甲基硅氧烷 | 5.0 | A组分 | CI 77499 | 0.2 |
| | 二氧化钛 | 8.0 | | 棕榈酸乙基己酯 | 3.0 |
| | 鲸蜡醇乙基己酸酯 | 3.0 | B组分 | 辛酸/癸酸甘油三酯 | 2.0 |
| | 鲸蜡基PEG/PPG-10/1聚二甲基硅氧烷 | 3.0 | | PEG-75白池花籽油 | 5.0 |
| | | | | 氢化聚癸烯 | 5.0 |
| | 季铵盐-18膨润土 | 0.6 | | 白蜂蜡 | 0.3 |
| | CI 77492 | 0.3 | | 刺阿干树仁油 | 5.0 |
| | CI 77491 | 0.3 | | 维生素E | 1.2 |

续表

| 组分 | | 质量分数/% | 组分 | | 质量分数/% |
|---|---|---|---|---|---|
| B组分 | 羟苯丙酯 | 0.1 | C组分 | 羟苯甲酯 | 0.1 |
| | 丁羟甲苯(BHT) | 0.1 | | 透明质酸钠 | 0.1 |
| C组分 | 甘油 | 3.0 | | 乙二胺四乙酸二钠 | 0.1 |
| | 双丙甘醇 | 5.0 | | 去离子水 | 39.7 |
| | 烟酰胺 | 3.0 | D组分 | 苯氧乙醇 | 0.3 |
| | 氯化钠 | 1.0 | | 香精 | 0.1 |
| | 泛醇 | 3.0 | | 腺苷 | 2.0 |
| | 尿囊素 | 0.2 | | | |

制备工艺：

① 将A组分混合后研磨至少3次，每次25～40min，研磨完成后置入乳化锅中，加入B组分，混合均匀加热搅拌，使温度升至80℃；

② 将C组分加入水相锅中，混合均匀后加热搅拌至80℃；

③ 将乳化锅内搅拌速度调至60r/min，加入水相锅物料，搅拌8～15min至混合均匀，将搅拌速度调至20r/min，并停止加热，待降温至40℃时，加入D组分，搅拌均匀后即得产品。

## 2.2.11 葡萄糖酯类保湿化妆品

葡萄糖酯又称烷基糖苷（APG），是利用自然界最广泛存在的有机单体——葡萄糖为原料开发的一类保湿剂。葡萄糖酯类保湿剂是温和组分，基本无毒无刺激性。

配方：美白保湿眼霜

| 组分 | | 质量分数/% | 组分 | | 质量分数/% |
|---|---|---|---|---|---|
| A组分 | 羟乙基纤维素 | 0.5 | B组分 | 去离子水 | 加至100 |
| | 甲基葡萄糖倍半硬脂酸酯 | 0.3 | C组分 | 二乙醇胺 | 0.05 |
| | 鲸蜡硬脂醇 | 1.0 | D组分 | 氨甲环酸 | 0.1 |
| | 凡士林 | 2.0 | | 杜仲提取物 | 6.0 |
| | 聚二甲基硅氧烷 | 1.0 | | 薏米提取物 | 3.0 |
| | 椰子油 | 1.5 | | 芦荟提取物 | 3.0 |
| | 防腐剂 | 0.01 | | 珍珠粉 | 2.0 |
| B组分 | 卡波姆 | 0.05 | | 鱼子精华 | 2.0 |
| | 甘油 | 3.0 | | 牛奶蛋白 | 1.0 |
| | 山梨醇 | 0.5 | | 香精 | 0.003 |
| | 丁二醇 | 2.0 | | 聚乙二醇脂肪酸酯 | 0.002 |
| | 维生素E | 0.5 | | | |

制备工艺：

① 将A组分置于油相锅中，搅拌并加热至75℃至完全溶解；

② 主锅中加入B组分，搅拌至均匀，加热至75℃保温10min；

③ 将A组分加入B组分中，再加入C组分，均质8min，进行保温消泡；

④ 待无气泡后降温至45℃，将D组分中氨甲环酸预溶后加入，再加入其余组分，搅拌至均匀，即得产品。

## 2.2.12 胶原蛋白类保湿化妆品

胶原蛋白也称胶朊，是由3个α螺旋肽链绞合而成的大分子，分子量约为30万，在每个肽链上约含1200个氨基酸。胶原蛋白是构成动物皮肤、软骨、筋、骨骼、血管、角膜等结缔组织的白色纤维状蛋白质，一般占动物总蛋白含量的30%以上，在皮肤真皮组织的干燥物中胶原蛋白占90%左右。

胶原蛋白与皮肤、毛发都有良好的亲和性，能被皮肤、毛发部分吸收，并渗透至内部。通过酸、碱或酶的水解，可制备可溶性的水解胶原蛋白。水解胶原蛋白具有保湿性、亲和性等性能。

化妆品中常用的水解胶原蛋白有动物蛋白、植物蛋白、丝蛋白、透明质酸蛋白、全蛋白和奶蛋白等，化妆品中常用分子量较低的水解胶原蛋白。胶原蛋白急性经口毒性很低，对皮肤和眼睛无刺激，性质温和，可食用。

配方1：胶原蛋白保湿化妆品

| 组　分 | 质量分数/% | 组　分 | 质量分数/% |
|---|---|---|---|
| 深海鱼皮胶原蛋白粉 | 5.0 | 四氢胡椒碱 | 0.1 |
| 虫草提取物 | 1.0 | 甘油 | 0.2 |
| 蜗牛提取物 | 2.0 | 羧甲基纤维素钠 | 0.06 |
| 香菇多糖 | 5.0 | 橄榄油 | 0.3 |
| 海藻糖 | 4.0 | 透明质酸钠 | 0.2 |
| 卵磷脂 | 0.2 | 去离子水 | 加至100.0 |

制备工艺：

① 取虫草浸泡、清洗、粉碎后加去离子水经超声萃取、浓缩后干燥，得虫草提取物；

② 按次序分别加入深海鱼皮胶原蛋白粉、虫草提取物、蜗牛提取物、香菇多糖、海藻糖、去离子水，搅拌均匀后55℃加热10min得到功能性溶液；

③ 将卵磷脂、四氢胡椒碱、甘油、羧甲基纤维素钠、去离子水搅拌均匀后55℃加热2min得到辅助溶液；

④ 将这两种溶液与橄榄油、透明质酸钠充分搅拌均匀后得成品。

配方2：胶原蛋白保湿面膜

| 组　分 | 质量分数/% | 组　分 | 质量分数/% |
|---|---|---|---|
| 胶原蛋白 | 0.7 | 戊二醛 | 21.1 |
| 乳酸 | 14.1 | 羧甲基纤维素钠溶液 | 加至100.0 |
| 淀粉 | 0.7 | | |

制备工艺：

① 将胶原蛋白加入乳酸、淀粉、戊二醛，于室温下搅拌均匀；

② 加入已搅拌为透明黏稠状的羧甲基纤维素钠溶液，于40℃继续搅拌均匀得复合液；

③ 将复合液倒入模具中成型，用真空泵进行抽气，在烘箱中60℃恒温干燥6h后揭膜，即得胶原蛋白保湿面膜。

## 2.2.13 甲壳素类保湿化妆品

甲壳素又称甲壳质，是一种聚氨基葡萄糖，是存在于甲壳类动物中的一种高分子量多糖。其生物合成量每年几十亿吨，是一种存在量仅次于纤维素的生物聚合物。甲壳素几乎不溶于水及各种有机溶剂，因此使用其水溶性衍生物——阴离子型水溶性甲壳素。

甲壳素对细胞无排斥力，具有修复细胞的作用，能减缓皮肤过敏性现象。甲壳素中含有的β-葡聚糖能有效保持皮肤水分，是化妆品中常用的高分子保湿剂。

壳聚糖是甲壳素脱N-乙酰基的产物，又称聚葡萄糖胺。壳聚糖对皮肤和头发有较好的亲和作用，能形成透明的保护膜。壳聚糖具有良好的吸湿、保湿、调理、抑菌等功能，适用于润肤霜、淋浴露、洗面奶、摩丝、膏霜、乳液、凝胶化妆品等。它的保湿作用与HA相近。

甲壳素和壳聚糖对皮肤安全，无刺激。

配方1：马油滋润保湿霜

| 组分 | | 质量分数/% | 组分 | | 质量分数/% |
|---|---|---|---|---|---|
| A组分 | 马油 | 3.0 | B组分 | 丙二醇 | 3.0 |
| | 鲸蜡硬脂醇 | 1.0 | | 去离子水 | 加至100.0 |
| | 鲸蜡硬脂醇葡糖苷 | 2.0 | C组分 | 卡波姆 | 0.2 |
| | 氢化聚癸烯 | 1.0 | | 氢氧化钠 | 0.04 |
| | 聚二甲基硅氧烷 | 1.0 | | 透明质酸钠 | 0.1 |
| | 维生素E乙酸酯(醋酸酯) | 0.4 | | 脱乙酰壳聚糖 | 2.0 |
| | 鲸蜡硬脂醇橄榄油酯/山梨坦橄榄油酸酯 | 1.0 | | β-葡聚糖 | 1.0 |
| | | | | 可溶性蛋白多糖 | 2.0 |
| | BHT | 0.02 | | 香叶天竺葵油 | 0.1 |
| | 羟苯丙酯 | 0.04 | | 甲基异噻唑啉酮 | 0.02 |
| B组分 | 甘油 | 7.0 | | 碘丙炔醇丁基氨甲酸酯 | 0.01 |

制备工艺：

① 将A组分中的原料除维生素E乙酸酯外依次加入油相反应釜中，B组分中的原料加至水相反应釜中；

② 经过滤将油相全部加入真空乳化釜中，加入维生素E乙酸酯，搅拌，然后经过滤加入水相，均匀搅拌至乳化，此时乳化釜内温度不应低于80℃；

③ 保温搅拌 10～15min，开始降温，温度降至 70℃以下，加入 C 组分中的卡波姆（2%水溶液），搅拌均匀，降温到 60℃以下加入中和剂氢氧化钠溶液，调节 pH 值；

④ 膏体温度下降至 45℃时，加入 C 组分其他物料，充分搅拌均匀，温度降至 35～38℃时出料，静置 24h，温度低于 38℃即得产品。

配方 2：壳聚糖保湿霜

| 组分 | | 质量分数/% | 组分 | | 质量分数/% |
|---|---|---|---|---|---|
| A组分 | 16/18 醇 | 4.6 | B组分 | 三乙醇胺 | 1.1 |
| | 硬脂酸 | 7.3 | | 壳聚糖 | 1.0 |
| | 白油 | 8.0 | | 去离子水 | 加至 100.0 |
| | 单甘酯 | 1.0 | | | |

制备工艺：将水相（B 组分）、油相（A 组分）分别加热至 75℃，将油相加入水相中，高速乳匀 5min，搅拌冷却至室温，制得壳聚糖保湿霜。

配方 3：海洋多糖保湿乳剂

| 组分 | | 质量分数/% | 组分 | | 质量分数/% |
|---|---|---|---|---|---|
| A组分 | 蜂蜡 | 2.0 | A组分 | 尼泊金甲酯 | 0.01 |
| | 十六醇 | 1.0 | B组分 | 甘油 | 2.5 |
| | 羊毛脂 | 1.0 | | 丙二醇 | 1.0 |
| | 硬脂酸 | 2.0 | | 三乙醇胺 | 1.0 |
| | 液体石蜡 | 2.0 | | 去离子水 | 加至 100.0 |
| | 硅油 | 3.0 | | 羧甲基壳聚糖 | 0.2 |
| | 橄榄油 | 1.0 | | 卡拉胶寡糖 | 0.1 |
| | 单甘酯 | 2.0 | | HA | 0.2 |
| | 肉豆蔻酸异丙酯 | 3.0 | | | |

制备工艺：将水相（B 组分）、油相（A 组分）分别加热至 75℃，按照交替加入法，高速乳匀 5min，搅拌冷却至室温，制得海洋多糖保湿乳剂。

## 2.3 植物类保湿化妆品

### 2.3.1 芦荟

芦荟是百合科多年生常绿肉质草本植物，具有止痛、消炎、抑菌、止痒等多种功效。芦荟提取物的类型主要有芦荟凝胶、芦荟油、水溶性芦荟浓缩液、芦荟粉等。它们含有多种生理活性物质，如芦荟素、芦荟大黄素、芦荟苷、复合糖胺聚糖、蛋白质、维生素 B 及微量元素等。芦荟所含的这些活性物质对人体皮肤具有优良的营养和滋润作用，具有保湿、抗敏、促进皮肤新陈代谢等多种功效。

配方：芦荟保湿凝胶

| 组分 | | 质量分数/% | 组分 | | 质量分数/% |
|---|---|---|---|---|---|
| A组分 | 丙烯酸(酯)类/$C_{10}$～$C_{30}$烷醇丙烯酸酯交联聚合物 | 0.8 | B组分 | 糖基海藻糖 | 1.5 |
| | 去离子水 | 加至100 | C组分 | 尿囊素 | 0.1 |
| B组分 | 酶切寡聚透明质酸钠 | 0.05 | | 甘草酸二钾 | 0.1 |
| | 1，3-丙二醇 | 6.0 | D组分 | 酵母β-葡聚糖 | 3.5 |
| | 甘油 | 4.0 | | 芦荟提取物 | 0.1 |
| | 羟基苯乙酮 | 0.6 | | 白及提取物 | 0.2 |
| | 1，2-己二醇 | 0.6 | E组分 | 氨甲基丙醇 | 0.4 |

制备工艺：

① 在真空乳化锅内投入A组分，40r/min条件下搅拌升温，将B组分混合均匀后投入A组分中；

② 继续升温至70～75℃，恒温搅拌30min，开始降温时加入C组分；

③ 当温度≤45℃时，投入D组分，抽真空至－0.05MPa，以1200r/min均质10min，搅拌15min；

④ 加入E组分调节pH值至5.5，搅拌10min即得产品。

该产品可对皮肤达到温和保湿、营养、修复的目的，适合母婴和敏感肌肤人群使用。

## 2.3.2 海藻和海藻糖

海藻是生长在海底和海面的无根、无花、无果的一类植物，含有多种维生素、无机物、微量元素、氨基酸、糖类、藻酸、琼脂、蛋白质、纤维素、甘露糖醇等。因此，海藻及其萃取物具有多种功效，如具有良好的润肤护肤作用，可使皮肤变得柔软细腻；在皮肤表面可形成保护膜，以防止水分散发，具有良好的保湿作用，还具有消炎、抗菌作用。此外，它还是一种良好的增稠剂。

海藻糖为双糖化合物，为白色结晶，易吸湿形成带两分子结晶水的水合物，能溶于水和热醇。海藻糖与膜蛋白有良好的亲和性，在皮肤外用品中可用作皮肤渗透剂，增加皮肤对营养成分和水分的吸收。作为保湿剂，海藻糖对于由皮肤干燥引起的皮屑增多、皮肤干热、角质硬化有较好的改善效果，在膏霜、乳液等中用量一般为5%～10%。

配方：保湿化妆品组合物

| 组分 | | 质量分数/% | 组分 | | 质量分数/% |
|---|---|---|---|---|---|
| A组分 | 鲸蜡硬脂醇橄榄油酸酯/山梨坦橄榄油酸酯 | 1.0 | A组分 | 硬脂酸 | 0.5 |
| | 鲸蜡醇棕榈酸酯/山梨坦棕榈酸酯/山梨坦橄榄油酸酯 | 1.0 | | 乳木果油 | 3.0 |
| | 鲸蜡硬脂醇 | 2.0 | | 橄榄油 | 2.0 |
| | | | | 辛酸/癸酸甘油三酯 | 3.0 |
| | | | | 角鲨烷 | 3.0 |
| | | | | 维生素E | 0.5 |

续表

| 组分 | | 质量分数/% | 组分 | | 质量分数/% |
|---|---|---|---|---|---|
| A组分 | 环五聚二甲基氧烷 | 3.0 | B组分 | 甘草酸二钾 | 0.2 |
| | 聚二甲基硅氧烷 | 1.0 | | 去离子水 | 加至100.0 |
| B组分 | 甘油 | 5.0 | C组分 | 氢氧化钾 | 0.07 |
| | 丁二醇 | 5.0 | D组分 | 川续断提取液 | 1.0 |
| | 海藻糖 | 1.0 | | 无花果提取液 | 1.0 |
| | 硅石 | 2.0 | | 密蒙花提取液 | 10 |
| | 卡波姆 | 0.2 | E组分 | 苯氧乙醇 | 1.0 |
| | 透明质酸钠 | 0.01 | | 甲基异噻唑啉酮 | 0.01 |

制备工艺：

① 将上述A组分投入油相锅，加热至75℃，等所有组分溶解后保温待用；

② 将B组分投入乳化锅，加热至80℃，保温20min；

③ 将A组分加入B组分乳化锅中，3000r/min转速下均匀搅拌5min后30r/min转速下搅拌25min，将制得的乳液冷却至40℃，加入C组分，搅拌均匀，再加入D组分和E组分，搅拌均匀得到保湿组合物的化妆品。

### 2.3.3 燕麦

燕麦为禾本科植物，具有较高的美容价值，人们很早就已经懂得利用燕麦来治疗皮肤干燥和瘙痒。燕麦中含有燕麦β-葡聚糖、蛋白质、氨基酸、油脂等多种活性物质。

燕麦β-葡聚糖是一种线型无分支糖胺聚糖，该多糖结构中含有大量的亲水基团，可以吸收水分或锁住皮肤角质层水分，因此具有良好保湿功效，此外可促进成纤维细胞合成胶原蛋白，促进伤口愈合，具有良好的皮肤修复功能。

燕麦中含有的蛋白质经酶解可得到小分子多肽和氨基酸，其中的亲水基团，可以吸收和保持水分。大分子燕麦蛋白可以在较低浓度下成膜，包埋或隔离小分子物质，并能快速传递活性成分。蛋白质、多肽和氨基酸还是组织和细胞生长发育必需的营养物质，可以滋润皮肤、营养细胞、促进皮肤组织健康地生长。

燕麦油脂，主要为不饱和脂肪酸，燕麦油脂质成分和水合特性能在油中乳化大量的水分，可作为表皮层水合保湿剂的有效载体；燕麦油脂还可在皮肤表面形成油膜，起到长效保湿的作用；燕麦油脂的不饱和脂肪酸成分，能够软化皮肤，给予舒适的肤感。

配方：保湿抗皱化妆品

| 组分 | 质量分数/% | 组分 | 质量分数/% |
|---|---|---|---|
| 甘油 | 6.5 | 寡肽-1 | 0.75 |
| 丙二醇 | 5.5 | 寡肽-2 | 0.8 |
| 胶原蛋白交联体 | 2.0 | 寡肽-5 | 1.1 |

续表

| 组　分 | 质量分数/% | 组　分 | 质量分数/% |
|---|---|---|---|
| 燕麦肽 | 1.5 | 碧萝芷提取物 | 0.75 |
| HA | 0.5 | 人参提取液 | 0.6 |
| β-葡聚糖 | 3.0 | 去离子水 | 加至100.0 |

制备工艺：

① 称取甘油、丙二醇、胶原蛋白交联体、寡肽-1、寡肽-2、寡肽-5，在10～20℃下混合均匀，得到混合物A；

② 将燕麦肽、HA、β-葡聚糖、碧萝芷提取物加入去离子水中，在15～25℃下充分搅拌20～30min，得混合液B；

③ 将人参提取液加入混合液B中，静置5～10min后，向混合液B中加入混合物A，充分混匀即得产品。

## 2.3.4 人参

人参是一种多年生五加科人参属的宿根草本，主要化学成分有人参皂苷、人参辛苷、人参二醇（三醇）、人参酸、果糖、葡萄糖、多种维生素、多种氨基酸等。人参提取物能调节机体的新陈代谢，促进细胞繁殖，延缓细胞衰老，具有抗氧化及清除自由基活性的作用，人参提取物还能增强机体免疫功能和提高造血功能。这些功能和作用表现在皮肤上既可使皮肤保湿、光滑、柔软、有弹性，同时还具有抗菌消炎的功效。

配方：保湿护肤霜

| 组 | 分 | 质量分数/% | 组 | 分 | 质量分数/% |
|---|---|---|---|---|---|
| A组分 | 人参提取物 | 0.5 | B组分 | PEG-100硬脂酸酯 | 1.5 |
| | 乙醇 | 5.0 | | 十六醇 | 3.0 |
| | 去离子水 | 5.0 | | 凡士林 | 8.0 |
| B组分 | 鳄梨油 | 2.0 | C组分 | 去离子水 | 加至100.0 |
| | 硅油 | 3.0 | | | |

制备工艺：按配方量配制A组分溶液，将B组分混合加热至70℃，使固体完全分散，搅拌冷却到40℃，加入C组分，混合均匀后加入A组分溶液，搅拌均匀即得产品。

## 2.3.5 黄瓜

黄瓜属葫芦科植物，富含多种葫芦素、葡萄糖苷、果糖、氨基酸、磷脂、维生素、油酸、亚油酸、多种矿物质、黄瓜酶等活性成分。由于黄瓜含有丰富的营养成分和大量的生理活性物质，所以其具有促进皮肤毛细血管扩张和血液循环，促进皮肤氧化还原，改善皮肤营养状态，对皮肤有滋润、光泽、增强弹性、减轻皱纹、减少色素沉着等作用。因此，可将黄瓜提取物添加到化妆品中，用于皮肤和毛发的保湿，如黄瓜洗面奶、黄瓜面霜等。

配方：黄瓜保湿化妆水

| 组分 | | 质量分数/% | 组分 | | 质量分数/% |
|---|---|---|---|---|---|
| A组分 | 黄瓜果 | 2.0 | A组分 | 熊果苷 | 0.3 |
| | 黄瓜果水 | 3.0 | | 去离子水 | 加至100.0 |
| | 黄瓜果提取物 | 4.0 | B组分 | 丙二醇 | 0.4 |
| | HA | 8.0 | | 甘油 | 6.0 |

制备工艺：

① 按质量分数称取A组分，搅拌速度10r/min条件下加热至75℃，恒温10min，得水相；

② 将B组分在转速20r/min条件下加热至80℃，恒温15min，得油相；

③ 将两相混合500s，降温至30℃即得产品。

## 2.3.6 果酸

果酸，其化学名称为α-羟基酸，简称AHA，主要有甘醇酸、乳酸、苹果酸、酒石酸、柠檬酸、杏仁酸等37种类型，在化妆品行业中，甘醇酸和乳酸是最常用的成分。果酸广泛存在于苹果、柠檬、甘蔗、葡萄等水果中。

果酸对皮肤的作用表现为：①去除角质层，果酸可使角朊细胞粘连性减弱，使堆积于皮肤的角质层脱落，清除毛囊口堵塞的角化物，促进皮脂腺分泌物排泄；②细胞再生性，果酸可加速细胞更新，可使细胞再生速度增加30%以上；③保水性，果酸能够软化角质，促进水分的吸收和渗透，因此可用作保湿剂。

配方：天然果酸营养面膜

| 组分 | | 质量分数/% | 组分 | | 质量分数/% |
|---|---|---|---|---|---|
| A组分 | 乙醇 | 10 | B组分 | 羧甲基纤维素钠 | 5.0 |
| | 三乙醇胺 | 1.0 | | 尼泊金甲酯 | 0.1 |
| | 氨基酸提取液 | 1.5 | C组分 | 天然果酸提取液 | 4.0 |
| | 聚乙烯醇 | 17.0 | | 香精 | 适量 |
| | 去离子水 | 加至100.0 | | 维生素E | 适量 |
| B组分 | 丙二醇 | 3.0 | | 防腐剂 | 适量 |
| | 丙三醇 | 2.0 | | | |

制备工艺：将A组分加热至75～85℃，搅拌混合均匀，将B组分加热至65～75℃，搅拌混合均匀，将A组分、B组分物料混合乳化，加入C组分，搅拌至冷却，即得产品。

## 2.3.7 茶多酚

茶多酚又名茶单宁、茶鞣质，是茶叶中所含的一类多酚羟基类化合物。其主要成分有儿茶素、黄酮、黄酮醇、花青素、酚酸、缩酚酸及聚合酚等。茶多酚分子中含有的多元醇结构，与水分子可形成氢键缔合，具有吸湿性。茶多酚的保湿作用还在于其具有透明质酸酶的抑制活性，能够抑制皮肤中 HA 的降解和流失，从而达到保湿功效。

配方：美白保湿化妆品

| 组　分 | 质量分数/% | 组　分 | 质量分数/% |
|---|---|---|---|
| 积雪草提取物 | 17.7 | 棕榈酸异丙酯 | 5.0 |
| 火炭母草提取物 | 7.1 | 高岭土 | 3.5 |
| 江西金钱草提取物 | 5.0 | 滑石粉 | 2.1 |
| 高粱根提取物 | 2.8 | 褐藻酸钠 | 1.1 |
| 凡士林 | 21.3 | 丙二醇 | 7.1 |
| 橄榄油 | 8.5 | 抗坏血酸磷酸酯镁 | 0.4 |
| 膨润土 | 4.3 | 去离子水 | 加至 100.0 |

制备工艺：

① 将草药用 2000mL 去离子水提取 1h 后浓缩滤液至 200mL，得草药提取物；

② 将凡士林、橄榄油、膨润土、棕榈酸异丙酯、高岭土、滑石粉、褐藻酸钠加热至 80℃混熔后得油相；

③ 在上述草药提取物中加入丙二醇、抗坏血酸磷酸酯镁，混合后得水相；

④ 将油相加入 90℃水相中乳化，恒温 1h 后自然冷却得产品。

# 3

# 祛斑美白化妆品

## 3.1 皮肤色素与祛斑

### 3.1.1 皮肤的颜色

人体肤色根据人种不同而有白、黄、棕、黑之分，同一人种存在个体差异，即使同一个人在同一个时期，不同部位的颜色也不尽相同。一般而言，女性较男性淡，青年较老年淡，阴囊、阴唇、乳晕、乳头、肛周与腹部着色较深，掌跖较淡。人类的肤色受很多因素影响，如皮肤表面的反射系数，表皮和真皮的吸收系数，皮肤各层的厚度，吸收紫外线和可见光的物质含量等。影响皮肤颜色变化的因素主要有以下三类。

(1) 皮肤内各种色素的含量与分布状况　皮肤的色素物质主要包括黑色素、胡萝卜素，其中黑色素是决定皮肤颜色的主要因素。黑色素由黑素细胞产生，不同种族的人群，因产生黑色素的量的差异，色素沉积的程度也存在差异。黄色人种其皮肤的颜色与皮肤内含有的胡萝卜素有关，胡萝卜素呈黄色，多存在于真皮和皮下组织内。

(2) 皮肤血液内氧合血红蛋白与还原血红蛋白的含量　皮肤的颜色还受血液内氧合血红蛋白与还原血红蛋白含量的影响。血红蛋白（血色素）呈粉红色、氧合血红蛋白呈鲜红色、还原血红蛋白呈暗红色，各种血红蛋白含量和比例发生变化会导致皮肤的颜色也随之改变。

(3) 皮肤的厚度及光线在皮肤表面的散射现象　肤色还受皮肤表皮角质层、表皮透明层及颗粒层厚度的影响。若角质层较厚，则皮肤偏黄色；颗粒层和透明层较厚，皮肤偏白色。此外，光线在皮肤表面的散射现象也会影响皮肤的颜色。

在皮肤较薄处，因光线的透光率较大，可以折射出血管内血色素透出的红色，皮肤呈红色；在皮肤较厚的部位，光线透过率较差，只能看到皮肤角质层内的黄色胡萝卜素，因此皮肤呈黄色。老年人的皮肤，则由于真皮的弹力纤维变性断裂，弹性下降，加之皮肤血运较差而呈黄色。

除色素的形成、皮肤的厚薄外，皮肤中血管数目、皮肤血管是否充血、血液循环快慢等，都可直接影响皮肤的颜色。此外，体内的代谢物质像脂色素、含铁血黄素和胆色素等也会影响皮肤的色素改变，进而改变人体肤色。此外，肤色改变还可由药物（如氯苯酚嗪、磺胺）、金属（如金、银、铋、铊）、异物（如文身、粉物染色）及其代谢产物（如胆色素）的沉着而引起，或由于皮肤本身病理改变如皮肤异常增厚、变薄、水肿、发炎、浸渍、坏死等变化引起。

## 3.1.2 黑色素的形成与生物学作用

（1）黑色素细胞 医学解剖学将人体皮肤分为三层：表皮、真皮和皮下组织。皮肤中除含有皮肤附属器（毛发、毛囊、皮脂腺、汗腺及指趾甲等）外，还含有丰富的血管、淋巴管和神经。在显微镜下观察，皮肤是由多种形态各异的细胞组成，它们的生理功能各不相同。皮肤的表皮由两大类细胞组成：一类是角质形成细胞即角朊细胞，角朊细胞在向角质细胞演变过程中形成基底层、棘细胞层、颗粒层和角质层（在手掌和足跖，角质层和颗粒层之间还有透明层）四个层；另一类是树枝状细胞，黑色素细胞是树枝状细胞的一种。黑色素细胞分化自胚胎组织。在胚胎发育的第 8 周和第 11 周之间，形成不定形的黑色素细胞——并向表层迁移，最终在表层定型，存在于皮肤、视网膜和毛囊部位。黑色素细胞是一种高度分化的细胞，其细胞浆内有一种负责黑色素体内合成的特殊细胞器——黑素小体。该细胞镶嵌于表皮基底层细胞之间，平均每 10 个基底细胞中有 1 个黑色素细胞，其分布随部位而不同。每个黑色素细胞与周围的约 36 个角朊细胞构成一个结构和功能单位，被称为表皮黑色素单位，该单位协同完成黑素的合成、转输和降解工作。黑色素细胞产生黑色素，传递给周围的角朊细胞，停留在这些角朊细胞的细胞核中，防止染色体的光辐射损伤。皮肤的颜色来自于角朊细胞内存储的黑色素。研究表明皮肤及头发的颜色并非取决于黑色素细胞的数量，而是取决于黑素小体的数量、大小、分布及黑素化程度。人体的正常与健康的肤色是黑色素合成与代谢平衡的结果。

（2）黑色素的生物学作用 对于人类而言，黑色素是防止紫外线对皮肤损伤的主要屏障。黑色素能吸收大部分紫外线，从而保护或减轻由于日光照射而引起的皮肤急性或慢性损伤。含黑色素较少的皮肤，通常容易发生日光性晒伤，长期日晒后容易发生各种慢性皮肤损伤，严重者甚至引发癌变。研究显示，基底细胞癌、鳞状细胞癌和黑色素瘤等肿瘤在白种人中的发病率远高于黑种人。

黑色素还能保护体内叶酸和类似的重要物质的光分解。黑色素合成可增加人在炎热气候下的热负荷，黑种人吸收阳光中的热能比白种人所吸收的热能多30%。但是黑色素的形成会妨碍皮肤中维生素D的合成，因此在营养不良的黑种人儿童中佝偻病更为常见。

(3) 黑色素的产生　黑色素为高分子生物色素，主要由两种醌型的聚合物组成，分别是真黑素和褐黑素。其中真黑素是皮肤中色素的最为重要的组成成分。皮肤中黑色素的形成过程包括黑色素细胞的迁移、分裂、成熟、黑素小体的形成、黑色素颗粒的转运以及黑色素的排泄等一系列生化过程。

黑色素细胞中黑色素的合成过程主要通过以下过程实现（图3-1）：①在酪氨酸酶的催化作用及氧化物质的参与下，酪氨酸被氧化为多巴醌；②多巴醌进一步氧化为多巴和多巴色素，多巴是酪氨酸酶底物，它被催化重新生成多巴醌；③多巴色素在互变酶的催化下转变为5,6-二羟基吲哚（DHI）和5,6-二羟基吲哚羧酸（DHICA），并在各自的氧化酶作用下氧化生成真黑素；④在此过程中，多巴醌与半胱氨酸或谷胱甘肽反应，生成半胱氨酰多巴，进而转变为黑色素的另外一种组成褐黑素，目前关于褐黑素在皮肤中的功能尚无文献报道。

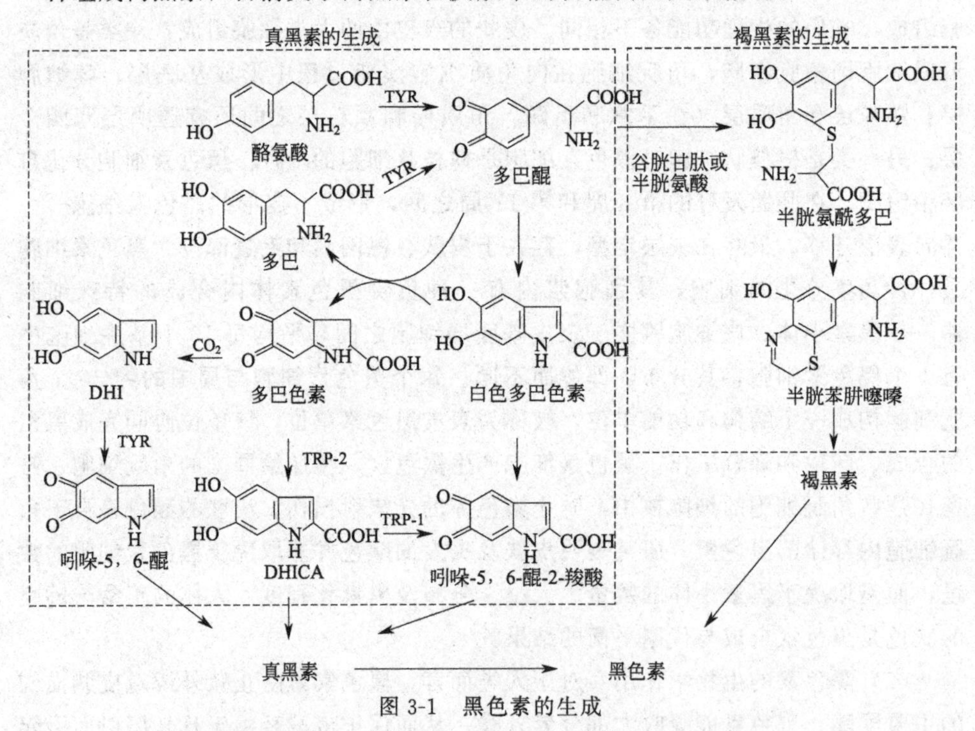


图3-1　黑色素的生成

从生物化学的角度来看，黑色素的形成必须有基本原料酪氨酸，以及“三酶”“一素”“一基”共同完成。“三酶”主要是酪氨酸酶、多巴色素互变酶、DHICA氧化酶。酪氨酸酶属于氧化还原酶，是黑色素形成的主要限速酶，因此其活性大小决定了黑色素形成的数量多少。多巴色素互变酶又称酪氨酸酶相关蛋白，主要调节 DHICA 的生成速率，主要影响黑色素分子的大小、结构和种类。DHICA 氧化酶是酪氨酸酶同源的糖蛋白，除了参与黑色素的代谢，还影响黑色素细胞的生长和死亡。“一素”指内皮素，又称血管收缩肽，存在于血管内壁，受雌激素和紫外线的影响。“一基”指氧自由基，广义上包括带有未配对电子的原子、离子或功能基。在正常生物代谢过程中，机体会不断产生氧自由基。氧自由基可被细胞内防御系统快速清除，因此无细胞损害。当机体暴露于电离子辐射、环境污染、放射性物质等外部诱导因素下，细胞内氧自由基大量生成，并分布于细胞膜和线粒体内。由于其具有高度活泼性，氧自由基可以与细胞内的各种物质发生反应，影响细胞的正常状态。在皮肤结构中，氧自由基可与结缔组织中的胶原蛋白作用，导致共韧性降低引起皱纹，并参与黑色素形成的氧化过程，造成色素沉积。

### 3.1.3 色斑的分类与形成的原因

色斑，也称面部皮肤色素代谢障碍性疾病，是由于皮肤黑色素分布不均匀造成的皮肤斑点、斑块或斑片。

(1) 色斑的分类　皮肤色斑是由于皮肤内色素增多而出现的褐色、黄褐色、黑色等小斑点，如黄褐斑、蝴蝶斑、黑斑、老年斑等。黄褐斑，是一种发生于面部的色素代谢异常、沉着性皮肤状况，多见于中年妇女，其主要表现为面部出现大小、形状不一的黄褐色或灰黑色斑，常对称分布于额、面、颊、鼻和上唇等部位，不高出皮肤，边界清楚，长期存在，日晒后往往加重。雀斑，一般分布于脸部容易受日光照射的区域。黑斑，又称蝴蝶斑，集中于两颊，形似展开的蝴蝶。老年斑，一种老年性皮肤病变，在医学上叫作脂漏性角化症晒斑。

(2) 色斑的形成原因

① 内部因素

a. 遗传基因。遗传是决定肤色和色斑的最为关键的因素。

b. 精神因素。紧张、劳累、长期受压引发肾上腺素分泌，破坏人体正常的新陈代谢平衡，导致皮肤所需营养供给缓慢，促使黑色素细胞变得活跃，进而导致色素沉积。

c. 激素分泌失调。女性在孕期或服用避孕药的过程中出现激素分泌失调是导致育龄女性产生皮肤色斑的重要原因。怀孕中因女性雌激素的增加，在怀孕4～5个月时容易产生色斑，大部分随着产后激素水平的回落会逐步消失。个别产妇由于新陈代谢异常、强烈紫外线辐照、精神等因素的干扰，也会出现色斑加深的现象。避孕药里所含的雌激素，也会刺激黑色素的大量合成。

d. 疾病和新陈代谢缓慢。肝的新陈代谢功能不正常、卵巢功能减退、甲状腺功能亢进都将导致色斑的生成。

e. 皮肤的自愈过程。皮肤过敏、外伤、暗疮、粉刺等在治疗的过程中受过量紫外线照射，皮肤为了抵御紫外线损伤，在炎症部位聚集黑色素，造成色素沉着。

② 外部因素

a. 紫外线。在紫外线照射下，人体为了保护皮肤，会在基底层产生黑色素，因此长期的紫外线照射将可引起皮肤色素沉着，或加深皮肤色斑。

b. 不良的清洁习惯。不正确的清洁习惯使皮肤变得敏感，也能引起黑色素细胞分泌黑色素。

### 3.1.4 皮肤美白祛斑的基本原理

根据皮肤色斑形成基本原理可知，要使肤色均匀，白皙，就需要减少皮肤中黑色素的累积，主要途径有两种：

(1) 抑制黑色素的生成

① 抑制酪氨酸酶的生成和活性。在黑色素合成的“三酶一素一基”理论中，酶的催化活性决定了黑色素合成的整个环节，而在三酶中，酪氨酸酶在黑色素的生物合成中扮演了关键角色，因此抑制酪氨酸酶的活性或者数量是皮肤美白剂的重要发展方向，且在化妆品的生产上，酪氨酸酶抑制剂是应用最为广泛的皮肤美白剂。

酪氨酸酶抑制剂的作用机制可总结为：减少多巴醌的生成，如维生素 C，它能够减少多巴醌向多巴的还原，进而减少多巴色素和最终的黑色素的生成；清除多巴醌，常见的有含硫化合物，这类化合物能够与多巴醌结合生成无色物质，减少黑色素的合成原料；竞争型酪氨酸酶抑制剂，该类物质能够作为新的底物与酪氨酸酶结合，与酪氨酸发生竞争关系，这类物质多为与酪氨酸或多巴结构类似的化合物，如苯酚或儿茶酚衍生物；非特异性的酶灭活剂，通过非特异性的酶蛋白变性实现酶活性的抑制；特异性的酪氨酸酶灭活剂或抑制剂，通过化学键的形式可逆或不可逆地结合酪氨酸酶，使得催化剂的结构发生变化而发生暂时或永久的失活。

② 清除氧自由基。酪氨酸酶是一种含铜需氧酶，在酪氨酸转化为多巴的反应过程中，必须有氧自由基参加。在此过程中，氧自由基既是引发剂又是反应物，酪氨酸酶的催化氧化过程，其实也是人体内清除自由基的过程。氧自由基的清除可以阻断酪氨酸酶的催化反应，从而使酪氨酸氧化反应的强度减弱。美白化妆品配方设计时常加入自由基清除剂以实现美白的效果，如维生素 E、超氧化物歧化酶（SOD）、维生素 C 等。

③ 防止紫外线的刺激。紫外线照射是诱导黑色素生成的最为常见的外部因

素，任何形式的色斑沉积均会由于紫外线的刺激而出现加深的现象，因此防止紫外线照射是防止黑色素生成的重要的人为可控的方式。

（2）促使黑色素的快速排泄　黑色素排泄主要有两条途径：一是黑色素在皮肤内被分解、溶解和吸收后穿透基底膜，被真皮层的嗜黑色素细胞吞噬后，通过淋巴液带到淋巴结再经血液循环从肾脏排出体外；二是黑色素通过黑色素细胞树枝状突起，向角朊细胞转移，然后随表皮细胞上行至角质层，随老化的角质细胞脱落而排出体外。黑色素细胞形成黑色素的合成率，与其被摄取、转运后的清除率，在体内通过一系列反馈、影响机制而保持同步，处于动态平衡，从而维系着人类肤色的相对稳定。色斑的形成从生物学角度而言，是由于黑色素排泄速率低于生成速率，因此加速黑色素的排出是皮肤美白的有效手段。加速黑色素排泄的方式通常是通过在化妆品的配方中加入细胞新陈代谢促进剂，如果酸、维生素等。

# 3.2　祛斑美白化妆品配方实例

## 3.2.1　熊果苷美白化妆品

（1）氢醌（对苯二酚）　水溶性白色针状结晶，传统美白祛斑成分，具有凝结蛋白质的作用，通过凝结酪氨酸酶，使酶冻结失活抑制黑色素的生成。此外，氢醌在一定浓度下可致黑色素细胞变性、死亡。美国 FDA 认定氢醌为安全、有效的美白剂，欧共体批准的使用量为 2%。我国 1999 版化妆品卫生规范允许其在局部皮肤美白产品中使用，限用量也为 2%，并要求在产品包装说明上标注“含有氢醌”等字样。在实际使用过程中发现，超过 5%的氢醌有可能引进“白斑”现象并可致过敏，此外由于对位的两个酚羟基的存在，氢醌性质极不稳定，很容易在空气中被氧化为醌，使其色泽加深。因此，2015 版《化妆品安全技术规范》限定氢醌为禁用美白成分。

（2）熊果苷　白色粉末，易溶于水，是氢醌的糖类衍生物（图 3-2），其水解产物为氢醌和葡萄糖，由于氢醌的一个酚羟基形成了糖苷键，因此其稳定性能大大提高。熊果苷的美白祛斑机理与氢醌类似，属于酪氨酸酶抑制剂，其对紫外线照射引起的色斑去除作用较为显著。熊果苷是在厚叶岩菜叶中发现的一种安全的天然美白祛斑活性成分，目前天然熊果苷主要通过越橘科植物提取获得，然而由于提取工艺复杂，天然熊果苷价格十分昂贵。从葡萄糖出发可人工合成纯度较高的熊果苷。随着美白产品的不断开发，熊果苷的衍生物也被开发成美白组分，如熊果苷的酚羟基酯化物，以及维生素 C-熊果苷磷酸酯等。

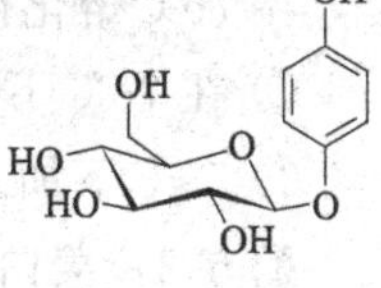

OH
OH
HO
HO
O
O
OH

图 3-2　熊果苷结构

其中维生素C-熊果苷磷酸酯具有维生素C和熊果苷的协同作用，并具备很好的稳定性。

(3) 配方举例

配方1：祛斑蛋白乳

| 组　分 | 质量分数/% | 组　分 | 质量分数/% |
|---|---|---|---|
| 乙醇 | 15.0 | 支链淀粉 | 1.0 |
| 去离子水 | 加至100.0 | 霍霍巴油 | 2.0 |
| L-焦谷氨酸钠 | 1.5 | 氢氧化钾 | 1.0 |
| 油醇聚氧乙烯醚 | 1.0 | 乙二胺四乙酸三钠盐 | 1.0 |
| 熊果苷 | 1.0 | 香精 | 适量 |
| 胶原蛋白 | 0.4 | | |

制备工艺：

① 将水溶性物料（乙醇、L-焦谷氨酸钠、熊果苷、胶原蛋白、支链淀粉）加入去离子水中，加热至65℃至物料完全溶解，加入表面活性剂油醇聚氧乙烯醚；

② 将霍霍巴油熔化后，加入水相中，乳化30min；

③ 降温至55℃以下，加入氢氧化钾、乙二胺四乙酸三钠盐、香精，冷却静置后进行包装。

配方2：熊果苷美白乳

| 组　分 | | 质量分数/% | 组　分 | | 质量分数/% |
|---|---|---|---|---|---|
| A组分 | 十六醇 | 4.0 | B组分 | 矿脂 | 5.0 |
| | 去离子水 | 加至100.0 | | 甘油 | 5.0 |
| | 丙二醇 | 5.0 | | 矿物油 | 8.0 |
| | 十八烷基二甲基氧化胺 | 3.0 | C组分 | 熊果苷 | 5.0 |
| | 聚氧乙烯十六烷基(4)醚 | 2.0 | | | |
| B组分 | 肉豆蔻酸异丙基酯 | 3.0 | D组分 | 防腐剂 | 适量 |

制备工艺：

① 将A组分加至去离子水中加热到75℃搅拌溶解得到水相，将B组分混合，在75℃熔化得到油相；

② 在75℃下，边搅拌边将油相徐徐加入水相中进行乳化；

③ 55℃下加入熊果苷、防腐剂，50℃以下停止搅拌，冷却静置后进行包装。

配方3：美白嫩肤精华液

| 组　分 | 质量分数/% | 组　分 | 质量分数/% |
|---|---|---|---|
| 熊果苷 | 3.0 | 甘油 | 5.0 |
| 桑白皮提取液 | 5.0 | 水溶性维生素E | 0.5 |
| 木瓜酵素 | 6.0 | 复方抗菌剂 | 适量 |
| HA | 20.0 | 去离子水 | 加至100.0 |

制备工艺：将各组分（除熊果苷外）80℃加热溶解后，降温至50℃，溶解

熊果苷即可。

配方 4：美白膏

| 组 分 | | 质量分数/% | 组 分 | | 质量分数/% |
|---|---|---|---|---|---|
| A 组分 | 二十二醇醚-25 | 3.5 | A 组分 | 红没药醇 | 0.1 |
| | 16/18 醇 | 3.0 | B 组分 | 甘油 | 8.0 |
| | 硬脂酸单甘油酯 | 2.0 | | 汉生胶 | 0.35 |
| | 角鲨烷 | 3.0 | | 透明质酸钠 | 0.1 |
| | 棕榈酸异辛酯 | 5.0 | | 熊果苷 | 0.5 |
| | 蜂蜡 | 2.0 | C 组分 | 聚四氟乙烯 | 2.0 |
| | 碳酸二辛酸 | 4.0 | | 防腐剂 | 适量 |
| | $C_{15}$～$C_{19}$烷烃 | 5.0 | | 香精 | 适量 |
| | 二甲基硅氧烷 | 1.5 | | 氢氧化钠 | 适量 |
| | 维生素 E 乙酸酯 | 0.5 | | 去离子水 | 加至 100.0 |

制备工艺：

① 将透明质酸钠用 100 倍的去离子水在 50℃以下溶解；

② 汉生胶按 1∶20 比例去离子水在 50℃以下溶解；

③ 将油相物料（维生素 E 乙酸酯、红没药醇除外）投入油相锅中，加热至 85～90℃，至固体物料熔融；

④ 将去离子水投入水相锅中，加热至 100℃后加入水相其余组分搅匀；

⑤ 将维生素 E 乙酸酯、红没药醇加入油相锅，混合均匀后，将油相（A）和水相（B）加入乳化锅中，40～50r/min 条件下搅拌，加入聚四氟乙烯均质 5～10min，85℃搅拌 30min；

⑥ 待冷却至 50℃，用 NaOH 调节 pH 值为 3.5～5.0，加入防腐剂、香精，搅匀冷却后出料。

配方 5：美白淡斑霜

| 组 分 | 质量分数/% | 组 分 | 质量分数/% |
|---|---|---|---|
| 小麦胚芽油 | 10.0 | 维生素 $B_3$ | 2.0 |
| 硬脂酸单甘油酯 | 2.5 | 1,3-丁二醇 | 5.0 |
| 熊果苷 | 3.0 | 苯氧乙醇 | 0.5 |
| 甘草萃取液 | 5.0 | 去离子水 | 加至 100.0 |

制备工艺：

① 将小麦胚芽油和去离子水分别加热至 85℃，在去离子水中加入 1,3-丁二醇和硬脂酸单甘油酯后，将小麦胚芽油缓慢加入去离子水中，搅拌乳化 30min；

② 降温至 50℃，加入熊果苷、甘草萃取液、维生素 $B_3$、苯氧乙醇，搅拌至常温即可。

## 3.2.2 曲酸美白化妆品

（1）曲酸及其衍生物　曲酸，又称曲菌酸，化学名称为5-羟基-2-羟甲基-4-吡喃酮，外观为无色或浅黄色棱柱形结晶，易溶于水。曲酸最早是由日本学者斋藤贤道在米曲霉菌酿造的酱油中发现的。后来日本、印度、加拿大、美国等的学者从黄曲霉毒素的某些菌株发酵产物中也分离出曲酸，并且产量高于米曲霉发酵。

曲酸及其衍生物的美白机理是通过与铜离子螯合，使得酪氨酸酶失去铜离子而失去催化活性，此外曲酸也同时抑制DHI的聚合和DHICA氧化酶活性，因此可抑制黑色素的生成，具有增白祛斑的功效。曲酸来自于微生物发酵，是一种安全性较高的美白剂，因此在化妆品产业方面备受青睐，如日本柯赛公司、山之岗制药公司、埃泽伊公司合作研制了曲酸增白美容乳，日本关西化妆品有限公司开发将曲酸用于洗面奶和沐浴露等清洁类化妆品的配方设计。

但是，曲酸不稳定，对光、热敏感，在空气中易被氧化。另外，曲酸与很多金属离子螯合，尤其是与$Fe^{3+}$螯合产生黄色螯合物，因此加入曲酸的化妆品稳定性较差。因此，结构更为稳定的曲酸衍生物，如曲酸氨基酸、曲酸脂肪酸酯、曲酸醚、曲酸磷酸酯等曲酸衍生物逐渐被应用于美白祛斑化妆品的配方设计中。

（2）配方举例

配方：美白祛斑霜

| 组分 | | 质量分数/% | 组分 | | 质量分数/% |
|---|---|---|---|---|---|
| A组分 | 脂肪醇聚醚复合物(340B) | 3.5 | B1组分 | 甘草酸二钾 | 0.2 |
| | A-165(乳化剂) | 3.5 | | 尿囊素 | 0.2 |
| | 鲸蜡硬脂酸 | 4.0 | | 3-*O*-乙基抗坏血酸 | 2.0 |
| | 硬脂酸 | 2.0 | | 海藻糖 | 2.0 |
| | 霍霍巴籽油 | 2.0 | B2组分 | 甘油 | 3.0 |
| | 液体石蜡 | 6.0 | | 黄原胶 | 0.15 |
| | 辛酸/癸酸甘油三酯 | 5.0 | C组分 | 光果甘草根提取物 | 5.0 |
| | 聚二甲基硅氧烷 | 2.0 | | 环五聚二甲基硅氧烷 | 3.0 |
| | 乙氧基二甲醇 | 2.5 | D组分 | 水解蜂王浆蛋白 | 1.0 |
| | 曲酸二棕榈酸酯 | 3.0 | | 香精 | 0.05 |
| | 泛醌 | 0.1 | | 氧化苦参碱 | 0.15 |
| | 氮卓酮 | 1.5 | | 氯苯甘醚/苯氧乙醇 | 0.5 |
| B1组分 | 去离子水 | 加至100.0 | | | |

注：A-165是聚乙二醇（100）硬脂酸酯和硬脂酸甘油酯。

制备工艺：

① 将A组分加入油相锅中，加热升温至80～85℃；

② 将B1组分加入水相锅中，加热至80～85℃，B2组分加入水相锅中，恒温20min；

③ 将B组分加入均质锅中，加入A组分，搅拌乳化5min，均质3min；

④ 将温度降至60℃，加入C组分，搅拌均匀，均质1min，降温至40～42℃，加入D组分，搅拌均匀，降至室温，即得美白祛斑霜。

## 3.2.3 维生素美白化妆品

### 3.2.3.1 维生素C及其衍生物

维生素C又称为抗坏血酸，是一种水溶性强的抗氧化剂，其在体内可以和氧自由基结合发生还原反应，减轻脂质过氧化反应，保护超氧化物歧化酶等的活性，清除有害氧自由基，是最早被皮肤病专家认可的安全的淡化色斑的口服药品。其美白机理为：一是抑制酪氨酸酶的活性，二是将氧化性黑色素还原为无色的还原性黑色素。

维生素C溶于水，皮肤吸收性差，在空气中极不稳定，易氧化变色。因此稳定性更高和透皮性更好的衍生物被大量开发，如维生素C钠盐、维生素C磷酯镁，维生素C棕榈酸酯等。其中，维生素C磷酯镁是一种高透皮性水溶性衍生物，其透皮率为116%，对雀斑、黄褐斑及老年斑均有减轻效果，此外还具有促进胶原形成和清除自由基的作用。

配方1：淡斑水凝雾

| 组分 | | 质量分数/% | 组分 | | 质量分数/% |
|---|---|---|---|---|---|
| A组分 | 去离子水 | 加至100.0 | B组分 | PEG-40氢化蓖麻油 | 0.15 |
| | 甘草酸二钾 | 0.3 | | 母菊花水 | 20.0 |
| | β-葡聚糖 | 2.0 | C组分 | 生态营养素 | 1.5 |
| | 木糖醇 | 2.0 | | 马齿苋提取物 | 3.0 |
| | 3-O-乙基抗坏血酸 | 0.5 | | 水解蜂王浆蛋白 | 1.0 |
| B组分 | 丁二醇 | 5.0 | | 甘草根提取物 | 2.0 |
| | 植物防腐剂NPS | 0.7 | | 长心卡帕藻提取物 | 3.0 |
| | 苯氧乙醇 | 0.3 | D组分 | 20% L-精氨酸溶液 | 适量 |

制备工艺：

① 将A组分加入搅拌锅中，加热搅拌升温至80～85℃，恒温20min；

② 降温至40℃后加入B组分，搅拌均匀后加入C组分；

③ 加入适量D组分，调节pH值为5.8～6.2后搅拌均匀，即得淡斑水凝雾。

配方 2：祛斑乳霜

| 组分 | | 质量分数/% | 组分 | | 质量分数/% |
|---|---|---|---|---|---|
| A 组分 | 乳化剂 SSE-20 | 1.8 | B1 组分 | 甜菜碱 | 3.0 |
| | 乳化剂 SS | 1.2 | | 烟酰胺 | 2.0 |
| | 鲸蜡醇酯 | 2.0 | | 3-*O*-乙基抗坏血酸 | 2.0 |
| | 甘油硬脂酸酯 | 2.0 | | 水解燕麦蛋白 | 3.0 |
| | 硬脂酸 | 1.5 | B2 组分 | 甘油 | 3.0 |
| | 聚二甲基硅氧烷 | 1.5 | | 黄原胶 | 0.15 |
| | 霍霍巴籽油 | 1.5 | C 组分 | 酸乳提取物 | 1.0 |
| | 角鲨烷 | 5.0 | | 去离子水 | 4.0 |
| | 异壬酸异壬酯 | 5.0 | | L-乳酸 | 0.2 |
| | 植物甾醇 | 0.5 | | 蜂蜜提取物 | 5.0 |
| | 维生素 E 乙酸酯 | 0.5 | D 组分 | 10%氢氧化钾溶液 | 适量 |
| | 乙基己基甘油 | 0.5 | E 组分 | 水解蜂王浆蛋白 | 1.0 |
| | 丁二醇 | 7.0 | | 香精 | 0.05 |
| B1 组分 | 去离子水 | 加至 100.0 | | PHENONIP | 0.5 |
| | 库拉索芦荟叶提取物 | 0.3 | | 植豆酵素 | 0.3 |
| | 木糖醇 | 2.0 | | | |

注：乳化剂 SS 是甲基葡萄糖苷倍半硬脂酸酯，SSE-20 是甲基葡萄糖苷倍半硬脂酸酯-EO-20；PHENONIP 是防腐剂，2-苯氧基乙醇、尼泊金甲酯、尼泊金丙酯、尼泊金乙酯、尼泊金丁酯、尼泊金异丁酯的混合物。

制备工艺：

① 将 A 组分加入油相锅中，加热至 80～85℃，搅拌均匀；

② 将 B1 组分加入水相锅中，加热至 80～85℃，搅拌均匀，加入 B2 组分恒温 20min；

③ 将 B 组分加入均质机中，加入 A 组分搅拌乳化 5min，均质 3min；

④ 降温至 45℃，加入预热后的 C 组分搅拌均匀，加适量的 D 组分调节 pH 值为 5.5～6.0，搅拌均匀；

⑤ 加入 E 组分搅拌降温至室温，即得祛斑乳霜。

配方 3：美白化妆水

| 组分 | 质量分数/% | 组分 | 质量分数/% |
|---|---|---|---|
| 甘油 | 3.0 | 乙醇 | 8.0 |
| 1,3-丁二醇 | 4.0 | 牛脾脏水提取物 | 0.001 |
| 聚氧乙烯油醇 | 0.5 | L-抗坏血酸-2-硫酸钠 | 0.01 |
| 对羟基苯甲酸甲酯 | 0.1 | 香精 | 0.1 |
| 柠檬酸钠 | 0.1 | 去离子水 | 加至 100.0 |

制备工艺：将各物料加热溶于水即可。

### 3.2.3.2 维生素 E 及其衍生物

维生素 E 又名生育酚，主要包括 $\alpha$-生育酚、$\beta$-生育酚、$\gamma$-生育酚、$\delta$-生育酚四种，是氧自由基的直接清除剂，与 SOD、谷胱甘肽过氧化物一起构成体内抗氧化系统。维生素E可与羟自由基迅速反应，带走氧化脂肪酸的自由基，形成更稳定的自由基而发挥高效的抗氧化能力。在黑色素的形成过程中维生素E不仅能直接抑制酪氨酸酶，还可能影响酪氨酸、酪氨酸酶相关蛋白-1和酪氨酸酶相关蛋白-2反应后的水平，通过直接抑制酪氨酸酶家族的活性或反应水平而抑制黑色素细胞合成黑色素。维生素E是维生素家族在化妆品中应用较为普遍的一类原料。

配方4：祛斑精华

| 组　分 | 质量分数/% | 组　分 | 质量分数/% |
|---|---|---|---|
| 维生素C磷酸酯镁盐 | 2.0 | 二氧化钛 | 1.0 |
| 维生素E | 0.8 | 1%HA | 10.0 |
| 烟酰胺 | 1.0 | 异噻唑啉酮 | 0.2 |
| 乙酰壳糖胺 | 1.0 | 去离子水 | 加至100.0 |
| 当归提取液 | 2.0 | | |

制备工艺：

① 将40%～50%的去离子水加热到65℃，加入当归提取液并搅拌均匀形成混合物，备用；

② 将剩余的去离子水加热到65℃，依次加入1%HA、维生素C磷酸酯镁盐、烟酰胺和乙酰壳糖胺并搅拌均匀，备用；

③ 将维生素E加热至80℃并搅拌至均匀，备用；

④ 将①混合物加入到③的备用液中，并搅拌均匀，然后继续加入②的备用液，2500～3500r/min搅拌至均匀状态；

⑤ 自然冷却至45℃时加入异噻唑啉酮、二氧化钛并搅拌至均匀，自然冷却至室温即得祛斑精华。

配方5：维生素E美白霜

| 组　分 | 质量分数/% | 组　分 | 质量分数/% |
|---|---|---|---|
| 维生素E | 0.1 | 山梨醇 | 6.0 |
| 乙酰羊毛脂 | 3.0 | *N*-油酰基-*N*-甲基牛磺酸钠 | 2.0 |
| 鲸蜡醇 | 6.0 | 甘草查耳酮A | 0.1 |
| 聚氧乙烯失水山梨醇月桂酸酯 | 8.0 | 去离子水 | 加至100.0 |

制备工艺：

① 将维生素E、乙酰羊毛脂、鲸蜡醇和聚氧乙烯失水山梨醇月桂酸酯加热至70℃混合成油相；

② 将山梨醇、*N*-油酰基-*N*-甲基牛磺酸钠和水混合而成的水相加热至70℃；

③ 在搅拌下将水相加入油相中，冷却至50℃，加入甘草查耳酮A，搅拌冷却至室温，即可制得维生素E美白霜。

#### 3.2.3.3 维生素 $B_3$

维生素 $B_3$ 又称烟酰胺，属于 B 族维生素，被广泛地应用于临床防治糙皮病、舌炎、口炎、光感性皮炎和化妆性皮炎，是化妆品行业中常用的抗衰老组分，同时兼有美白效果。其他酪氨酸酶抑制剂和抗氧化美白组分不同，维生素 $B_3$ 通过抑制黑色素颗粒的形成及其黑色素颗粒向表皮细胞的传递，抑制色斑的形成。此外维生素 $B_3$ 还具有促进皮肤细胞新陈代谢和色素排泄的作用。

配方 6：烟酰胺美白乳液

| | 组　分 | 质量分数/% | | 组　分 | 质量分数/% |
|---|---|---|---|---|---|
| A 组分 | 15# 白油 | 10.0 | B 组分 | 1,3-丁二醇 | 8.0 |
| | 辛酸癸酸甘油酯 | 6.0 | | 维生素 $B_3$ | 3.0 |
| | 烷基糖苷乳化剂 | 3.0 | | 去离子水 | 加至 100.0 |
| | 二甲基硅油 | 3.0 | | 丙烯酸增稠剂 | 0.8 |
| | A-165 | 1.2 | | IS-45 防腐剂 | 适量 |
| | 16/18 醇 | 2.0 | | 香精 | 适量 |

制备工艺：

① 将上述 A 组分投入油相锅，加热至 80℃，溶解后待用；

② 将 B 组分投入乳化锅，加热至 80℃，保温 20min；

③ 将 A 组分加入 B 组分乳化锅中，均匀搅拌 25min，将制得的乳液冷却至 40℃得到美白乳液。

### 3.2.4 草药美白化妆品

中医认为气血阻滞、肝气郁结等原因导致色斑形成，可通过服用养血补血、活血行气、舒肝解郁的草药来减少黑色素的形成。随着中药现代化的发展，中药材中具有美白作用的大量活性物质被发现，如黄酮类、类黄酮类、多糖类、挥发油、有机酸、三萜皂苷类等，并且可以从多种途径抑制黑色素生成及促进黑色素排出，从而达到多组分协同美白功效。

#### 3.2.4.1 富含黄酮类

黄酮类化合物广泛存在于植物界，具有清除氧自由基、促进皮肤新陈代谢、减少色素沉着等作用。大量植物黄酮类提取物，如银杏提取物、竹叶提取物、甘草黄酮、大豆异黄酮等，被应用于化妆品配方的设计。

(1) 甘草提取物和甘草黄酮　甘草为豆科多年生草本植物，是最常用的中药之一，历来就有“十方九草”之说。甘草主要的活性成分——甘草素和甘草苷属二氢黄酮类，是甘草和光甘草根茎中的药效成分。甘草和光甘草根茎中总黄酮含量约为 3%，其中以甘草苷含量最高。甘草素有抗氧化、抗过敏、抗霉菌、防止皮肤老化和清除超氧离子等作用。甘草苷有抗炎、抗皮肤肿瘤和有效祛除皮肤色斑的作用。甘草素和甘草苷的美白作用主要来自其对酪氨酸酶、多巴色素互变异构酶（TRP-2）活性的抑制和对5,6-二羟基吲哚（DHI）的聚合的阻碍。在化妆品中，甘草黄酮或甘草提取物是较为常用的原料。

配方1：甘草香粉

| 组　分 | 质量分数/% | 组　分 | 质量分数/% |
|---|---|---|---|
| 丙三醇 | 4.0 | 维生素C磷酸酯镁 | 1.0 |
| 去离子水 | 加至100.0 | 薄荷脑 | 0.2 |
| 汉生胶 | 3.0 | 精制高岭土 | 7.0 |
| 聚乙烯醇 | 2.0 | 防腐剂 | 适量 |
| 甘草提取物 | 3.0 | 香料 | 适量 |
| $TiO_2$ | 3.0 | | |

制备工艺：

① 在70～75℃下于水浴上使丙三醇溶解于去离子水；

② 溶解汉生胶和聚乙烯醇，加入甘草提取物，加热至75℃；

③ 搅拌下加入已混合均匀的丙三醇和去离子水中，使充分乳化，继续搅拌至冷，45℃时加入$TiO_2$、维生素C磷酸酯镁、薄荷脑、精制高岭土、防腐剂和香料，研磨，脱水，包装。

配方2：美白霜

| 组　分 | | 质量分数/% | 组　分 | | 质量分数/% |
|---|---|---|---|---|---|
| A组分 | 鲸蜡硬脂醇/鲸蜡硬脂基葡糖苷 | 1.0～3.5 | B组分 | 黄原胶 | 0.05～0.2 |
| | 鲸蜡硬脂醇 | 0.9～1.5 | | 透明质酸钠 | 0.01～0.03 |
| | 甘油硬脂酸/PEG-100硬脂酸酯 | 0.9～1.5 | | 去离子水 | 加至100.0 |
| | 环五聚二甲基硅氧烷/环已硅氧烷 | 1.0～3.0 | C组分 | 聚丙烯酰胺/$C_{13}$～$C_{14}$异链烷烃/月桂醇聚醚-7 | 0.4～1.0 |
| | 聚二甲基硅氧烷 | 1.0～3.0 | | | |
| | 月桂氮卓酮 | 0.5～1.6 | D组分 | 苯氧乙醇 | 0.35～0.45 |
| | BHT | 0.02～0.07 | | 1,2-已二醇 | 0.1～0.5 |
| | 维生素E | 0.3～0.8 | E组分 | 甘草黄酮 | 0.1～0.4 |
| | 辛酸/癸酸甘油三酯 | 1.0～5.0 | | 丁二醇 | 4.0～8.0 |
| B组分 | 丙二醇 | 3.0～8.0 | F组分 | 3-*O*-乙基抗坏血酸 | 1.0～5.0 |
| | 甘油 | 3.0～8.0 | G组分 | 酵母提取物 | 3.0～7.0 |

制备工艺：

① 将A组分投入油相锅加热至85℃，搅拌溶解完全后保温待用；

② 将B组分加入水浴锅中，加热至85℃，搅拌溶解完全后保温待用；

③ 将乳化锅预热至60～65℃，搅拌速度为45r/min，先将B组分抽入，再将A组分抽入，搅拌30min，温度保持在85℃，均质3min；

④ 将C组分加入乳化锅，均质4min，保温搅拌30min，温度保持在80～85℃，搅拌速度35r/min；

⑤ 降温至40℃依次加入E组分、F组分、G组分，保温搅拌10min，搅拌速度35r/min，加入D组分，保温10～20min，温度降至40℃出料。

配方 3：美白凝露

| 组分 | | 质量分数/% | 组分 | | 质量分数/% |
|---|---|---|---|---|---|
| A组分 | 0.5%卡波姆水溶液 | 30.0 | B组分 | 植物防腐剂 NPS | 0.7 |
| | 去离子水 | 加至 100.0 | | 香精 | 0.01 |
| | 木糖醇 | 2.0 | | PEG-40 氢化蓖麻油 | 0.25 |
| | 甘油 | 1.5 | C组分 | 10%氢氧化钾溶液 | 适量 |
| | 甜菜碱 | 2.0 | D组分 | 马齿苋提取物 | 3.0 |
| | 库拉索芦荟叶提取物 | 0.3 | | 甘草提取物 | 2.0 |
| B组分 | 丙二醇 | 4.0 | | 长心卡帕藻提取物 | 1.0 |

制备工艺：

① 将 A 组分加热至 80～90℃溶解；

② 待温度降至 45℃，将 B 组分加入 A 组分中，加热，搅拌均匀；

③ 加入 C 组分，调节 pH 值至 5.0～6.0，加入 D 组分，搅拌均匀，待降温至 30～40℃即得美白凝露。

(2) 竹叶提取物和配方举例　竹叶中含有许多对人体有益的活性成分，包括黄酮类、酚酸类、生物碱、多糖、氨基酸、肽类和蒽醌类等，竹叶黄酮是竹叶中重要的活性成分之一，具有抑菌杀菌、消炎、清除氧自由基等功能，此外对皮肤具有抗衰老、抗辐射、美白、保湿等功能。

配方 4：竹叶黄酮护肤霜

| 组分 | | 质量分数/% | 组分 | | 质量分数/% |
|---|---|---|---|---|---|
| A组分 | 十八醇 | 4.0 | B组分 | 甘油 | 2.5 |
| | 单甘酯 | 1.5 | | 丙二醇 | 2.5 |
| | 角鲨烷 | 3.0 | | 尼泊金甲酯 | 0.05 |
| | 棕榈酸异丙酯 | 2.5 | | 竹叶黄酮 | 1.5 |
| | 硬脂醇聚氧乙烯(2)醚 | 2.5 | C组分 | 香精 | 0.5 |
| | 硬脂醇聚氧乙烯(21)醚 | 1.5 | | 三乙醇胺 | 0.5 |
| | 羟甲苯丁酯 | 0.5 | | 去离子水 | 加至 100.0 |

制备工艺：

① A 组分搅拌加热至 85℃，保温 20min；

② B 组分搅拌加热至 45℃，将 A、B 两组分合并乳化 30min；

③ 冷却至 45℃，加入 C 组分，匀质，冷却至 30℃出料即得护肤霜。

### 3.2.4.2　富含类黄酮类

类黄酮类是植物重要的一类次生代谢多酚产物，它以结合态（黄酮苷）或自由态（黄酮苷元）形式存在于水果、蔬菜、豆类和茶叶等许多食源性植物中。类黄酮可分为：黄酮醇类，如槲皮素、芸香素、芸香苷；黄碱素类，如木犀草素、芹菜素；黄烷酮类，如橙皮苷、柚皮苷；黄烷醇类，主要为儿茶素；花青素类；原花青素类；异黄酮类。这类物质最为显著的特点是含有酚羟基，因此是一类具有抗氧化活性的物质，能够抑制皮肤内自由基的生成。

配方 5：火棘果原花青素霜

| 组分 | 质量分数/% | 组分 | 质量分数/% |
|---|---|---|---|
| 火棘果原花青素提取液 | 5.0～10.0 | 司盘-60 | 1.0～3.0 |
| 柚皮挥发油提取液 | 1.0～3.0 | 甘油 | 8.0～15.0 |
| 硬脂酸 | 5.0～10.0 | 吐温-80 | 3.0～9.0 |
| 单硬脂酸甘油酯 | 1.0～3.0 | 去离子水 | 25.0～65.0 |
| 凡士林 | 5.0～10.0 | 5%尼泊金乙酯乙醇溶液 | 2.0～5.0 |
| 液体石蜡 | 6.0～12.0 | | |

制备工艺：

① 将硬脂酸、单硬脂酸甘油酯、凡士林、液体石蜡和司盘-60 混合并水浴加热至 80℃使之全部熔化，得到油相；

② 将去离子水、甘油、吐温-80 和火棘果原花青素提取液置于另一容器中并水浴加热至 80℃，得到水相；

③ 在不断搅拌下将 80℃的油相缓慢加入 80℃的水相中，研磨使其乳化；

④ 温度降至 50℃时加入尼泊金乙酯的乙醇溶液和柚皮挥发油提取液，充分研磨至乳化完全，冷却至室温得火棘果原花青素霜剂。

配方 6：儿茶素养颜修复面霜

| 组　分 | | 质量分数/% | 组　分 | | 质量分数/% |
|---|---|---|---|---|---|
| 抗氧化剂 | 儿茶素 | 3.8 | 润肤剂 | 鲸蜡硬脂醇 | 1.3 |
| | 维生素 E | 0.8 | | 聚二甲基硅氧烷 | 1.3 |
| | BHT | 1.9 | | 角鲨烷 | 0.2 |
| 抗敏剂 | 尿囊素 | 0.5 | 增稠剂 | 黄原胶 | 1.9 |
| | 辛酰水杨酸 | 0.5 | 乳化剂 | 甘油硬脂酸酯/PEG-100 硬脂酸酯 | 2.0 |
| 美白剂 | 甘草黄酮 | 0.1 | | 鲸蜡醇棕榈酸酯/山梨坦棕榈酸酯/山梨坦橄榄油酸酯 | 0.01 |
| | 抗坏血酸 | 1.3 | | | |
| | 木瓜蛋白酶 | 0.01 | | $C_{14}$～$C_{22}$醇/$C_{12}$～$C_{20}$烷基葡糖苷 | 2.5 |
| 保湿剂 | 透明质酸钠 | 2.5 | | 橄榄油 PEG-7 | 1.0 |
| | 甘油 | 0.05 | 防腐剂 | 苯氧乙醇 | 0.6 |
| | 山梨醇 | 5.1 | | 羟苯甲酯 | 0.1 |
| 润肤剂 | 辛酸/癸酸甘油三酯 | 3.0 | | 氢氧化钾 | 0.2 |
| | 肉豆蔻酸异丙酯 | 1.3 | | 去离子水 | 加至 100.0 |

制备工艺：

① 将乳化剂、润肤剂（辛酸/癸酸甘油三酯、肉豆蔻酸异丙酯、鲸蜡硬脂醇、聚二甲基硅氧烷、角鲨烷）投入油相锅中，加热至 70～85℃，等所有组分熔融后保温，制得油相；

② 将保湿剂、增稠剂和去离子水依次投入水相锅中，加热至 70～85℃，保温 15～30min 使其充分溶解，制得水相；

③ 将油相和水相依次抽入乳化锅中，均质 5～15min，搅拌速率为 2000～

4000r/min，而后保温搅拌 15～45min，搅拌速率为 30～50r/min；

④ 冷却至 40～45℃，加入氢氧化钾，搅拌均匀；

⑤ 加入抗敏剂、美白剂、抗氧化剂和防腐剂，搅拌均匀，得到养颜修复面霜。

配方 7：芸香苷活性美白霜

| 组分 | | 质量分数/% | 组分 | | 质量分数/% |
|---|---|---|---|---|---|
| A组分 | 聚氧乙烯单硬脂酸酯 | 2.0 | A组分 | 羟基苯甲酸甲酯 | 0.1 |
| | 乙二醇单硬脂酸酯 | 5.0 | B组分 | 角鲨烷 | 15.0 |
| | 硬脂酸 | 5.0 | | 丁二醇 | 5.0 |
| | 山嵛醇 | 0.5 | | 甘草次酸二钾盐 | 0.2 |
| | 十六烷基异辛酸酯 | 5.0 | | 香精 | 0.1 |
| | 芸香苷 | 0.2 | | 去离子水 | 加至 100.0 |
| | 对羟基苯甲酸丁酯 | 0.1 | | | |

制备工艺：

① 将油相 A 组分和水相 B 组分（香精除外）分别加热到 80℃；

② 在 80℃下，边搅拌边将 B 组分缓慢加入 A 组分中进行乳化；

③ 自然降温至 50℃以下加入香精，冷却静置后进行包装。

### 3.2.4.3 其他草药提取物

草本提取物除了富含黄酮、类黄酮等美白物质以外，还含有多种安全的活性成分，因此在化妆品工业中越来越受到重用，如当归中含有的当归多糖；苹果、柠檬等水果中含有丰富的维生素、果油、果酸等；芦荟中含有丰富的氨基酸、芦荟素、蒽醌衍生物、芦荟苦素等；人参中含有人参皂苷、人参酸、维生素、精油等。这些有效成分在皮肤的美白、淡斑、护理等多个方面均能起到良好的效果。

配方 8：松茸美白乳液

| 组分 | | 质量分数/% | 组分 | | 质量分数/% |
|---|---|---|---|---|---|
| A组分 | Brijj72 | 0.5 | B组分 | 卡波姆 U20 | 0.2 |
| | Brijj721 | 1.5 | | 去离子水 | 加至 100.0 |
| | 16/18 醇 | 1.5 | C组分 | 三乙酰胺 | 0.3 |
| | 角鲨烷 | 6.0 | D组分 | 松茸提取物(60%) | 1.0 |
| B组分 | 甘油 | 2.0 | | Seppic305 乳化剂 | 0.5 |
| | 乙二胺四乙酸 | 0.1 | | 香精和防腐剂 | 适量 |

制备工艺：

① 将 A 组分和 B 组分加热至 80～85℃，完全溶解均匀，在搅拌条件下将 B 组分加入 A 组分，并均质 3min，均质速度为 3000r/min；

② 继续搅拌并加入 C 组分，开始逐渐降温；

③ 降温至 45℃以下，依次加入 D 组分的原料，38℃出料灌装，得到美白乳液。

配方 9：人参果美白乳

| 原料名称 | | 质量分数/% | 原料名称 | | 质量分数/% |
|---|---|---|---|---|---|
| A 组分 | 甘油硬脂酸酯/PEG-100 硬脂酸酯 | 0.5 | C 组分 | 人参果提取物 | 5.0 |
| | 鲸蜡硬脂醇 | 4.0 | D 组分 | 丙烯酸钠/丙烯酰二甲基牛磺酸钠共聚物(和)异十六碳烷(和)聚山梨醇酯-80 | 2.5 |
| | 羊毛脂 | 1.0 | | | |
| B 组分 | 环聚二甲基硅氧烷 | 12 | E 组分 | 苯氧乙醇(和)乙基己基甘油 | 0.5 |
| C 组分 | 去离子水 | 加至 100.0 | | 香精 | 适量 |

制备工艺：

① 将 A 组分加热到 80℃溶解，将 C 组分中的去离子水和人参果提取物加热至 85℃溶解，保温备用；

② 将 C 组分加入 A 组分中，搅拌溶解后，均质 2～3min；

③ 将 B 组分和 D 组分加入混合物中，搅拌均质 2～3min，缓慢搅拌降温；

④ 温度降至 45℃，加入防腐剂和香精。

配方 10：当归、甘草、芦荟美白护肤霜

| 组分 | | 质量分数/% | 组分 | | 质量分数/% |
|---|---|---|---|---|---|
| A 组分 | 硬脂酸 | 4.5 | B 组分 | 甘油 | 6.5 |
| | 十八醇 | 2.51 | | 三乙胺醇 | 0.31 |
| | 十六醇 | 2.5 | | 芦荟浸膏 | 1.5 |
| | 白油 | 3.1 | | 当归提取物 | 0.5 |
| | 吐温-60 | 0.5 | | 去离子水 | 加至 100.0 |
| | 羊毛脂 | 1.2 | 其他 | 茉莉香精 | 适量 |
| | 橄榄油 | 0.5 | | 布罗波尔 | 0.05 |
| B 组分 | 甘草提取物 | 2.0 | | 尼泊金丙酯 | 0.2 |

制备工艺：

① 将 A 组分和 B 组分（芦荟浸膏除外）分别加热至 90℃完全熔化呈均相；

② B 组分 90℃左右保温 20min，灭菌后分别过滤；

③ 搅拌下，慢慢将 A 组分加入乳化罐中与 B 组分搅拌乳化 1h；

④ 降温至 65℃时加入芦荟浸膏，降温至 45℃加入茉莉香精、布罗波尔、尼泊金丙酯，待温度降至 35℃停止搅拌，静置得到乳膏状产品。

配方 11：白芷美白霜

| 组分 | | 质量分数/% | 组分 | | 质量分数/% |
|---|---|---|---|---|---|
| 中药提取物 | 白芷 | 5.0 | A 组分 | 单硬脂酸甘油酯 | 1.0～1.5 |
| | 白蔹 | 5.0 | | 二甲基硅油 | 3.0 |
| | 白鲜皮 | 5.0 | | 无水羊毛脂 | 2.0 |

续表

| 组分 | | 质量分数/% | 组分 | | 质量分数/% |
|---|---|---|---|---|---|
| A组分 | 液体石蜡 | 5.0 | B组分 | 吐温-60 | 1.5～3.0 |
| | 硬脂酸 | 4.0～6.0 | | 三乙醇胺 | 0.1～0.5 |
| | 十六醇 | 4.0～6.0 | | 去离子水 | 加至100.0 |
| | 尼泊金乙酯 | 0.15 | C组分 | 氮酮 | 1.0 |
| B组分 | 甘油 | 3.0 | | 茉莉香精 | 3滴 |
| | 丙二醇 | 3.0 | | | |

制备工艺：

① 白芷水回流提取，白蔹、白鲜皮乙醇回流提取，合并提取液，减压浓缩至1g浸膏；

② 将A组分混合加热至80℃保温过滤得油相，B组分加热至80℃保温过滤得水相；

③ 将油相缓慢加到水相中，高速均质5min（均质2min时加入中药浸膏），搅拌冷却，待温度降至45℃加入氮酮、茉莉香精，搅拌均匀即得中药美白霜。

配方12：中药祛斑美白霜

| 组分 | | 质量分数/% | 组分 | | 质量分数/% |
|---|---|---|---|---|---|
| A组分 | 橄榄油 | 4.0 | B组分 | 去离子水 | 加至100.0 |
| | 白凡士林 | 3.0 | C组分 | 川穹 | 8.0 |
| | 十八醇 | 10.0 | | 防风 | 5.0 |
| | 单甘酯 | 5.0 | | 蒿苯 | 5.0 |
| | 尼泊金乙酯 | 0.1 | | 独活 | 5.0 |
| | BHT | 1.0 | | 二氧化钛 | 5.0 |
| | 液体石蜡 | 5.0 | | 尿素 | 5.0 |
| B组分 | 甘油 | 0.1 | | 维生素E | 0.02 |
| | 十二醇硫酸钠 | 1.0 | | 氮酮 | 1.0 |

制备工艺：

① 取A组分、B组分、C组分，分别加热至85℃；

② 先将A组分置搅拌机中，开动搅拌，再将B组分缓缓加入油相中，依同一方向搅拌，加入C组分，再将乳化液通过乳化器乳化至白色细腻膏体，灌装，即得。

配方13：复方当归美白淡斑霜

| 组分 | | 质量分数/% | 组分 | | 质量分数/% |
|---|---|---|---|---|---|
| 中药提取物 | 当归提取物 | 1.0 | A组分 | 单硬脂酸甘油酯 | 1.0 |
| | 白芍提取物 | 1.0 | | 二甲基硅油 | 1.0 |
| | 白术提取物 | 1.0 | B组分 | 丙三醇 | 1.5 |
| | 甘草提取物 | 1.0 | | 吐温-60 | 1.0 |
| A组分 | 蜂蜡 | 1.0 | | 三乙醇胺 | 0.2 |
| | 液体石蜡 | 1.5 | | 卡波姆940 | 0.2 |
| | 十六醇 | 1.5 | | 水溶性霍霍巴油 | 2.0 |

续表

| 组　分 | | 质量分数/% | 组　分 | | 质量分数/% |
|---|---|---|---|---|---|
| B组分 | 杰马 BP(防腐剂) | 0.1 | C组分 | 尼泊金丙酯 | 0.15 |
| | 去离子水 | 加至 100.0 | | 茉莉香精 | 1滴 |

制备工艺：

① 将水相（B组分）和油相（A组分）原料分别加热至 85℃左右，分别保温 10min；

② 然后将油相缓缓加入水相中，并不断搅拌混合 5～10min，加入中药提取物搅拌均匀；

③ 降温至 45℃时加入防腐剂、茉莉香精，继续搅拌均匀，直至室温即可。

## 3.2.5 动物来源美白化妆品

### 3.2.5.1 珍珠美白化妆品

珍珠，其主要成分为碳酸钙，此外还含有多种活性物质，如蛋白质、多肽、多糖、微量元素、类胡萝卜素及B族维生素。珍珠始载于《开宝本草》，自古药用，具有安神定惊、清热益阴、明目解毒、收口生肌等功效。《本草纲目》记载称“珍珠涂面，令人润泽好颜色”。

配方 1：珍珠粉美白霜

| 组　分 | | 质量分数/% | 组　分 | | 质量分数/% |
|---|---|---|---|---|---|
| A组分 | 月桂基 PEG-8 二甲基硅氧烷 | 2.0～5.0 | B组分 | 多元醇 | 8.0～15.0 |
| | 白油 | 3.0～10.0 | | 吐温-80 | 0.1～1.0 |
| | 棕榈酸异丙酯 | 1.0～5.0 | | 七水硫酸镁 | 0.2～1.5 |
| | 角鲨烷 | 2.0～6.0 | | 去离子水 | 加至 100.0 |
| | 异构十六烷 | 3.0～6.0 | C组分 | 香精 | 0.1～0.3 |
| | 改性亲油性珍珠粉 | 1.0～5.0 | | 异噻唑啉酮/2-苯氧基乙醇 | 0.1～0.5 |

制备工艺：

① 将亲油性珍珠粉均匀地分散在A组分体系中，得油相，将B组分混合，得到水相；

② 将A组分和B组分分别加热至 80～90℃，然后将B组分缓慢加入A组分中，同时快速搅拌，均质处理 3～5min；

③ 降温至 40～45℃，加入C组分，继续搅拌至完全冷却，出料。

### 3.2.5.2 胎盘美白化妆品

胎盘提取液中富含氨基酸、酵素、激素等丰富的生物活性物质。胎盘提取液具有机体免疫调节、改善微循环、抗氧化、抗疲劳延缓衰老等功效。胎盘提取液通过促进皮肤新陈代谢加速黑色素的代谢和排泄，实现美白的效果。相关临床试验验证了其美白功效。为增加其效果，市场上许多含胎盘提取液或胎盘素等相关成分的美白产品大都辅以其他活性成分，如维生素 E、维生素 C、曲酸、熊果苷等。

配方 2：嫩肤美白营养液

| 组　分 | 质量分数/% | 组　分 | 质量分数/% |
|---|---|---|---|
| 还原型谷肌甘肽 | 0.24 | 胎盘素 | 0.04 |
| 维生素 C | 0.79 | 生理盐水 | 98.83 |
| 氨甲环酸 | 0.10 | | |

制备工艺：混合均匀，溶解各组分即可。

配方 3：祛斑增白乳液

| 组　分 | 质量分数/% | 组　分 | 质量分数/% |
|---|---|---|---|
| 曲酸(或曲酸衍生物) | 0.5 | 十六醇 | 1.0 |
| 胎盘提取液 | 4.0 | 肉豆蔻酸异丙酯 | 2.0 |
| 甘油单硬脂酸酯 | 1.2 | 尼泊金甲酯 | 0.1 |
| 聚氧乙烯十六醚 | 2.0 | 香料 | 适量 |
| 硬脂酸 | 2.0 | 去离子水 | 加至 100.0 |

制备工艺：

① 将去离子水和甘油单硬脂酸酯混合均匀，加热至 65℃溶解，获得水相；

② 将聚氧乙烯十六醚、硬脂酸、十六醇、肉豆蔻酸异丙酯原料混合加热到 65℃，获得油相；

③ 在 65℃下，边搅拌边将油相加入水相中进行乳化；

④ 温度降至 50℃以下加入曲酸（或曲酸衍生物)、胎盘提取液、尼泊金甲酯、香料，冷却静置后即得祛斑增白乳液。

### 3.2.5.3　蜗牛液类

蜗牛黏液里富含蛋白质和胶原蛋白、弹性蛋白、甘醇酸、软骨素、尿囊素等多种天然再生成分。蜗牛的多种天然成分能快速改善过敏性肌肤、粉刺痤疮，具有保湿及美白祛斑的效果。

配方 4：蜗牛萃取液化妆品

| 组　分 | 质量分数/% | 组　分 | 质量分数/% |
|---|---|---|---|
| 蜗牛黏液提取物 | 0.4 | 芍药根提取物 | 0.02 |
| 黑柳树皮提取物 | 0.012 | 甘油 | 6.0 |
| 春榆根提取物 | 0.01 | 透明质酸钠 | 0.2 |
| 马齿苋提取物 | 0.02 | PEG-100 硬脂酸酯 | 0.6 |
| 光果甘草根提取物 | 0.012 | 去离子水 | 加至 100.0 |

制备工艺：

① 将甘油、PEG-100 硬脂酸酯加入去离子水中，加热到 80℃溶解，混合

均匀；

② 冷却至 45℃，搅拌状态下加入蜗牛黏液提取物、各种提取物和透明质酸钠，搅拌均匀；

③ 冷却至 30℃，出料、静置、灌装、包装即可。

#### 3.2.5.4 其他

其他各种动物来源的组分，由于其蛋白中氨基酸的组成与人体肌肤构成相近，和人体皮肤具有极强的亲和性、安全性和良好的生物相容性，并能增进皮肤细胞的活力，防止皮肤老化并促进新陈代谢，从而具有美白功效。

配方 5：丝露祛斑美白霜

| 组　分 | 质量分数/% | 组　分 | 质量分数/% |
|---|---|---|---|
| 去离子水 | 加至 100.0 | 棕榈酸异丙酯 | 2.0～3.0 |
| 辛酸癸酸三甘油酯 | 5.0～7.0 | 蚕丝肽蛋白 | 2.0～3.0 |
| 26# 白油 | 5.0～6.0 | 维生素 E 乙酸酯 | 0.5～1.0 |
| 16/18 醇 | 4.0～5.0 | 尼泊金乙酯 | 0.2～0.3 |
| 丙三醇 | 4.0～5.0 | 尼泊金丁酯 | 0.1～0.2 |
| 熊果苷 | 3.0～4.0 | 卡波尔 940 | 0.1～0.2 |
| 吐温-20 | 2.0～2.5 | 三乙醇胺 | 0.1～0.2 |
| 单硬脂酸甘油酯 | 2.0～2.2 | 香精 | 0.1～0.2 |

制备工艺：

① 将卡波尔 940 加入去离子水中，加入三乙醇胺后分散均匀，抽入 80～85℃的乳化锅中，慢速搅拌后加入吐温-20、尼泊金乙酯、蚕丝肽蛋白、丙三醇搅拌均匀；

② 将辛酸癸酸三甘油酯、26# 白油、16/18 醇、单硬脂酸甘油酯、棕榈酸异丙酯、维生素 E 乙酸酯、尼泊金丁酯加入油浴锅中，加热至 80～85℃，混合均匀；

③ 快速搅拌条件下将油浴锅中的物料加入乳化锅中，搅拌 10min，真空均质 5min；

④ 缓慢搅拌冷却至 45～55℃，加入熊果苷和香精混合均匀后，出料。

### 3.2.6 其他类型美白化妆品

#### 3.2.6.1 传明酸

传明酸又名氨甲环酸，是一种人工合成氨基酸，也是近年来化妆品中较为常用的新型美白祛斑成分之一。传明酸的作用机制是通过抑制纤溶酶原-纤溶酶系统干扰黑色素细胞和角朊细胞的相互作用，降低酪氨酸酶的活性，从而抑制黑色素细胞合成黑色素。传明酸又被称为凝血酸，具有止血作用，因此针对血管扩张、破裂引发的色素沉着效果显著。

配方 1：传明酸美白化妆品

| 组　　分 | 质量分数/% | 组　　分 | 质量分数/% |
| --- | --- | --- | --- |
| 雪绒花提取物 | 9.0 | 光甘草定 | 2.0 |
| 桑树根提取物 | 2.0 | 1,3-丙二醇 | 24.0 |
| 铁皮石斛提取物 | 1.5 | 羟苯甲酯 | 0.08 |
| 熊果苷 | 9.0 | 酵母提取物 | 3.0 |
| 传明酸 | 3.0 | 去离子水 | 加至 100.0 |

制备工艺：

① 将光甘草定、1,3-丙二醇混合后，加热至 70～75℃完全溶解，加入羟苯甲酯搅拌溶解后冷却至室温；

② 将去离子水加热至 90℃，加入熊果苷、传明酸，搅拌溶解后加入酵母提取物，分散均匀后加入雪绒花、桑树根、铁皮石斛提取物，混匀得美白水。

配方 2：传明酸美白保湿精华液

| 组　　分 | 质量分数/% | 组　　分 | 质量分数/% |
| --- | --- | --- | --- |
| HA | 0.1 | 左旋乳酸 | 适量 |
| 传明酸 | 1.5 | 芦荟萃取液 | 5.0 |
| 维生素 C | 4.0 | 去离子水 | 加至 100.0 |
| PCA-Na | 5.0 | 苯氧乙醇 | 适量 |

制备工艺：先将除左旋乳酸以外的其他原料依次加入去离子水中搅拌均匀，最后用左旋乳酸将 pH 值调至 6.5～7.0 即可。

配方 3：美白营养液

| 组　　分 | | 质量分数/% | 组　　分 | | 质量分数/% |
| --- | --- | --- | --- | --- | --- |
| A 组分 | MONTANOV 68 | 2.5 | B1 组分 | 传明酸 | 3.0 |
| | A-165 | 2.0 | | 木糖醇 | 2.0 |
| | 鲸蜡硬脂醇 | 1.5 | | 甜菜碱 | 3.0 |
| | 聚二甲基硅氧烷 | 2.0 | B2 组分 | 甘油 | 3.0 |
| | 霍霍巴籽油 | 2.0 | | 黄原胶 | 0.1 |
| | 角鲨烷 | 6.0 | C1 组分 | 聚乙二醇 400NF | 5.0 |
| | 鳄梨油 | 3.0 | | 姜黄根提取物 | 0.2 |
| | 维生素 E 乙酸酯 | 0.5 | C2 组分 | SEPIPLUS 400 | 0.8 |
| | 类神经酰胺 | 0.25 | | 环五聚二甲基硅氧烷 | 3.0 |
| | 乙基己基甘油 | 0.5 | | PHENONIP | 0.5 |
| | 植物甾醇 | 0.5 | D 组分 | 水解贝壳硬蛋白 | 0.025 |
| B1 组分 | 去离子水 | 加至 100.0 | | 香精 | 0.08 |
| | 尿囊素 | 0.2 | | 水解珍珠 | 2.0 |
| | 水解燕麦蛋白 | 3.0 | | 金属硫蛋白 | 10mg/kg |

注：MONTANOV 68 是鲸蜡硬脂醇（和）鲸蜡硬脂基葡糖苷；SEPIPLUS 400 是聚丙烯酸酯-13、聚异丁烯和聚山梨醇酯 20。

制备工艺：

① A 组分加入油浴锅中加热至 80～85℃；

② B1组分加入水相锅中，搅拌加热至80～85℃，加入B2组分，保温20min，加入均质器中，加入A组分搅拌乳化5min，均质3min；

③ 待降温至60℃，加入预热的C1组分、C2组分，搅拌均匀，均质2min；

④ 降温至40～42℃，加入D组分搅拌均匀，降温至35℃，即得美白营养液。

### 3.2.6.2 4-甲氧基水杨酸钾

4-甲氧基水杨酸钾（4MSK）与水杨酸在结构上具有类似性。4MSK水溶性较好，并能与配方中多种表面活性剂和功能性成分配伍使用。4MSK不仅具有抑制黑色素生成的作用，可能对传送黑色素过程中起重要作用的角质形成细胞也能起到相应作用，属于药用美白成分，具有防治因日晒而生成的色斑、雀斑的效果，同时还可调整角化过程不顺的状况。

日本资生堂称之为第五代美白成分。中华人民共和国卫生部专门特发了一个《卫生部关于批准4-甲氧基水杨酸钾作为化妆品原料使用的通知》，可见4MSK是目前炙手可热的美白淡斑有效成分。

配方4：4MSK美白淡斑精华液

| 组　　分 | 质量分数/% | 组　　分 | 质量分数/% |
| --- | --- | --- | --- |
| 去离子水 | 加至100.0 | 甘油 | 5.0 |
| 4MSK | 1.0 | HA | 0.1 |
| 桑白皮萃取液 | 5.0 | 苯氧乙醇 | 适量 |

制备工艺：将4MSK加入去离子水中，搅拌至完全溶解，再加入桑白皮萃取液、HA、甘油、苯氧乙醇，搅拌均匀后即可。

# 4 洁肤化妆品

## 4.1 皮肤的新陈代谢及清洁

### 4.1.1 皮肤的渗透和吸收作用

皮肤是人体的天然屏障和净化器，皮肤对机体起到保护作用，并且具有一定的渗透能力和吸收能力，有些物质可以通过表皮渗透入真皮，被真皮吸收，影响全身。一般情况下，多数水和水溶性物质不可直接被皮肤吸收，而油和油溶性物质可经皮肤吸收。其中，动物油脂较植物油脂更易被皮肤吸收，矿物油、水和固体物质不易被吸收。

物质一般通过角质层最先被吸收，角质层在皮肤表面形成一个完整的半通透膜，在一定条件下水分可以自由通过，进入细胞膜到达细胞内。外界物质对皮肤的渗透是皮肤吸收小分子物质的主要渠道，物质可能进入皮肤的途径有：

① 角质层是影响皮肤渗透吸收最重要的部位，软化的皮肤可以增加渗透吸收，角质层软化后，物质经角质层细胞膜渗透进入角质层细胞，继而可能再透过表皮进入真皮层；

② 少量大分子和不易透过的水溶性物质，可通过皮肤毛囊，经皮脂腺和毛囊管壁进入皮肤深层的真皮内，再由真皮层进一步扩散；

③ 一些超细物质也可经过角质层细胞间隙渗透进入真皮。

### 4.1.2 皮肤的分泌和排泄作用

皮肤具有分泌和排泄功能，主要通过汗腺和皮脂腺进行。汗液是皮肤的排泄物，皮脂是皮肤的分泌物。

（1）汗液的分泌　汗腺分为小汗腺（或外分泌腺）和大汗腺（或顶泌腺）两种，它们各自有不同的生理活动，但都具有分泌和排泄汗液的能力。

汗液主要由小汗腺分泌，全身分布有200万个小汗腺。汗液中含有99.0%～99.5%的水，以及0.5%～1.0%的无机盐和有机物质。无机盐主要为氯化钠，有机成分有尿素、肌酸、氨基酸、肌酸酐、葡萄糖、乳酸和丙酮酸等。影响小汗腺分泌的因素主要有温度、精神、药物、饮食等。

大汗腺主要分布在腋窝、乳晕、脐周、会阴和肛门等部位。皮肤中的大汗腺分泌物由细胞破碎物组成，是一种带有荧光的奶状蛋白液体。其中含有脂褐素，具有黄色、褐色和棕色沉积，被细菌作用后产生汗臭味。

（2）皮脂的分泌　皮脂通过皮脂腺分泌。皮脂腺分布全身，其中，头面部、躯干中部、外阴部分布多且体积大，被称为皮脂溢出部位。皮脂覆盖于皮肤和头皮等皮脂溢出部位，其中包含多种脂类物质，包括角鲨烯（12%～14%）、胆固醇（2%）、蜡脂（26%）、甾醇酯（3%）、甘油三酯（50%～60%）等。皮脂排泄随年龄、性别、人种、温度、湿度、部位等有所差异。

皮脂具有参与形成皮表脂质膜、润滑毛发及皮肤、防止皮肤干燥皲裂等作用，其中的脂肪酸对真菌和细菌的生长有轻度抑制作用。

### 4.1.3　皮肤清洁的意义

皮肤是人体的最大器官，具有调温、分泌、吸收、代谢、感觉等功能，是机体的天然屏障，更是人体健康美丽的主要体现载体。

人体每天暴露在自然环境中，紫外线、粉尘、细菌以及皮脂及汗液的分泌无时无刻不在侵害着皮肤。这些表面污垢如不及时清除，易堵塞毛孔、皮脂腺、汗腺通道，将会影响皮肤的正常新陈代谢和其他生理活动，并为细菌的生长繁殖创造条件，最终加速皮肤衰老并引发各种皮肤疾病。因此，清洁皮肤是保持皮肤卫生、健康不可缺少的过程，是皮肤护理的基础。

洁肤类化妆品是清洁皮肤最为常用的精细化学品，与传统的洗涤、清洗品不同，必须考虑人体皮肤的生理作用，需在保障皮肤正常生理作用的前提下有效地清除皮肤污物，实现温和、安全和效率并重。

### 4.1.4　洁肤化妆品的概念

洁肤化妆品是指那些能够去除污垢、洁净皮肤而又不会刺激皮肤的化妆品。不同类型的清洁类化妆品作用机制有所区别。如肥皂、泡沫清洁类化妆品主要是利用表面活性剂来降低皮肤污垢的表面张力，通过乳化、增溶和溶解等方式来去除皮脂；清洁霜、卸妆油等主要通过油相成分和水相成分来溶解残留于皮肤的污垢；面膜类和去死皮类产品则通过去除老化的角质层来去除皮肤深层污垢。

## 4.2 洁肤化妆品配方实例

常见的洁肤化妆品包括洗面奶、清洁膏、清洁皂、清洁面膜、剃须膏、沐浴露、香皂等。洁肤化妆品的配方主要由流变剂、稳定剂、主洗剂、助洗剂、螯合剂、调香剂、赋脂剂与营养、功效添加剂、舒缓剂、防腐剂、增稠剂等成分组成，如表 4-1 所示。

**表 4-1　洁肤化妆品的主要成分和功效**

| 分类 | 原料名称 | 功效作用 | 质量分数/% |
| --- | --- | --- | --- |
| 流变剂 | 丙烯酸酯类共聚物(HVS) | 低温透明度好,净洗性好 | 2.0～6.0 |
| | 甲基葡萄糖苷聚氧乙烯(120)醚二油酸酯 | 泡沫柔和,增稠性好,净洗性一般 | 1.0～2.0 |
| | 聚乙二醇(150)二硬脂酸酯 | 降泡沫,增稠性强,果冻感强,洗后有黏感 | 0.2～1.0 |
| | 丙烯酸酯类共聚物(SF-1) | 增稠,悬浮性好,可稳定油脂类及不溶物,抗盐性,流变性好 | 0.5～10.0 |
| | 羟丙基甲基纤维素 | 增稠,抗盐,稳定性好 | 1.0～2.0 |
| 稳定剂 | 二氢化牛脂基邻苯二甲酸酰胺 | 稳定悬浮油脂及难溶成分 | 0.3～1.5 |
| 主洗剂 | 月桂醇聚醚硫酸酯钠(AES) | 去污力、泡沫性、增稠性好,洗后易残留 | 3.0～8.0 |
| | 月桂醇聚醚硫酸酯铵(AES-A) | 去污力适中,泡沫性好,增稠性一般;价格高,洗后易残留,需减滑 | 3.0～8.0 |
| | 月桂酰谷氨酸钠 | 泡沫柔和,低刺激,去污性好,不伤皮肤,易冲洗,保湿性好 | 2.0～30.0 |
| | 椰油基羟乙基磺酸钠 | 温和,去污,易冲洗 | 10.0～25.0 |
| 助洗剂 | α-烯基磺酸钠(AOS) | 泡沫性好,增稠性差,低残留,温和 | 2.0～6.0 |
| | 月桂醇硫酸酯铵(K12-A) | 泡沫性好,增稠性好;洗后易残留,皮肤脱脂 | 2.0～5.0 |
| | 椰油基葡糖苷 | 增稠,增泡,温和,深层清洁,调理肌肤 | 2.0～10.0 |
| | 月桂酰肌氨酸钠 | 泡沫性好,低残留,低温透明度好,减少分层,温和,保湿 | 1.0～6.0 |
| | 月桂酰谷氨酸钠 | 泡沫性好,低残留,低温透明度好,减少分层,温和,保湿 | 1.0～6.0 |
| | 癸基糖苷 | 低残留,低温透明度好,减少分层,降刺激,增溶,增光 | 2.0～6.0 |
| | 月桂醇磷酸酯钾盐 | 减少残留一般,洗后手感好,降低刺激,温和,降稠 | 2.0～6.0 |
| | 椰油酰丙基甜菜碱 | 增泡,增稠,调理肌肤,降刺激,低温透明度好 | 2.0～5.0 |
| 螯合剂 | 乙二胺四乙酸二钠 | 螯合金属离子,保证低温透明,防变色,防腐增效,防降泡 | 0.05～0.2 |
| 调香剂 | 香精 | 提供香气 | 0.1～0.5 |
| | 花水 | 提供香气,护理肌肤 | 5.0～30.0 |
| 赋脂剂与营养 | PEG-75 羊毛脂 | 水溶性羊毛脂,滋润护肤 | 0.2～2.0 |
| | 霍霍巴醇衍生物 | 增强泡沫,增稠,光滑,滋养 | 0.3～0.5 |
| | 霍霍巴蜡聚乙二醇(120)酯类 | 清洁毛囊,去污,光滑,润肤 | 0.5～2.0 |
| | 甲壳素衍生物(CD-58) | 清洁性好,排毒,滋润,保湿 | 2.0～5.0 |

续表

| 分类 | 原料名称 | 功效作用 | 质量分数/% |
| --- | --- | --- | --- |
| 赋脂剂与营养 | 甜菜碱 | 保湿,清爽润滑 | 1.0～3.0 |
| | 聚乙二醇(7)橄榄油脂类 | 保湿,滋润,卸妆效果好 | 0.5～5.0 |
| 功效添加剂 | 抑杀菌剂 R-301 | 来源于植物,除螨效果好,天然安全 | 0.1～0.5 |
| | 三氯生 | 杀菌,抑菌性好 | 0.1～0.3 |
| | 茶皂素 | 清洁、抑菌、除菌性能好,天然属性 | 1.0～4.0 |
| | 库拉索芦荟叶提取液(1∶10) | 保湿、清洁、养护肌肤,水润嫩白、光滑肌肤 | 3.0～10.0 |
| | 母菊提取物 | 舒缓肌肤 | 2.0～5.0 |
| | 水解胶原 | 改善皮肤弹性,抗皱,保湿,营养 | 0.1～0.5 |
| 舒缓剂 | 甘草酸二钾 | 抗炎,抗过敏,卡波体系要小于0.1%,不耐酸 | 0.1～0.5 |
| | 马齿苋提取物 | 抗炎,抗过敏 | 0.5～3.0 |
| | 水解蜂王浆蛋白 | 抗刺激,抗过敏,营养,更适合作不刺激眼睛的产品 | 0.5～1.0 |
| | 植豆酵素 | 抗过敏,抗炎,抗刺激 | 0.05～0.2 |
| 防腐剂 | 复合防腐剂(苯氧基乙醇,尼泊金甲酯、乙酯、丁酯、丙酯,尼泊金异丁酯) | 不释放甲醛,营养体系、防腐性好 | 0.2～0.5 |
| | 凯松 | 防腐性一般,最好配合其他防腐剂 | 0.05～0.2 |
| | 氯苯甘醚/苯氧乙醇 | 防腐性能强,营养体系好 | 0.3～0.5 |
| 增稠剂 | 氯化钠 | 低成本增稠,配合流变剂使用,适量加入,过量呈果冻状,耐温性差 | 0.2～1.5 |
| | 柠檬酸钠 | 成本高于氯化钠,产品果冻现象低,清洁力好,温和,低温透明度好 | 0.1～0.5 |

## 4.2.1 洗面奶

洗面奶，弱酸性或中性白色乳液，用于面部皮肤清洁，具有良好的流动性、延展性和渗透性，组成一般包含油性组分、水性组分、表面活性剂和营养成分四种基础原料。

油性组分是洗面奶中的溶剂和润肤剂，常用的有矿油、肉豆蔻酸异丙酯、棕榈酸异丙酯、辛酸、癸酸甘油酯以及羊毛脂等。水性组分主要用于去除汗液、水溶性污垢，常用的有水、甘油、丙二醇等。表面活性剂有润湿、渗透、发泡、乳化和去污作用，常用的有阴离子型表面活性剂、两性表面活性剂和非离子型表面活性剂等低刺激性表面活性剂，如十二烷基硫酸三乙醇胺、月桂醇醚琥珀酸酯磺酸二钠、椰油酰胺丙基甜菜碱、椰油单乙醇酰胺、椰油羟乙基磺酸钠/混配硬脂酸、月桂酰肌氨酸钠盐等。根据剂型、功能和适用皮肤的差异，常见的洗面奶有普通型洗面奶、泡沫洗面奶、凝胶型洗面奶、营养洗面奶、磨砂洗面奶、特殊功能洗面奶等。

### 4.2.1.1 普通洗面奶

普通洗面奶是最为常见的通用性面部清洁化妆品。该产品对皮肤温和，无刺激性，有油性但无油腻感，用后会清爽、滋润。其配方一般是在普通乳液的基础上添加具有洗涤作用的表面活性剂，通过选择表面活性剂的品种与用量控制洗面奶的清洁力。

配方 1：控油洗面奶

| 组　分 | 质量分数/% | 组　分 | 质量分数/% |
|---|---|---|---|
| 十八脂肪醇 | 38.5 | 烷基苯磺酸钠 | 7.7 |
| 氮酮 | 2.6 | 西瓜汁提取液 | 25.6 |
| 丙二醇 | 12.8 | 三乙醇胺 | 12.8 |

制备工艺：

① 按照上述配比称取十八脂肪醇、氮酮、丙二醇、三乙醇胺等原料，加入容器中；

② 在搅拌下，逐渐升温至 50～60℃；

③ 在 50～60℃下以 3000r/min 的转速均质 10～15min；

④ 冷却至 25～30℃出料、分装。

配方 2：清爽洗面奶

| 组　分 | 质量分数/% | 组　分 | 质量分数/% |
|---|---|---|---|
| 橄榄油 | 30.0 | 甘油 | 8.0 |
| 异壬基酸异壬基醇酯 | 2.0 | 丙二醇 | 2.0 |
| 失水山梨醇单硬脂酸酯 | 4.0 | 去离子水 | 加至 100.0 |
| 硬脂酸 | 1.0 | | |

制备工艺：

① 将所述量的去离子水、橄榄油、异壬基酸异壬基醇酯、失水山梨醇单硬脂酸酯、硬脂酸、丙二醇、甘油和丙二醇进行混合；

② 并用搅拌机于 1200r/min 下高速搅拌 12min，制得所述清爽洗面奶。

#### 4.2.1.2　泡沫洗面奶

清洁化妆品的发泡性能经常被作为产品的一项重要的感官指标，这种泡沫洗面奶通常采用发泡性能很好的表面活性剂，如椰油羟乙基磺酸钠/混配硬脂酸、月桂醇醚琥珀酸酯磺酸二钠盐等阴离子表面活性剂和温和的椰油酰胺丙基甜菜碱、烷基咪唑啉等两性离子表面活性剂。该类产品的特点是泡沫丰富、对水溶性污垢的清洁能力比较强，但是洗后皮肤有紧绷感。

配方 3：中药泡沫洗面奶

| 组　分 | 质量分数/% | 组　分 | 质量分数/% |
|---|---|---|---|
| 脂肪醇聚氧乙烯醚硫酸钠 | 10.0 | 十二烷基二甲基氧化铵 | 4.0 |
| 十二烷基硫酸钠 | 2.5 | 丙三醇 | 10.0 |
| 椰子油脂肪酸二乙醇酰胺 | 4.0 | 羊毛脂 | 1.0 |
| 椰油酰胺丙基甜菜碱 | 5.0 | 中药干粉 | 8.0 |
| 硬脂酸 | 2.0 | 去离子水 | 加至 100.0 |
| 香精 | 适量 | 防腐剂 | 适量 |

制备工艺：

① 向去离子水中加入脂肪醇聚氧乙烯醚硫酸钠、十二烷基硫酸钠、椰子油脂肪酸二乙醇酰胺、椰油酰胺丙基甜菜碱、十二烷基二甲基氧化铵和丙三醇，加热至70℃，剪切力为750r/min，搅拌混匀0.5h；

② 将羊毛脂与硬脂酸在70℃下加热搅拌混匀；

③ 将②所得物缓慢加入①所得物中，70℃，剪切力为700r/min，搅拌混匀0.5h；

④ 降温至55℃，向③得物中加入中药干粉，继续搅拌20min；

⑤ 继续降温至45℃，加入适量香精、防腐剂，搅拌0.5h；

⑥ 将步骤⑤所得物抽至成品罐，即得产品。

配方4：氨基酸洗面奶

| 组　分 | 质量分数/% | 组　分 | 质量分数/% |
|---|---|---|---|
| 椰油酰谷氨酸钠 | 2.0 | 分散剂SAPPCHEM | 0.5 |
| 椰油酰甘氨酸钾、羟基硬脂酸、维生素E的混合物 | 5.0 | 聚季铵盐类阳离子表面活性剂椰油酰谷氨酸钠 | 2.0 |
| 1,3-丁二醇 | 6.0 | A-165 | 2.7 |
| 聚乙二醇(400) | 18.0 | 氯化钠 | 2.0 |
| 山梨醇 | 15.0 | 香精 | 0.1 |
| 甲基月桂酰牛磺酸钠 | 8.0 | (防腐剂)甲基异噻唑啉酮 | 0.1 |
| 月桂基羟基磺基甜菜碱 | 0.8 | 去离子水 | 加至100.0 |
| 氢氧化钾 | 0.6 | | |

注：分散剂SAPPCHEM是羟基硬脂酸和硬脂酸的混合物。

制备工艺：

① 取椰油酰甘氨酸钾、羟基硬脂酸、维生素E的混合物、1,3-丁二醇、聚乙二醇（400）、山梨醇、乳化剂A-165、分散剂SAPPCHEM于主锅中，加热到70～85℃溶解并搅拌均匀；

② 取氢氧化钾及适量去离子水，搅拌溶解并加热到70～85℃，边搅拌边缓慢加入主锅，保温搅拌5～20min；

③ 取椰油酰谷氨酸钠、甲基月桂酰牛磺酸钠、月桂基羟基磺基甜菜碱，先将椰油酰谷氨酸钠慢慢撒入主锅，搅拌加热溶解，保温消泡后，再依次加入余料，搅拌溶解，搅拌均匀后开始冷却；

④ 主锅冷却至50～65℃时，取氯化钠50～65℃加热溶解于适量去离子水中后加入主锅；

⑤ 将聚季铵盐类阳离子表面活性剂用剩余的去离子水稀释搅匀后加入主锅，搅拌均匀；

⑥ 冷却至40～45℃后依次加入香精、防腐剂，搅拌均匀后，中低速搅拌待

膏体细腻均匀后出料。

配方 5：保湿洗面奶

| 组　分 | 质量分数/% | 组　分 | 质量分数/% |
|---|---|---|---|
| 十二酸 | 5.0 | 氢氧化钾 | 7.05 |
| 十四酸 | 13.0 | 甘油硬脂酸酯 SE | 0.8 |
| 十八酸 | 6.0 | 乙二胺四乙酸二钠 | 0.05 |
| 羟基硬脂酸 & 硬脂酸 | 10 | 尼泊金甲酯/尼泊金丙酯 | 0.2/0.1 |
| 聚乙二醇(8) | 12.0 | 复配表面活性剂 | 10.0 |
| 甘油 | 4.0 | 保湿剂 | 0.3 |
| 丁二醇 | 2.0 | 香精 | 0.3 |
| SAPPCHEM PC98 | 3.0 | 去离子水 | 加至 100.0 |
| 甘油羟基硬脂酸酯 & 羟基硬脂酸 & 维生素 E | 0.8 | | |

注：SAPPCHEM PC98 是 PEG/PGG-25/30 共聚物 &PEG-6。

制备工艺：

① 将脂肪酸（十二酸、十四酸、十八酸、羟基硬脂酸 & 硬脂酸）、多元醇[聚乙二醇(8)、甘油、丁二醇]、非离子表面活性剂 SAPPCHEM PC98、增稠剂（甘油羟基硬脂酸酯 & 羟基硬脂酸 & 维生素 E）在 80～85℃的水浴锅中混合溶解至澄清液体；

② 将碱（氢氧化钾）与去离子水混合溶解加热至 75～78℃，慢慢加入步骤①的液体中，边加入边搅拌；

③ 皂化反应 30～40min 后加入乳化剂（甘油硬脂酸酯 SE）、螯合剂（乙二胺四乙酸二钠）、防腐剂（尼泊金甲酯/尼泊金丙酯），搅拌，溶解均匀后降温；

④ 降温至 50～60℃后加入复配表面活性剂（PEG-6& 聚季铵盐-43& 聚季铵盐-7&PEG/PPG-300/55 共聚物），继续搅拌至结膏后加入香精和保湿剂（聚季铵盐-51& 胆固醇己基二氨基甲酸酯支链淀粉 & 氢化卵磷脂），搅拌均匀，降温至 38～40℃左右，出料即得。

配方 6：保湿氨基酸洗面奶

| 组分 | 质量分数/% | 组分 | 质量分数/% |
|---|---|---|---|
| 椰油酰基谷氨酸钠 | 3.0 | 甘油 | 1.5 |
| 月桂酰基谷氨酸钠 | 9.0 | 防腐剂 | 0.8 |
| 月桂酰氨基丙基甜菜碱 | 3.0 | 海藻酸钠 | 1.7 |
| 芦荟提取液 | 4.0 | 维生素 E | 1.2 |
| 柠檬提取液 | 2.5 | 乙二胺四乙酸二钠 | 0.8 |
| 天竺葵提取液 | 4.0 | 椰油酰胺丙基羟磺基甜菜碱 | 4.0 |
| 葡萄籽提取液 | 5.0 | 香精 | 适量 |
| 腐殖酸钠 | 1.5 | 去离子水 | 加至 100.0 |

制备工艺：

① 将椰油酰基谷氨酸钠、月桂酰基谷氨酸钠溶于一定量去离子水中；

② 搅拌加入月桂酰氨基丙基甜菜碱、椰油酰胺丙基羟磺基甜菜碱、芦荟提取液、柠檬提取液、天竺葵提取液、葡萄籽提取液、维生素E、乙二胺四乙酸二钠、甘油、海藻酸钠、腐殖酸钠、防腐剂及去离子水，加入适量香精。

#### 4.2.1.3 凝胶型洗面奶

凝胶型洗面奶俗名为啫喱型洗面奶，主要指含有胶黏质外观呈透明或半透明状的制品。凝胶状产品，使用方便，外观纯净、晶莹。此类产品与一般的洗面奶相比，通常配方油脂用量很少，多选用温和的表面活性剂。单相凝胶体系稳定性高，与其他剂型洗面奶比较，易被皮肤吸收。

配方7：去角质洗面奶

| 组　分 | 质量分数/% | 组　分 | 质量分数/% |
|---|---|---|---|
| 菠萝汁 | 20.6 | 杏仁油 | 3.1 |
| 人参果汁 | 1.0 | 椰油酰胺丙基甜菜碱 | 5.2 |
| 芦荟汁 | 5.2 | 维生素A | 2.5 |
| 琼脂 | 0.5 | 去离子水 | 加至100.0 |

制备工艺：

① 定量称取所需组分，将一部分去离子水、琼脂加入第一搅拌锅中，搅拌加热至95℃，溶解完全，备用；

② 将鲜菠萝汁、鲜人参果汁、鲜芦荟汁、杏仁油、椰油酰胺丙基甜菜碱、维生素A及剩余去离子水加入第二搅拌锅中，搅拌加热至80℃，等溶解完全，将第二搅拌锅中的组分原料加入第一搅拌锅中；

③ 不停搅拌至均匀，之后自然冷却即成最终产品。

配方8：控油保湿洗面奶

| 组　分 | 质量分数/% | 组　分 | 质量分数/% |
|---|---|---|---|
| 丙烯酸酯类/$C_{10}$～$C_{30}$烷醇丙烯酸酯交联聚合物 | 4.4 | 四角蛤蜊多糖 | 0.4 |
| | | 大花红景天提取物 | 4.4 |
| 月桂酰谷氨酸钠 | 22.1 | 核桃研磨物 | 4.4 |
| 海藻糖 | 4.4 | 甜菜碱 | 4.4 |
| 辛甘醇 | 0.4 | 壳聚糖亲和膜 | 4.4 |
| 甘油 | 22.1 | 全碳气凝胶 | 1.3 |
| 乙基己基甘油 | 0.4 | 去离子水 | 加至100.0 |
| 精氨酸 | 4.4 | | |

制备工艺：

① 将丙烯酸酯类/$C_{10}$～$C_{30}$烷醇丙烯酸酯交联聚合物加入40℃的去离子水中搅拌20min；

② 依次加入月桂酰谷氨酸钠、海藻糖和辛甘醇，加热至60℃，保温搅拌30min，均匀混合；

③ 加入甘油、乙基己基甘油、精氨酸、四角蛤蜊多糖和大花红景天提取物，

降温至30℃，保温并搅拌18min；

④ 加入全碳气凝胶、甜菜碱和核桃研磨物，保温振荡18min；

⑤ 加入壳聚糖亲和膜，降温至25℃，超声混合10min。

#### 4.2.1.4 营养洗面奶

在洗面奶配方中添加具有营养皮肤的活性成分，如各种天然动/植物提取物、生物活性的组分等，使洗面奶在清洁肌肤的同时提供营养成分，从而具备护肤功能。如洗面奶中添加金盏草、常春藤、芦荟、黄柏可抗皮肤衰老，防止皮肤粗糙；添加薏苡、莲花、白芍可令面部光洁、滋润；添加当归、川穹、黄芩、三七有助于消除面部暗疮、粉刺和细小皱纹；添加果酸、槐豆角、柚皮则可使皮肤柔润。

配方9：珍珠洗面奶

| 组　分 | 质量分数/% | 组　分 | 质量分数/% |
|---|---|---|---|
| 卡波树脂 | 1.0 | 癸基糖苷 | 5.0 |
| 甘油 | 8.0 | 珍珠水解液脂质体 | 1.0 |
| 异丙二醇 | 2.0 | 双咪唑烷基脲 | 0.5 |
| 三乙醇胺 | 0.7 | 香精 | 0.1 |
| 月桂酰基肌氨酸钠 | 20.0 | 去离子水 | 加至100.0 |

制备工艺：

① 将配方中的卡波树脂用去离子水浸泡1h后加入甘油、异丙二醇加热至85℃；

② 加入三乙醇胺中和，接着加入月桂酰基肌氨酸钠、癸基糖苷真空搅拌均匀；

③ 冷却至45℃时加入珍珠水解液脂质体、双咪唑烷基脲和香精，搅拌均匀出料即得产品。

配方10：天然植物洗面奶

| 组　分 | 质量分数/% | 组　分 | 质量分数/% |
|---|---|---|---|
| 桧木芬多精 | 30.0 | 桧木精油 | 1.0 |
| 椰油酰基甲基牛磺酸钠 | 1.0 | 氯化钠 | 1.0 |
| 椰油醇基羟基乙基磺酸钠 | 1.0 | 二硬脂酸酯 | 1.0 |
| 椰油基琥珀酸钠 | 1.0 | 甘草根提取物 | 1.0 |
| 椰油酰胺丙基甜菜碱 | 5.0 | 黄瓜果提取物 | 1.0 |
| 月桂酰肌氨酸钠 | 1.0 | 羟苯甲酯 | 1.0 |
| 肉豆蔻酰肌氨酸钠 | 1.0 | 乙二胺四乙酸二钠 | 1.0 |
| 棕榈酰肌氨酸钠 | 1.0 | 去离子水 | 加至100.0 |
| 甘油 | 1.0 | | |

制备工艺：

① 将桧木芬多精、椰油酰基甲基牛磺酸钠、椰油醇基羟基乙基磺酸钠、椰

油基琥珀酸钠、月桂酰肌氨酸钠、肉豆蔻酰肌氨酸钠、棕榈酰肌氨酸钠、甘油、二硬脂酸酯、乙二胺四乙酸二钠、羟苯甲酯、去离子水投入料锅，搅拌均匀，加热至 82℃，保温 10min；

② 将椰油酰胺丙基甜菜碱、氯化钠投入上述的料锅中，不断搅拌，于 82℃保温 10min，将混合液缓慢冷却至 45℃，再将桧木精油、甘草根提取物、黄瓜果提取物投入料锅，不断搅拌均匀，保温 10min；

③ 混合物搅拌 1h 后，逐渐冷却至室温。

配方 11：天然抗菌洗面奶

| 组　分 | 质量分数/% | 组　分 | 质量分数/% |
|---|---|---|---|
| 奇异果提取物 | 1.76 | 初榨椰子油 | 8.79 |
| 香蕉皮提取物 | 1.76 | 松萝酸 | 0.44 |
| 香蕉果肉提取液 | 4.40 | 花梨木精油 | 0.44 |
| 活性离子钙 | 8.79 | 洋甘菊精油 | 0.44 |
| 纳米电气石粉 | 0.88 | 聚丙烯酸钠 | 0.88 |
| 维生素 $B_6$ | 0.04 | 柠檬酸钠 | 0.88 |
| 羧丁基壳聚糖 | 0.18 | 去离子水 | 加至 100.00 |

制备工艺：

① 在室温条件下，将各组分（除花梨木精油、洋甘菊精油、聚丙烯酸钠、柠檬酸外）溶于去离子水中，均匀搅拌，30r/min 转速下搅拌至澄清液；

② 将上述澄清液静置 20min，除去气泡后，抽真空脱泡；

③ 添加花梨木精油、洋甘菊精油，搅拌 15min，30r/min 转速下搅拌，静置片刻；

④ 加柠檬酸钠，30r/min 转速下搅拌 15min；

⑤ 加入聚丙烯酸钠，静置 24h 室温出料。

#### 4.2.1.5　磨砂洗面奶

随着环境、年龄等因素变化，皮肤表面的角质层老化阻碍化妆品的渗透，利用去角质清洁品定期按摩皮肤表面，去除多余的老化角质层，将有利于皮肤对功能性物质的渗透吸收，可改善皮肤性能。

磨砂洗面奶是一类添加有细微颗粒的具有按摩皮肤功能的制品，通过这些颗粒与皮肤表面的摩擦，清除皮肤污垢和表面老化的角质细胞。这种摩擦具有刺激血液循环和新陈代谢的作用，一定程度上，可平展皮肤微细皱纹，提高皮肤对营养物质的吸收效果。此外，该种摩擦可挤压出皮肤毛孔中过剩的皮脂，使毛孔通畅，防止粉刺的产生。

磨砂洗面奶配方主要由洗面奶的基础原料和磨料两部分构成，常用的磨料可分为天然磨料和合成磨料两类，天然磨料包括植物果核颗粒，如杏核壳粉、桃核壳粉、天然矿物粉末（二氧化钛粉、硅石粉）等；合成磨料主要有聚乙烯、聚苯乙烯、聚酰胺等。

配方 12：补水抗皱洗面奶

| 组　分 | 质量分数/% | 组　分 | 质量分数/% |
|---|---|---|---|
| 石斛提取液 | 68.92 | 茶粉 | 1.7 |
| 芦荟提取液 | 17.23 | 瓜尔豆胶 | 5.2 |
| 海泡石 | 5.2 | 聚甘油脂肪酸酯 | 0.02 |
| 杜仲绿原酸 | 0.03 | 柠檬草油 | 1.7 |

制备工艺：

① 选新鲜石斛去皮洗净，与 70%乙醇按质量比 1∶5 制浆，浸泡 30d，加热回流提取 3 次，每次提取 1h，提取温度为 50℃，合并提取液、滤过、回收乙醇，浓缩至可溶性固形物（固含量 68%），得石斛提取液；

② 选新鲜芦荟洗净，与 85%乙醇按质量比 1∶5 制浆，浸泡 12h，加热回流提取 3 次，每次提取 1h，提取温度为 50℃，合并提取液、滤过、回收乙醇，浓缩至可溶性固形物（固含量 60%），得到芦荟提取液；

③ 将石斛提取液、芦荟提取液、海泡石、杜仲绿原酸、茶粉、瓜尔豆胶、聚甘油脂肪酸酯、柠檬草油混合后剪切乳化，剪切乳化机的外层齿转动速度为 60r/min，内层齿转动速度为 20r/min，剪切乳化时间为 30min。

配方 13：磨砂清洁洗面奶

| 组　分 | 质量分数/% | 组　分 | 质量分数/% |
|---|---|---|---|
| 活性炭粉(100 目) | 17.7 | 癸基葡萄糖苷 | 0.14 |
| 陈皮粉(100 目) | 7.08 | 橄榄油 | 2.12 |
| 活性离子钙 | 10.61 | 聚甘油硬脂酸酯 | 4.25 |
| 维生素 E | 0.01 | 绿茶精华液 | 0.35 |
| 维生素 $B_2$ | 0.01 | 茉莉精油 | 0.35 |
| 维生素 $B_5$ | 0.01 | 聚丙烯酸钠 | 0.71 |
| 维生素 $B_{11}$ | 0.04 | 去离子水 | 加至 100.0 |

制备工艺：

① 在室温条件下，将各组分（除橄榄油、绿茶精华液、茉莉精油外）溶于去离子水中，30r/min 转速下均匀搅拌至澄清；

② 将上述澄清液静置 20min，除去气泡后，抽真空脱泡；

③ 加入橄榄油、绿茶精华液、茉莉精油，30r/min 转速下搅拌 15min 得产品。

配方 14：磨砂抗过敏洗面奶

| 组　分 | 质量分数/% | 组　分 | 质量分数/% |
|---|---|---|---|
| 纳米碳晶 | 1.2 | 薰衣草精油 | 0.5 |
| 芦荟 | 15.0 | 天竺葵精油 | 2.0 |
| 桂花 | 10.0 | 柠檬酸 | 适量 |
| 金盏菊 | 20.0 | 去离子水 | 加至 100.0 |
| 苹果花 | 20.0 | | |

制备工艺：

① 将天竺葵精油和薰衣草精油混合均匀备用；

② 将芦荟、桂花、金盏菊和苹果花混合、粉碎后置于30～35℃去离子水中浸泡1h后煮沸，控制加热保持微沸1h，静置冷却至25℃，过滤得滤液；

③ 将表面功能化处理过的纳米碳晶加入去离子水中，加热至80～90℃，在搅拌条件下，依次缓慢加入步骤①和步骤②所得物料中，待乳化均匀后停止搅拌，保温3h后冷却至室温，使用柠檬酸将溶液pH值调至6.0～6.5后加入剩余去离子水，静置24h。

#### 4.2.1.6 特殊功能洗面奶

特殊功能洗面奶实际上就是在一般洗面奶的基础上添加一些具有特殊功效的添加剂，使产品具有美白、祛斑、祛粉刺等功效。

配方15：黑枸杞美白保湿洗面奶

| 组　分 | 质量分数/% | 组　分 | 质量分数/% |
|---|---|---|---|
| 瓜尔胶 | 0.2 | 丙三醇 | 0.4 |
| 乙二胺四乙酸二钠 | 0.02 | WSR-205聚氧乙烯醚 | 0.04 |
| 尿囊素 | 0.05 | 10%氯化钠溶液 | 9.0 |
| 16/18醇 | 0.5 | Glydant Plus复配物防腐剂 | 0.1 |
| 霍霍巴油 | 0.5 | 黑果枸杞提取液 | 0.5 |
| 脂肪醇聚氧乙烯醚硫酸钠 | 12.0 | 芦荟提取液 | 0.5 |
| 十二烷基硫酸钠 | 2.0 | 香精 | 0.2 |
| 椰油酰胺丙基甜菜碱 | 7.3 | 洋甘菊提取液 | 0.5 |
| 乙二醇二硬脂酸酯 | 2.0 | 去离子水 | 加至100.0 |
| 柠檬酸 | 0.02 | | |

注：Glydant Plus复配物防腐剂是1,3-二羟甲基-5,5-二羟甲基乙内酰脲、1-羟甲基-5,5-二甲基乙内酰脲、3-碘-2-丙炔基丁基氨基甲酸酯的混合物。

制备工艺：

① 将瓜尔胶、乙二胺四乙酸二钠于70℃充分溶解于适量去离子水中；

② 将尿囊素、16/18醇、霍霍巴油、脂肪醇聚氧乙烯醚硫酸钠、十二烷基硫酸钠、椰油酰胺丙基甜菜碱加入上述混合液中，加入剩余的去离子水，在70℃下搅拌溶解；

③ 加乙二醇二硬脂酸酯至步骤②的混合液中，使其完全溶解后加入柠檬酸；

④ 将WSR-205聚氧乙烯醚用丙三醇溶解后，再加入步骤③的溶液中；

⑤ 将10%的氯化钠加入搅拌均匀，待冷却至40～50℃，加入Glydant Plus复配物防腐剂及香精，搅拌均匀；

⑥ 加入黑果枸杞提取液、洋甘菊提取液、芦荟提取液，搅拌均匀后冷却放置，即得黑枸杞美白保湿洗面奶。

配方16：抗衰老洗面奶

| 组　　分 | 质量分数/% | 组　　分 | 质量分数/% |
| --- | --- | --- | --- |
| 樱桃汁 | 14.5 | 深海鱼油 | 14.5 |
| 柚子汁 | 14.5 | 二辛基琥珀酸磺酸钠 | 14.5 |
| 黄瓜汁 | 9.6 | 脂肪醇聚氧乙烯醚 | 6.0 |
| 草药提取物 | 12.0 | 去离子水 | 加至100.0 |
| 甘草精油 | 2.4 | | |

制备工艺：

① 制备柚子汁、樱桃汁和黄瓜汁。将柚子去皮去籽后用榨汁机榨取汁液，再采用三层纱布进行过滤去除杂质得到柚子汁；樱桃汁、黄瓜汁是将樱桃、黄瓜洗净后分别用榨汁机榨取汁液，再采用三层纱布进行过滤去除杂质得到樱桃汁和黄瓜汁，待用。

② 制备草药提取液。将何首乌、甘松、三七、茯苓、刺五加、红景天和白芍分别粉碎至100目，再分别加水浸泡15h后加热到80℃持续煎煮50min，压滤进行固液分离除去渣滓，分别收集滤液，混合、浓缩，按照原料混合物1kg则浓缩液为0.5L的比例浓缩，所得浓缩液即为草药提取物，待用。

③ 按照上述配比，称取柚子汁、樱桃汁、黄瓜汁、草药提取物、甘草精油、深海鱼油、二辛基琥珀酸磺酸钠、脂肪醇聚氧乙烯醚及去离子水，加入反应釜中。

④ 水浴加热至60℃，不断搅拌直至完全溶解乳化至黏稠状，然后自然冷却即可得到本产品。

## 4.2.2 清洁霜

清洁霜是一种可在无水条件下清洁面部皮肤的固体膏霜，具有清除和护肤功效，可清除皮肤表面污垢、皮肤毛孔内聚积的油脂、皮屑以及化妆油彩等。与传统洗面奶不同，清洁霜主要是利用产品中的油相成分（如白油、凡士林等）作为溶剂，浸透和溶解皮肤表面的脂溶性污垢，特别是可以通过油性成分的渗透，清除毛孔深处的油污，因此该产品多数情况用于卸妆。清洁霜刺激性较低，使用后可在皮肤表面形成油性薄膜层，对干燥型皮肤具有润护效果。一般清洁霜应具备以下特点：中性或弱酸性、渗透作用好、易于擦除和洗去、无油腻感。

清洁霜主要有油包水（W/O）和水包油（O/W）两种类型。W/O型清洁霜，油腻感强，适用于干性皮肤或者秋冬季节；O/W型清洁霜，较为清爽舒适，适用于中性、油性皮肤或夏季。W/O型和O/W型清洁霜的配方中油相的组分都占到60%～80%，水相组分占到20%～40%，该类制品是一种油性组分较高的产品。根据乳化形式与乳化体系的不同，清洁霜一般分为单一皂基型、复合皂基型与非离子型三种类型。

#### 4.2.2.1 单一皂基型清洁霜

皂基型清洁霜利用脂肪酸和碱中和生成的脂肪酸酯作为主乳化剂。这种清洁霜配方中通常以蜂蜡和硼砂为主要成分，蜂蜡中的硼酸与硼砂可发生皂化反应生成主乳化剂——蜡酸皂。单一皂基型清洁霜采用传统的乳化方式配制，存在膏霜微粒较大、稳定性不佳等问题。

配方 1：抗菌清洁霜

| 组　分 | 质量分数/% | 组　分 | 质量分数/% |
|---|---|---|---|
| 白蜡 | 8.0 | 微晶蜡 | 8.0 |
| 白油 | 47.0 | 香精 | 少量 |
| 硼砂 | 0.5 | 去离子水 | 加至 100.0 |
| 蜂蜡 | 5.0 | | |

制备工艺：

① 将白蜡、白油、蜂蜡、微晶蜡等油相组分置于油相锅内，加热至 90℃ 灭菌并熔化；

② 将硼砂、去离子水等水相组分置于另一锅内加热至同样温度，再将温度降为 80℃；

③ 将水相缓缓加入油相内，由均质乳化机搅拌达到均质乳化；

④ 搅拌冷却至 50℃，加入香精。

#### 4.2.2.2 复合型皂基清洁霜

复合皂基型清洁霜是在单一皂基型清洁霜的配方基础上，加入一些油包水型的助乳化剂，以弥补单纯皂基式乳化存在的不足。

配方 2：绿豆粉清洁霜

| 组　分 | 质量分数/% | 组　分 | 质量分数/% |
|---|---|---|---|
| 蜂蜡 | 8.0 | 司盘-80 | 1.5 |
| 凡士林 | 5.5 | 硼砂 | 0.9 |
| 白油 | 40.0 | 防腐剂/抗氧剂 | 适量 |
| 绿豆粉 | 15.0 | 去离子水 | 加至 100.0 |
| 单硬脂酸乙二醇酯 | 0.5 | | |

制备工艺：

① 将凡士林与蜂蜡等油性原料在反应器内混合，加热至 55℃，作为 A 溶液放置待用；

② 分别将另外两个容器内的白油和水性原料加热至 55℃，作为 B 溶液放置待用；

③ 将 B 溶液缓慢加入 A 溶液中熔化，由乳化机搅拌乳化，放置待用；

④ 将绿豆粉、单硬脂酸乙二醇酯、司盘-80、硼砂混合后加入去离子水中，放置待用；

⑤ 将上述溶液混匀，搅拌冷却，即得产品。

#### 4.2.2.3 非离子乳化型清洁霜

非离子乳化型清洁霜是采用非离子表面活性剂作为主乳化剂制备的清洁霜，此乳化体系中有时也会添加少量的蜂蜡作为稠度调节剂。

配方 3：美白保湿清洁霜

| 组　　分 | 质量分数/% | 组　　分 | 质量分数/% |
|---|---|---|---|
| 银耳提取物 | 7.4 | 二硬脂酸甘油酯 | 2.1 |
| 薏苡仁油 | 4.2 | 乙二胺四乙酸二钠 | 0.1 |
| 兰花提取物 | 6.4 | 羟丙基三甲基氯化铵透明质酸 | 0.06 |
| 乙酰壳糖胺 | 1.1 | 1,3-丁二醇 | 2.1 |
| 熊果苷 | 0.64 | 双咪唑烷基脲 | 0.01 |
| 椰油酰胺丙基甜菜碱 | 1.1 | 中药提取液 | 4.2 |
| 月桂醇聚醚硫酸酯钠 | 0.53 | 去离子水 | 加至 100.0 |
| 丙烯酸酯共聚物 | 6.4 | | |

制备工艺：

① 将乙酰壳糖胺、熊果苷、椰油酰胺丙基甜菜碱、月桂醇聚醚硫酸酯钠、丙烯酸酯共聚物、二硬脂酸甘油酯、乙二胺四乙酸二钠、羟丙基三甲基氯化铵透明质酸、1,3-丁二醇和去离子水混合，加热至 75℃；

② 将步骤①的混合物在真空条件下恒温搅拌 45min，待温度降至 40℃时加入银耳提取物、薏苡仁油、兰花提取物和中药提取液，搅拌均匀，加入双咪唑烷基脲，最后冷却至室温制得所述美白保湿清洁霜。

配方 4：控油补水清洁霜

| 组　　分 | 质量分数/% | 组　　分 | 质量分数/% |
|---|---|---|---|
| 蜂蜡 | 5.0 | 失水山梨醇单油酸酯聚氧乙烯醚 | 0.7 |
| 石蜡 | 8.0 | 防腐剂 | 适量 |
| 白油 | 41.0 | 香精 | 少量 |
| 凡士林 | 15.0 | 去离子水 | 加至 100.0 |
| 失水山梨醇倍半油酸酯 | 4.3 | | |

制备工艺：

① 将蜂蜡、石蜡、白油、失水山梨醇倍半油酸酯等油相组分置于油相锅内，加热至 90℃灭菌并熔化；

② 将去离子水及失水山梨醇单油酸酯聚氧乙烯醚等水相组分置于另一锅内加热至同样温度，再将温度降至 80℃；

③ 将水相缓缓加入油相内，由均质乳化机搅拌达到均质乳化；

④ 继续搅拌并冷却至 50℃，加入香精。

### 4.2.3 清洁皂

清洁皂成分中一般含有油脂、氢氧化钠、水、精油、添加物等。制作清洁皂最常用的油脂为橄榄油、椰子油和棕榈油。橄榄油可提高产品的滋润度，适合干性肌肤或婴儿；椰子油可提高产品的气泡度，椰子油的含量越高，清洁力越强，适合油性肌肤。清洁皂中的添加物通常为干燥花草、水果、药物研磨粉，例如：芥末粉可清除毛孔中的污垢并收缩毛孔，使皮肤平滑、光泽。清洁皂中含有大量甘油，具有保湿功能。

配方1：石榴滋养清洁皂

| 组　分 | 质量分数/% | 组　分 | 质量分数/% |
|---|---|---|---|
| 番石榴提取液 | 45.0 | 十二烷基硫酸钠 | 0.8 |
| 水解珍珠 | 12.0 | 脂肪酸钠 | 0.3 |
| 松香 | 8.0 | 芦荟提取液 | 5.0 |
| 甘油 | 4.5 | 去离子水 | 加至100.0 |
| 硼酸 | 2.5 | | |

制备工艺：

① 首先将甘油和脂肪酸钠充分混合，搅拌均匀，微热至20～30℃；

② 将水解珍珠加入少量去离子水中充分溶解，调匀；

③ 将番石榴提取液、芦荟提取液、十二烷基硫酸钠混合；

④ 将以上混合液混合，搅拌均匀，最后加入硼酸，在常温下静置1～2h；

⑤ 固化、定型、切块即可。

配方2：余柑子清洁皂

| 组　分 | 质量分数/% | 组　分 | 质量分数/% |
|---|---|---|---|
| 余柑子提取物 | 15.92 | 磺基甜菜碱 | 3.98 |
| 蓖麻油 | 12.74 | 羧甲基纤维素钠 | 0.79 |
| 椰子油 | 12.74 | 氯化钠 | 4.46 |
| 棕榈酸异丙酯 | 6.69 | 玫瑰精油 | 4.78 |
| 硬脂酸 | 2.39 | 去离子水 | 加至100.00 |
| 三乙醇胺 | 3.66 | | |

制备工艺：

① 先将椰子油、蓖麻油混合加热至70℃，倒入皂化锅中，加入棕榈酸异丙酯、硬脂酸，充分搅拌，保持温度50～60℃，使油脂完全皂化；

② 然后依次加入三乙醇胺、磺基甜菜碱、羧甲基纤维素钠、氯化钠、去离子水，并充分搅拌，成皂浆；

③ 最后加入余柑子提取物、玫瑰精油，搅拌均匀，充分混合后静置30～40min；

④ 冷却、注模、成型即可。

### 4.2.4 清洁面膜

面膜是日常护理皮肤的常规化妆制品，根据其功效差异可分为清洁型和护理型。面膜的主要成分有成膜剂、皮肤营养成分、功能性成分以及表面活性剂等。成膜剂是构成膜体的主要材料，多为聚合物和研磨粉；营养成分主要是一些能够滋养皮肤的物质，如脂质、维生素、矿物质等；功能性成分的主要作用是增白、祛斑、收敛等；表面活性剂的主要作用是乳化、分散、提高黏附能力。

面膜可暂时隔离空气与污染，提高肌肤温度和扩张毛孔，促进汗腺分泌与新陈代谢，使皮肤含氧量上升。面膜中的水分渗入角质层，使其软化富有弹性；其中的胶黏性成分或粉状吸附剂能黏附皮肤表面和毛孔中的污垢、代谢废物和油脂等，使皮肤整洁、滋润。

按照面膜的剂型差异可将其分为泥膏型面膜、乳霜型面膜、凝胶型面膜和贴式面膜。

#### 4.2.4.1 泥膏型面膜

泥膏型面膜的主要成分有固体粉末、表面活性剂和聚合物。常用的固体粉末有云母、高岭土、硅胶和黏土。在泥膏型面膜的配方中，表面活性剂起分散固体粉末作用，聚合物（如纤维素和汉生胶）起悬浮稳定作用，二者形成稳定胶束对面膜的黏度和稳定性起协同增效作用。

泥膏型面膜中含有丰富的矿物质，具有消炎、杀菌、清除油脂、抑制粉刺和收缩毛孔的作用，并补充皮肤所需的微量元素。

配方 1：抹茶绿泥面膜

| 组　分 | 质量分数/% | 组　分 | 质量分数/% |
|---|---|---|---|
| 甘油基聚甲基丙烯酸酯 | 4.0 | 聚二甲基硅氧烷 | 2.5 |
| 丙三醇 | 6.0 | 16/18 醇 | 5.0 |
| 透明汉生胶 | 0.25 | 鲸蜡硬脂基醚-20 | 3.0 |
| 尿囊素 | 0.5 | 乳木果油 | 2.0 |
| 甘草酸二钾 | 1.0 | 抹茶粉 | 9.0 |
| 黑海泥 | 6.0 | 甘草酸二钾 | 0.4 |
| β-葡聚糖 | 4.0 | 甘油磷脂 | 0.3 |
| 尼泊金甲酯 | 0.25 | 去离子水 | 加至 100.0 |
| 辛酸/癸酸甘油三酯 | 3.0 | | |

制备工艺：

① A 组分：将甘油基聚甲基丙烯酸酯、丙三醇、透明汉生胶、尿囊素、甘草酸二钾、黑海泥、β-葡聚糖及尼泊金甲酯加入水相锅混合，加热至 70～85℃溶解后，均匀搅拌 5～15min；

② B 组分：将辛酸/癸酸甘油三酯、聚二甲基硅氧烷、16/18 醇、鲸蜡硬脂基醚-20 及乳木果油加入主锅与水混合，加热至 70～85℃后，均匀搅拌 5～15min；

③ 将A组分、B组分依次加入乳化均质机中中和，并加入抹茶粉、甘草酸二钾及甘油磷脂，调节乳化均质机的真空度为－0.05～0.02MPa，搅拌转速为2000～2500r/min，均质5～8min，刮边转速10～15r/min，搅拌10～15min，然后冷却到40～45℃，保温5～8min，彻底消泡；

④ 料体通过50～80目过滤器，即得到抹茶绿泥面膜。

#### 4.2.4.2 乳霜型面膜

乳霜型面膜配方与面霜体系相近，但与面霜相比乳霜型面膜含有大量保湿成分、丰富的油脂和活性物质，为皮肤提供高强度的水分和丰富的营养。配方常用的天然油脂如霍霍巴油、羊毛脂、葡萄籽油、月见草油等可软化皮肤角质细胞，补充皮肤养分。水相中则可添加多种水溶性保湿成分，如甘油、聚甲基丙烯酸甘油酯、HA、PCA-Na，以及各类水溶性植物提取液等。

配方2：天然植物面膜

| 组分 | 质量分数/% | 组分 | 质量分数/% |
|---|---|---|---|
| 植物乳霜乳化剂 | 5.56 | 冰晶形成剂 | 0.4 |
| 马油 | 23.81 | 天然表皮生长因子 | 0.08 |
| 紫苏籽油 | 9.52 | 甘油 | 4.76 |
| BHT | 0.01 | 1,3-丁二醇 | 1.59 |
| 丹皮粉 | 0.08 | 米糠纯露 | 35.71 |
| 角鲨烷 | 1.59 | 天然抗菌剂 | 0.79 |
| 神经酰胺 | 0.16 | 去离子水 | 加至100 |
| 泛酸钙 | 0.08 | | |

制备工艺：

① 将植物乳霜乳化剂、马油、紫苏籽油、2,6-二叔丁基-4-甲基苯酚(BHT)、丹皮粉、角鲨烷加入容器1中，水浴加热至65℃后保温，得到A组分；

② 将神经酰胺、泛酸钙、冰晶形成剂、天然表皮生长因子加入容器2中，再按配方比例加入去离子水后搅拌均匀，再水浴加热至50℃后保温，得到B组分；

③ 将甘油、1,3-丁二醇、米糠纯露、天然抗菌剂加入容器3中，再水浴加热至58℃后保温，得到C组分；

④ 将B组分取出加入保温的C组分中，混合均匀得到D组分；

⑤ 将D组分取出加入保温的A组分中，快速搅拌均匀后，采用均质机进行均质20min；

⑥ 均质完成后，进行搅拌散热降温，降温至18℃后得到产品，取样放入离心管中，放入离心机振动20min，离心机工作完毕后，油水并未分离，说明产品合格。

#### 4.2.4.3 凝胶型面膜

凝胶型面膜是一种凝胶状态的清洁型面膜，主要通过增稠剂（甲基乙烯醚/马来酸酐和癸二烯交联的共聚物、丙烯酸酯共聚物、羟丙基甲基纤维素、羟乙基纤维素）来实现产品稠度和凝胶状态的调整。配方中常添加高保湿成分，如聚甲基丙烯酸甘油酯、HA、甘油、丙二醇、D-泛醇等，以达到皮肤保湿的效果。此外也常添加植物提取液或水解蛋白来达到更佳的肤感和营养性。

配方 3：补水凝胶面膜

| 组　分 | 质量分数/% | 组　分 | 质量分数/% |
|---|---|---|---|
| 羧甲基纤维素钠 | 1.41 | 果酸 | 0.14 |
| 酶解熊果叶提取物 | 0.28 | 透皮吸收促进剂氮酮 | 0.07 |
| 柠檬提取物 | 0.71 | 氯化钠 | 5.65 |
| 精氨酸 | 0.07 | 维生素 E | 2.12 |
| 薰衣草精油 | 0.14 | 卡波姆 | 4.24 |
| 洋甘菊精油 | 0.14 | 甘油 | 11.30 |
| 芦荟提取液 | 2.82 | 香精 | 0.14 |
| 防腐剂(尼泊金甲酯) | 0.14 | 去离子水 | 加至 100 |

制备工艺：

① 将羧甲基纤维素钠、酶解熊果叶提取物、柠檬提取物、精氨酸、薰衣草精油、洋甘菊精油、芦荟提取液、果酸、维生素 E、卡波姆、甘油混合均匀后，加入预升温到 50℃的去离子水中，搅拌均匀，再升温至 85℃；

② 缓慢加入氯化钠、透皮吸收促进剂氮酮、香精、防腐剂，使其凝胶化，降温至 70℃后，在支撑层上涂布、压制，使凝胶渗透进入支撑层，降温以后切割成型。

#### 4.2.4.4 贴式面膜

贴式面膜包含面膜布和精华液，面膜布作为介质，吸附精华液，可以固定在脸部特定位置，形成封闭层，促进精华液的吸收。贴式面膜拥有即刻保湿、提亮肤色和改善皮肤纹理的效果。此外，贴式面膜是面膜类产品中销量最大、增长速度最快的一个品类。

贴式面膜精华液的主要成分有增稠剂、保湿剂和肤感调理剂。增稠剂如汉生胶、纤维素和卡波姆等，可提高贴式面膜精华液的黏度，防止滴液；保湿剂有甘油、1,3-丙二醇、1,3-丁二醇、甜菜碱、海藻糖和聚乙二醇(32）等；肤感调理剂有 $\beta$-葡聚糖、生物糖胶-1、皱波角叉菜和小核菌胶等。

配方 4：中药美白面膜

| 组　分 | 质量分数/% | 组　分 | 质量分数/% |
|---|---|---|---|
| 中药提取液 | 80.0 | HA | 0.008 |
| 熊果苷 | 5.0 | 去离子水 | 加至 100.0 |

制备工艺：

① 按一定比例称取杏仁、当归、侧柏叶、细辛、苦参、甘草、茯苓、冬瓜籽、薏苡仁、三七、珍珠等中药，进行提取，中药提取液待用。

② 按照上述配方将80g中药提取液、5g熊果苷、0.008gHA、14.992g去离子水混匀备用。

③ 面膜巾在混匀的溶液中浸泡15min，然后真空封装，即得产品。

配方5：蚕丝胶原蛋白面膜

| 组　分 | 质量分数/% | 组　分 | 质量分数/% |
|---|---|---|---|
| 聚丙烯 | 20.0 | 蜂蜜 | 10.0 |
| 聚酰胺 | 15.0 | 丙烯酸纤维 | 5.0 |
| 聚酯 | 20.0 | 胶原蛋白蚕丝 | 10.0 |
| 黏胶 | 10.0 | 去离子水 | 加至100.0 |

制备工艺：

① 将蚕茧抽拉成蚕丝，加入去离子水，经20～40℃温水浸泡2～6h，均匀搅拌，形成白色半透明丝状物，经过滤除沉淀，提炼出胶原蛋白蚕丝；

② 将聚丙烯、聚酰胺、聚酯、黏胶、蜂蜜、丙烯酸纤维、胶原蛋白蚕丝、去离子水混合，均匀搅拌，形成混合物，形成精华液；

③ 将精华液均匀涂布在无纺布的上下表面，形成轻薄的带HA的蚕丝混合面膜纸。

## 4.2.5 剃须膏

剃须膏是供男士剃须时使用的清洁护肤品，多为水包油型膏霜，由油相成分、水相成分、表面活性剂和保湿剂等构成，分为剃须前、剃须后用品。该类制品可使胡须膨润、柔软，易于剃刮，并具有防止剃须后局部皮肤粗糙、缓和机械刺激、可能引起的炎症等功能。常见的剃须膏有泡沫型剃须膏、无泡沫型剃须膏、气雾型剃须膏。

### 4.2.5.1 泡沫型剃须膏

泡沫型剃须膏主要由乳化泡沫剂、滋润剂、保湿剂以及其他组分组成。乳化泡沫剂是由脂肪酸与碱皂化反应得到的脂肪酸酯，起乳化发泡、减少皮肤刺激的作用，可使胡须溶胀、软化、容易剃除。滋润剂是未皂化的脂肪酸、动植物油脂，常用的有羊毛脂、椰子油、鲸蜡醇以及合成油脂等，主要起到滋润、减轻皮肤刺激及提高膏体稳定性等作用。保湿剂，如丙二醇、甘油、1,3-丁二醇等，用于保持膏体的滋润度。配方中常添加一些功能性物质如尿囊素、薄荷醇、金缕梅提取物等，起到杀菌消炎、收敛伤口的作用。

泡沫型剃须膏通常为水包油型的乳化膏体，泡沫可贴敷于皮肤和胡须上，使须毛快速润湿，方便剃须刀在皮肤表面的移动。泡沫型剃须膏还应具有一定的黏稠性，以保持剃须过程中泡沫的稳定性。

配方 1：中药剃须膏

| 组　分 | 质量分数/% | 组　分 | 质量分数/% |
|---|---|---|---|
| 番白叶 | 5.1 | 聚氧乙烯月桂醇醚硫酸钠 | 38.5 |
| 铜锤草 | 5.1 | 异硬脂醇 | 30.8 |
| 山韶子 | 5.1 | 豆蔻酸异丙酯 | 15.4 |

制备工艺：

① 取番白叶、铜锤草、山韶子各两份，加水煎煮两次，第一次加水为药材质量的 8 倍量，煎煮 1h，第二次加水为药材质量的 6 倍量，煎煮 1h，合并煎液；

② 浓缩至 65℃时相对密度为 1.1；

③ 加入聚氧乙烯月桂醇醚硫酸钠、异硬脂醇、豆蔻酸异丙酯，70℃溶解，即得。

配方 2：温和泡沫剃须膏

| 组　分 | 质量分数/% | 组　分 | 质量分数/% |
|---|---|---|---|
| 硬脂酸 | 26.88 | 氢氧化钾 | 8.96 |
| 椰子油脂肪酸 | 4.48 | 氢氧化钠 | 0.72 |
| 椰子油 | 8.96 | 甘油 | 13.44 |
| 茶油 | 8.96 | 丙二醇 | 2.69 |
| 羊毛脂 | 0.45 | 防腐剂 | 0.90 |
| 鲸蜡醇 | 1.61 | 去离子水 | 加至 100.00 |
| 月桂醇硫酸钠 | 4.03 | | |

制备工艺：

① 将脂肪类和油类混合加热至 75～85℃；

② 将鲸蜡醇、月桂醇硫酸钠、氢氧化钾、氢氧化钠、甘油和丙二醇溶于去离子水，加热至相同的温度，然后混入油相中，不断搅拌，并继续加热至沸腾，待完全皂化后，冷却并混合均匀。

配方 3：温和滋润剃须膏

| 组　分 | | 质量分数/% | 组　分 | | 质量分数/% |
|---|---|---|---|---|---|
| A 组分 | 硬脂酸 | 28.30 | B 组分 | 氢氧化钠 | 1.89 |
| | 可可核油 | 4.72 | | 氢氧化钾 | 6.60 |
| | 软脂酸 | 4.72 | | 四硼酸钠 | 0.47 |
| | 椰子油 | 3.77 | | 硅酸钠 | 0.47 |
| | 山梨醇 | 2.83 | | 抗氧化剂 | 0.47 |
| B 组分 | 聚乙二醇 | 2.83 | | 香精 | 0.47 |
| | 甘油 | 9.43 | | 去离子水 | 加至 100.00 |

制备工艺：

① 将 A 组分混合，加热溶解，80℃保温；

② B组分除香精外，加热至80℃分散均匀，搅拌条件下缓缓将A、B两组分混合，进行皂化反应；

③ 搅拌冷却至50℃加入香精，冷却后得产品。

#### 4.2.5.2 无泡沫型剃须膏

无泡沫型剃须膏基本类似于普通剃须膏，使用时一般不用毛刷，其配方组成中减少了用于产生泡沫的脂肪酸（盐）和表面活性剂。配方中常增加润肤成分，多如白油、橄榄油、棕榈酸异丙酯、辛酸等润肤成分，以提高舒适感。

配方4：无泡沫型剃须膏

| 组　分 | 质量分数/% | 组　分 | 质量分数/% |
|---|---|---|---|
| 小分子团水 | 61.0 | 甘油 | 4.0 |
| 硬脂酸 | 15.0 | 氯化钠 | 0.5 |
| 聚山梨酯-60 | 2.0 | 氢氧化钾 | 2.0 |
| 羟丙基甲基纤维素 | 2.5 | 硬脂酸甘油酯 | 3.0 |
| 月桂酸 | 0.5 | 对羟基苯甲酸甲酯 | 0.5 |
| 椰壳活性炭 | 5.0 | BHT | 0.5 |
| 海鸥石 | 3.0 | 对羟基苯甲酸丙酯 | 0.5 |

制备工艺：

① 把小分子团水放到容器内，将椰壳活性炭、海鸥石、甘油、氢氧化钾、硬脂酸甘油酯、氯化钠依次加入，搅拌混合均匀；

② 再把成膏剂（硬脂酸、聚山梨酯-60、羟丙基甲基纤维素、月桂酸）放入①得到的混合物中，搅拌、充分混合；

③ 再把助剂（对羟基苯甲酸甲酯、对羟基苯甲酸丙酯）放入②得到的混合物中，搅拌、充分混合即可。

#### 4.2.5.3 气雾型剃须膏

气雾型剃须膏又称气溶胶型剃须膏，成分与上述剃须膏相似，但是需要与喷射剂一同装入耐压气压式容器内，要求其乳化溶液黏度低，易于喷射。

配方5：气雾型剃须膏

| 组　分 | 质量分数/% | 组　分 | 质量分数/% |
|---|---|---|---|
| 硬脂酸 | 5.9 | 硅酸铝镁 | 0.01 |
| 椰子油酸 | 2.5 | 香精 | 适量 |
| 椰子油酰基肌氨酸钠 | 0.01 | 防腐剂 | 适量 |
| 70%山梨醇溶液 | 9.3 | 氟里昂12/14(57∶43) | 7.0 |
| 三乙醇胺 | 4.3 | 去离子水 | 加至100 |

制备工艺：

① 分别将水相组分（椰子油酰基肌氨酸钠、70%山梨醇溶液、三乙醇胺、去离子水）和油相组分（硬脂酸、椰子油酸、硅酸铝镁、防腐剂）溶解、熔化；

② 在 75℃时，搅拌下将水相加入油相中，搅拌乳化 30min；

③ 冷却至 35℃时加入适量香精，罐装、压盖、充氟里昂。

# 4.3 身体清洁化妆品配方实例

身体清洁化妆品可软化皮肤角质层，溶解并去除皮屑、皮脂和污垢，并消除身体的气味，可促进血液循环和神经末梢循环，加速体内废弃物的排泄。传统的沐浴产品有香皂、浴皂等皂类清洁品，这类制品的去污能力强，但由于皂液呈碱性，长时间使用会导致皮肤脱脂、干燥、发痒等问题，现逐步被以表面活性剂或皂基型表面活性剂为主体的沐浴产品如沐浴液、沐浴盐、沐浴油、泡沫浴剂等代替。

## 4.3.1 沐浴液与沐浴凝胶

### 4.3.1.1 沐浴液

沐浴液又称沐浴露，具有良好的发泡性，对皮肤有很好的洁净去污作用。与香皂相比，沐浴液通常呈弱酸性，对皮肤温和、无刺激，应用于婴幼儿的沐浴液要求其更加温和，对眼黏膜不能有刺激性。沐浴液的配方设计必须考虑产品的泡沫度、去污力和对皮肤无刺激三个主要方面。

沐浴液的配方组成应该包括以下主要成分。

① 表面活性剂。沐浴液中采用的表面活性剂必须具有产生泡沫、润湿皮肤、乳化清除污垢和油脂的功效，同时还要求其具有良好的生物降解性，温和无刺激。常用的表面活性剂有：十二烷基（醚）磷酸酯、月桂醇硫酸盐、烷基醇醚琥珀酸单酯二钠、*N*-月桂酰肌氨酸盐、聚乙二醇柠檬酸十二醇磺基琥珀酸二钠等。一些非离子表面活性剂由于其良好的发泡性、低刺激性、保湿性以及配伍性和溶解性，也被广泛采用，如葡萄糖苷衍生物、甲基聚葡糖苷等。

② 润肤剂。为防止在清洁皮肤的同时引起过度脱脂问题，沐浴液配方中一般会添加使皮肤滋润、光泽的润肤剂，包括植物油脂、羊毛脂衍生物类、聚硅氧烷类及脂肪酸酯类物质，如橄榄油、霍霍巴油、甘油月桂酸酯、多元醇脂肪酸及乙氧基化甘油酯等。

③ 增稠剂。增稠剂的主要作用是调节体系黏度，改善产品肤感。较为常用的增稠剂有羟乙基纤维素、阳离子瓜尔胶、长波树脂、汉生胶、无机盐等。

④ 保湿剂和调理剂。保湿剂一般采用甘油、丙二醇、聚乙二醇及烷基糖苷等；调理剂则多为阳离子聚合物，它们可以在皮肤上产生丝绸般的滑爽肤感，如聚季铵盐-7 等。

⑤ 活性添加剂。多为具有一定护肤养颜功效的添加剂，如海藻、芦荟、薄荷等天然植物提取物和中药提取物等。另外，很多沐浴液中还添加一些抗菌剂，以祛除不良体味和维持皮肤表面卫生状态，减缓皮肤瘙痒等问题。

⑥ 其他。产品保护剂、防腐剂、香精、珠光剂、色素等。

配方 1：天然儿童沐浴液

| 组　分 | 质量分数/% | 组　分 | 质量分数/% |
|---|---|---|---|
| 皂荚 | 14.49 | 茶叶 | 1.93 |
| 无患 | 14.49 | 薄荷 | 1.93 |
| 烷基聚葡萄糖苷 | 9.66 | 玫瑰精油 | 1.93 |
| 芦荟 | 4.83 | 去离子水 | 加至 100.00 |
| 艾叶 | 2.42 | | |

制备工艺：

① 称取皂荚、无患、烷基聚葡萄糖苷、芦荟、艾叶、茶叶、薄荷等适量，备用；

② 将上述原料分别粉碎成 300 目的粉状；

③ 将上述原料加入去离子水中，加热至 60℃，搅拌，混匀；

④ 加入玫瑰精油，搅拌，混匀，过滤，即得产品。

配方 2：天然油脂沐浴液

| 组分 | 质量分数/% | 组分 | 质量分数/% |
|---|---|---|---|
| 脂肪醇聚氧乙烯醚硫酸钠 AES(70%) | 10.0 | 月桂酸 | 2.0 |
| 十二烷基硫酸铵 K12A(70%) | 10.0 | 硬脂酸 | 1.0 |
| 椰油酰胺丙基二甲基甜菜碱 CAB-35(35%) | 6.0 | 橄榄油 | 2.0 |
| 椰油酰甘氮酸钾 PCY-30 | 6.0 | 乙二胺四乙酸二钠 | 0.05 |
| 大千公司出品的高分子洗涤增稠剂 T-02 | 2.5 | 尼泊金甲酯 | 0.2 |
| 大千公司出品的高分子洗涤增稠剂 T-03B | 3.0 | 柠檬酸 | 0.25 |
| 阳离子瓜尔胶 C-14S | 0.5 | 香精 | 0.2 |
| 聚季铵盐-22 | 1.0 | 去离子水 | 加至 100.0 |

制备工艺：

① 将去离子水与乙二胺四乙酸二钠加入反应锅搅拌溶解，加入阳离子瓜尔胶 C-14S 进行分散，升温至 60℃并恒温，缓慢加入柠檬酸搅拌 10～15min；

② 打开均质机快速投入高分子洗涤增稠剂 T-03B（聚季铵盐-22/$C_{13}$～$C_{26}$ 异链烷烃/月桂醇聚醚-25 混合物），均质 30～60s，搅拌分散、均匀后依次加入脂肪醇聚氧乙烯醚硫酸钠、十二烷基硫酸铵、椰油酰胺丙基二甲基甜菜碱、椰油酰甘氨酸钾、高分子洗涤增稠剂 T-02（丙烯酸/丙烯酰氨基甲基丙烷磺酸共聚物）、聚季铵盐-22、尼泊金甲酯、月桂酸、硬脂酸、橄榄油，搅拌，升温至75～85℃，搅拌分散均匀；

③ 待料体全部分散均匀，恒温 30min 后降温至 40℃，加入香精，搅拌均

匀，即得到产品沐浴乳。

配方 3：滋润沐浴液

| 组　　分 | 质量分数/% | 组　　分 | 质量分数/% |
|---|---|---|---|
| 丝素肽基表面活性剂 | 20.0 | 氯化钾 | 1.0 |
| 表面活性剂烷基多苷 | 10.0 | 乙二醇双硬脂酸酯 | 0.6 |
| 十二烷基甜菜碱 | 8.0 | 香精 | 0.05 |
| 羟丙基壳聚糖 | 0.3 | 去离子水 | 加至 100.0 |
| 柠檬酸 | 0.2 | | |

制备工艺：

① 取去离子水加入反应器中，搅拌下依次加入丝素肽基表面活性剂、表面活性剂烷基多苷、十二烷基甜菜碱、乙二醇双硬脂酸酯、羟丙基壳聚糖，60℃搅拌加热 1h；

② 冷却至 45℃，加入氯化钾使其溶解，冷却至室温，加入用去离子水预先溶解好的柠檬酸调节 pH 值至 5.5～6.0；

③ 加入香精，充分搅拌使混合均匀，即可出料。

配方 4：草药沐浴液

| 组　　分 | 质量分数/% | 组分 | 质量分数/% |
|---|---|---|---|
| 脂肪醇聚氧乙烯醚羧酸钠 | 11.0 | 水溶性羊毛脂 | 1.0 |
| 质量分数为 1% 的丙烯酰胺丙基三甲基氯化铵/丙烯酰胺共聚物分散于水中的混合液 | 5.0 | 乙二胺四乙酸二钠 | 0.05 |
| 椰油酰胺丙基甜菜碱 | 5.0 | 卡松 | 0.05 |
| 甲基葡萄糖苷聚氧乙烯(120)醚二油酸酯 | 2.5 | 艾清膏 | 1.5 |
| 聚乙二醇(6000)双硬脂酸酯 | 1.8 | 蕲艾油 | 0.05 |
| 聚氧乙烯醚(40)氢化蓖麻油 | 0.2 | 去离子水 | 加至 100.0 |

制备工艺：

① 取去离子水加入干燥的容器中，加热至 80℃，搅拌下缓慢加入丙烯酰胺丙基三甲基氯化铵/丙烯酰胺共聚物，完全溶解后静置 48h，得到质量分数为 1% 的混合液；

② 将乙二胺四乙酸二钠配制成 10% 的水溶液；

③ 将去离子水加入配料罐中，搅拌条件下缓慢加入 1% 的丙烯酰胺丙基三甲基氯化铵/丙烯酰胺共聚物混合液，搅拌 10min 后，依次加入脂肪醇聚氧乙烯醚羧酸钠、聚氧乙烯醚（40）氢化蓖麻油、乙二胺四乙酸二钠溶液、聚乙二醇（6000）双硬脂酸酯、甲基葡萄糖苷聚氧乙烯（120）醚二油酸酯以及水溶性羊毛脂，加热升温至 60℃时搅拌 10min 后，加入椰油酰胺丙基甜菜碱和艾清膏继续加热升温至 85℃，维持搅拌 30min；

④ 开始冷却降温，当温度降至 50℃时，加入蕲艾油和卡松，继续搅拌和冷却，当冷却至 30℃，维持搅拌 10min，过 300 目的筛，即得这种草药沐浴液。

#### 4.3.1.2 沐浴凝胶

沐浴凝胶是一类具有透明外观的凝胶状沐浴产品。这类沐浴产品具有更加温和的洗净力，易于冲洗，泡沫丰富，使用肤感良好等特点。

配方 5：抗菌沐浴凝胶

| 组　　分 | 质量分数/% | 组　　分 | 质量分数/% |
|---|---|---|---|
| 天然海藻胶 | 22.0 | 乳香精华 | 0.5 |
| 天然壳聚糖 | 7.0 | 玫瑰精华 | 0.5 |
| 皂树皂苷 | 4.0 | 天然柠檬酸 | 调至 pH 6.0 |
| 天然甜菜碱 | 2.5 | 去离子水 | 加至 100.0 |
| 天然椰油提取物 | 1.5 | | |

制备工艺：

① 分别将乳香精华、玫瑰精华按比例配制，混合均匀，得到油相；

② 将去离子水加热至 45℃，将天然壳聚糖、皂树皂苷、天然甜菜碱、天然椰油提取物按比例加入去离子水中，溶解搅拌均匀，得到水相；

③ 取天然海藻胶，加热溶解，将油相组分加入海藻胶中，搅拌均匀；

④ 将混合后的海藻胶缓慢加入水相组分中，乳化均匀；

⑤ 用天然柠檬酸作酸碱调节剂，将溶液 pH 值调至 6.0，加入剩余去离子水。

配方 6：保湿沐浴凝胶

| 组　　分 | 质量分数/% | 组　　分 | 质量分数/% |
|---|---|---|---|
| 海藻多糖 | 8.0 | 硅铝酸镁 | 3.0 |
| 烷基糖苷 | 10.0 | 香精 | 0.3 |
| 月桂醇醚硫酸钠 | 55.0 | 防腐剂 | 0.2 |
| 乙二胺四乙酸二钠 | 0.3 | 去离子水 | 加至 100.0 |

制备工艺：

① 向 70～80℃的去离子水中加入配比量的硅铝酸镁，搅拌 30～40min，至均匀凝胶状，得溶液 1；

② 向 70～80℃的去离子水中，加入配比量的海藻多糖、月桂醇醚硫酸钠、烷基糖苷、乙二胺四乙酸二钠，搅拌条件下乳化 40～50min，得混合液 2；

③ 将溶液 1 和溶液 2 混合，在 70～80℃的搅拌条件下乳化 20～30min；

④ 冷却至 40～45℃后，加入配比量的香精和防腐剂，搅拌 15～25min 至均匀，冷却消泡后罐装。

### 4.3.2 沐浴盐

人体就像一个小型发电体，盐是良好的电解质，将身体泡在含有微量盐分的水中，或让盐分溶解在皮肤的表层，形成的小电场对皮肤的末梢神经产生刺激，促进血液循环及新陈代谢。此外，在这个“电场”的作用下，角质层和皮肤表面的死亡细胞和角质层更易脱落，使皮肤细腻光滑。沐浴盐经摩擦后，电解质可渗透入皮肤，带出水分及微细物质，达到减肥的效果。

沐浴盐的主要成分是无机矿物盐，包括具有保持温度，促进血液循环作用的硫酸镁、硫酸钠、氯化钠、氯化钾等无机盐，以及具有软化硬水，降低水表面张力和增强去污力作用的碳酸氢钠、碳酸钠、碳酸钾、倍半碳酸钠等，香精、色素也是浴盐配方中必需的组分。

配方 1：保健沐浴盐

| 组　分 | 质量分数/% | 组　分 | 质量分数/% |
|---|---|---|---|
| 氯化钠 | 50.0 | 脂肪酸甲酯磺酸钠 | 8.0 |
| 红花 | 5.0 | 曲酸 | 5.0 |
| 白及 | 5.0 | 茉莉浸膏 | 4.0 |
| 白果 | 5.0 | 乙醇 | 6.0 |
| 饱和食盐水 | 12.0 | | |

制备工艺：

① 盐过筛。对所选的精制盐进行研磨，过 200 目（≤0.07mm）筛。

② 中药预处理。把选用的中药材按规定重量称取后，混合并充分粉碎，加入乙醇调成糊状，常温放置 45min 备用。

③ 调膏。把过筛后的盐、预处理的中药及其他选用的原料混合，并通过加入饱和食盐水，在 50℃调成半流动的膏体。

④ 封装。把调好的膏体冷却，利用塑料包装软管或铝箔包装袋封装。

配方 2：中药沐浴盐

| 组　分 | 质量分数/% | 组　分 | 质量分数/% |
|---|---|---|---|
| 藏红花 | 12.3 | 珍珠粉 | 4.6 |
| 野百合 | 9.2 | 十二烷基硫酸钠 | 9.2 |
| 羟甲基纤维素 | 1.5 | 乙基麦芽酚 | 3.1 |
| 白芷 | 30.7 | 甘草 | 15.3 |
| 苦参 | 13.8 | 茉莉香精 | 0.3 |

制备工艺：

① 将甘草、藏红花、野百合、白芷及苦参混合，研磨成细粉，过 100 目筛；

② 加入珍珠粉、十二烷基硫酸钠及乙基麦芽酚，混合均匀；

③ 加入羟甲基纤维素及茉莉香精，混合均匀后，即可得成品。

配方 3：活肤沐浴盐

| 组　分 | 质量分数/% | 组　分 | 质量分数/% |
|---|---|---|---|
| 榛果油 | 4.9 | 赤芍 | 4.1 |
| 橙花精油 | 5.8 | 红景天 | 5.0 |
| 晶体盐 | 41.3 | 泽兰 | 5.0 |

续表

| 组　分 | 质量分数/% | 组　分 | 质量分数/% |
| --- | --- | --- | --- |
| 水解明胶 | 3.3 | 川芎 | 2.5 |
| 羟乙基尿素 | 4.1 | 独活 | 1.7 |
| 甘草 | 3.3 | 连翘 | 3.3 |
| 楮实 | 1.7 | 月桂醇聚醚硫酸酯钠 | 0.8 |
| 鲜地黄 | 5.0 | 聚山梨酯-20 | 0.8 |
| 金银花 | 2.5 | 季戊四醇四异硬脂酸酯 | 1.6 |
| 银杏叶 | 3.3 | | |

制备工艺：

① 取金银花和银杏叶洗净烘干，研磨粉碎，加入原料质量 0.1 倍的香油混匀静置 16min，中火翻炒至有焦煳味逸出，取出；

② 将楮实和连翘清洗除杂，加入盐水浸泡 24min，取出研磨成粉，加入原料质量 1 倍的米醋拌匀，恒温烘干，再次粉碎过 100 目筛，制成药粉；

③ 取甘草、鲜地黄、赤芍、红景天、泽兰、川芎和独活，洗净切片，置于炒制容器内，加入麦麸混合，中火翻炒 15min，取出筛去麦麸，与步骤①、②所制原料混合，加入所煮原料质量 5 倍的水煎煮至沸腾，持续 22min，过滤，收集滤液；

④ 将步骤③所得滤液与晶体盐混合均匀，加热至 180℃浓缩 12min，再加入榛果油、橙花精油、水解明胶、羟乙基尿素、月桂醇聚醚硫酸酯钠、聚山梨酯 20 和季戊四醇四异硬脂酸酯，以 400r/min 的速度搅拌至均匀，造粒过 60 目筛，制成沐浴盐。

### 4.3.3 香皂

香皂是一种不可缺乏的日用洗涤品，人们使用香皂的历史可以追溯到公元前的意大利。从 20 世纪 80 年代开始，我国逐渐开始广泛使用香皂。香皂的主要成分是高级脂肪酸钠盐。脂肪酸钠盐通常通过脂肪酸和碱中和反应，或碱性条件下油脂的水解皂化制得。可用于制造皂类的脂肪酸钠盐有：

① 月桂酸钠。用于制备硬性固体皂，在冷水中溶解性好，耐硬水性强，起泡力大，去污力强，但在热水中洗涤、去污力较高碳数脂肪酸钠差。

② 硬脂酸钠。用于制备硬性固体皂，在冷水中溶解性差，耐硬水差、气泡力小。在冷水中洗涤，去污力差，但在热水中洗涤，去污力好。

③ 肉豆蔻酸钠和棕榈酸钠。性质居于月桂酸钠和硬脂酸钠之间。

④ 油酸钠。用于制备软性皂，水溶性好、起泡性好，在冷水、热水中洗涤，去污力较强。

此外脂肪酸钾盐、铵盐也可用于制备香皂，它们的特点是比钠盐皂更软，常用作液体皂原料。

目前，纯天然的香皂及多功能香皂是香皂配方的发展趋势。香皂中常用的天然原料有椰子油、橄榄油、牛奶、果皮、甘油、麦片、蜂蜜和蜂蜡等。多功能香皂则是在基础配方的基础上，添加一些功能性的添加剂。如，护肤美容香皂可添加有滋润、保湿和养护肌肤的功能性添加剂（如游离脂肪酸、硅油、牛奶制品、维生素类、羊毛脂及其衍生物等）；祛臭、杀菌香皂可加一些具有祛臭杀菌作用的药物（如中药提取物等）。

配方：速清香皂

| 组　分 | 质量分数/% | 组　分 | 质量分数/% |
|---|---|---|---|
| 皂粒 | 88.1 | 乙二胺四乙酸二钠 | 0.3 |
| 花生醇 | 1.3 | 蜂蜡 | 0.2 |
| 山嵛醇 | 1.3 | 去离子水 | 8.8 |

制备工艺：

① 按照上述配比取原料，加入皂用捏合机中，捏合搅拌混合均匀，50℃搅拌15min；

② 将捏合后物料，加入碾磨机中，进行皂体碾磨，碾磨后的皂片厚度控制在0.4mm；

③ 将皂片加入真空压条机，其中压条炮头出口温度为50℃，压条机通冷却水温度控制在2℃；

④ 压条机压出的长条皂体直接进入打印机打印，得到成型的皂体，其中打印时模具的温度在零下10℃。

# 5

# 抗衰老和抗皱化妆品

## 5.1 皮肤的老化和保健

### 5.1.1 皮肤老化

老化又称衰老，指生物发育成熟后，在正常状况下机体随着年龄增加，出现机能减退、内环境稳定能力下降、结构组分逐渐退行性改变并趋向死亡的不可逆自然现象。皮肤衰老是老化的一个表现，皮肤的衰老不仅影响美观，而且也增加了皮肤疾病的发生率，如脂溢性角化、日光性角化、基底细胞癌、鳞状细胞癌等。

皮肤的成长期一般结束于25岁左右，被称为“皮肤弯角期”，该阶段皮肤的生长与老化到达基本平衡的状态，皮肤弹力纤维开始逐渐变粗；40～50岁为初老期，皮肤的老化逐渐明显。皮肤衰老主要表现为：

（1）皮肤组织衰退　皮肤的厚度随着年龄的增加而改变。正常情况下，20岁左右表皮细胞层最厚，随着年龄增长将逐渐变薄，到老年期颗粒层逐渐萎缩至消失，棘细胞生存期缩短。表皮细胞核分裂增加，黑色素增多，故老年人肤色多呈现棕黑色。此外，未脱落的老化细胞附着于角质层，使皮肤表面变硬无光泽。30岁左右，真皮层逐渐变薄萎缩，皮下脂肪减少，弹力纤维、胶原纤维的流失和结构变化使得皮肤弹性和张力变差，导致皮肤松弛。

（2）生理功能衰退　皮肤的老化还表现在皮脂腺、汗腺功能衰退，汗液与皮脂分泌减少，因此造成皮肤保持水分的能力下降，使得皮肤干燥、无光泽；血液循环功能的减退则使皮肤的营养补给能力下降，造成皮肤损伤愈合能力减弱。

### 5.1.2 皮肤老化的机理

现代研究认为皮肤衰老是内源性和外源性因素协同作用的必然结果。内源性衰老是根本，主要由遗传背景和年龄因素决定。外源性衰老则主要取决于外界的环境因素，如紫外线照射、吸烟、环境污染、生活习惯、精神因素、饮食习惯、内分泌紊乱、慢性消耗性疾病等，外源性衰老可延缓或加速内源性衰老。现代研究关于内源性衰老机制有很多，如非酶糖基化、神经内分泌失调、自由基、线粒体损伤、生物钟、免疫、营养等多种原因。以下主要介绍基于各大机理的抗皮肤衰老的机制。

(1) 基因水平的改善是抗衰老的有效手段　遗传基因是决定皮肤衰老最为关键的内源性因素。皮肤衰老的实质是细胞分裂增殖速度与老化速度之间的失衡，因此从细胞水平而言，抗衰老应从促进细胞分裂、增殖的角度出发来平衡细胞的增殖和老化。近年来研究结果显示，基因水平的抗衰老可通过对细胞的生长周期、分裂次数的调控来实现，最为有效的手段是延长细胞的生长周期或增加细胞分裂的次数。例如，有研究利用生物技术把活性 DNA 导入衰老细胞中，弥补衰老细胞遗传基因的不足，可修复皮肤的遗传衰老；许多草药也具有 DNA 修复的功能，如枸杞子、人参、三七、刺五加、五味子等，因此在抗衰老化妆品中草药的使用越来越广泛。此外，有研究通过调控皮肤细胞内某些基因的表达，使对应受体增加，来提高细胞对某些生长因子的敏感性或提高细胞内一些活性因子的生成，进而促进胶原蛋白等抗衰老成分的分泌。

(2) 抗紫外线，抗氧化是消除外源性衰老的重要方法　随着年龄增加和紫外线照射，皮肤弹力纤维逐渐变性、增厚，胶原蛋白含量逐渐减少。紫外线诱导产生自由基，过量的自由基增加了细胞膜内磷脂的过氧化作用，并产生弹性酶，使弹性纤维性质发生改变。此外，过量的自由基可直接损伤血管，诱导炎症，释放胶原酶，进一步加速真皮结缔组织破坏，同时血管炎症使血管壁通透性降低，造成血液循环障碍，导致代谢产物堆积。因此，抗紫外线和抗氧化是皮肤抗衰老的重要方法。

目前常用的具有抗氧化作用的活性原料主要有 3 类：

① 生物制剂类。如 SOD，谷胱甘肽过氧化酶（GSH-Px），过氧化氢酶(CAT)，金属硫蛋白（MT），木瓜巯基酶，辅酶 $Q_{10}$ 等。研究发现皮肤衰老与皮肤内辅酶 $Q_{10}$ 减少直接有关，实验证明辅酶 $Q_{10}$ 可渗透并通过表皮活性层，局部应用可提高表皮的抗氧化能力，因此辅酶 $Q_{10}$ 是化妆品中较为常用的抗衰老有效成分。

② 天然草药制剂类。如人参、丹参、当归、银杏叶、甘草、灵芝、绞股蓝、五味子、枸杞、红景天等草药的提取液，都具有不同程度的抗衰老抗氧

化能力。因此，具有抗氧化能力的天然有效成分在化妆品中的应用最为广泛。

③ 化学合成、半合成制剂类。人工合成的各种抗氧化酶、抗氧化剂及其衍生物在抗衰老化妆品中也得到了充分的应用，如维生素 E，维生素 A，维生素 C，胡萝卜素、尿囊素、2-巯基乙胺（2-MEA）、BHT、硒代蛋氨酸、抗交联的各种配位剂、螯合剂，清除脂褐质的氯醋醒、氯丙嗪、姜黄素、乳清酸镁等。此外，一些氨基酸，如甘氨酸、丝氨酸与水杨醛缩合产物，也能抑制脂质过氧化，预防皮肤衰老。

（3）抗糖化是最容易忽视的抗老化手段　细胞糖化是皮肤衰老的最容易忽视的诱因。人通过分解食物中的碳水化合物获得糖分并提供能量。当摄入糖分过多时，初期糖化产物无法在体内正常转化与代谢，则通过人体内自带的糖化酵素（FNSK）进行逆转。如未能顺利逆转，则会与体内蛋白质结合产生糖化终产物（AGEs）。AGEs 是一种劣质蛋白质，形成后不易分解，在体内长时间堆积会引发糖尿病、心血管疾病、阿尔兹海默症等慢性疾病，是破坏皮肤中胶原蛋白的大敌。

糖化现象主要存在于皮肤真皮层的纤维母细胞上，该部分的细胞主要负责产生弹力蛋白和胶原蛋白。真皮层自然留存下来的糖类会附着在纤维细胞上，形成约束物质 AGEs，导致纤维细胞间产生胶着并使得网状结构涣散，失去对皮肤表面的支撑力，造成皮肤纹理变粗、产生皱纹。

同时，糖化也使皮肤颜色灰暗，其主要原因是①AGEs 本身是褐色；②糖化的胶原蛋白硬化凝集，导致深入皮肤透光性下降，使皮肤失去透明感，显现暗黄；③表皮细胞内的角蛋白发生糖化后，导致新陈代谢和皮肤滋润度降低，也造成皮肤暗淡无光。

## 5.1.3 皱纹的形成

皱纹是指皮肤受到外界环境影响，形成游离自由基，破坏正常细胞膜组织内的胶原蛋白、活性物质，氧化细胞而形成的不规则的纹理。皱纹出现的顺序一般是前额、上下眼睑、眼外眦、耳前区、颊、颈部、下颏、口周。面部皱纹分为萎缩皱纹和肥大皱纹两种类型。萎缩皱纹是指出现在稀薄、易折裂和干燥皮肤上的皱纹，如眼部周围细小皱纹；肥大皱纹是指出现在油性皮肤上的皱纹，数量不多，纹理密而深，如前额、唇、下颌处的皱纹。

（1）皱纹形成的原因

① 胶原蛋白和脂肪含量的改变。随着年龄的增长，皮肤真皮网状弹力纤维发生结构变化，真皮纤维母细胞寿命缩短，分裂能力下降，弹性蛋白的基因表达骤降，使功能性弹性纤维合成减少，引起皮肤弹性和韧性下降；皮下

组织中脂肪组织的萎缩及功能改变，引起皮肤饱满度下降，这些是皱纹形成的关键因素。

② 皮肤保水功能的减退。随着年龄的增长，表皮与真皮连接处变平，表皮变薄、表面积增大，使皮肤水分挥发加快；角质层NMF含量减少致使皮肤水合能力下降；皮肤组织中的汗腺数量减少，功能萎缩，油脂分泌功能下降，使得皮肤角质层中的水脂乳化物含量较少，皮肤表皮保水能力下降。

③ 皮肤新陈代谢水平下降。年龄的增长导致表皮细胞的代谢能力减弱，更新速度减慢，新生细胞生成减少，角朊细胞增大。部分角朊细胞出现角化不全、表面轮廓不清等现象，角质层屏障功能减弱；新陈代谢水平的下降导致毒素积累，加快了皮肤组织和细胞的损伤，导致真皮结构蛋白、结缔组织和酸性糖胺聚糖的降解，促使皮肤进一步老化和皱纹加重加深。

④ 抗光老化能力的改变。年龄的增长导致活化的黑色素细胞的数目减少，储备能力下降，使其光老化作用加强，导致真皮弹性纤维变性增速。

(2) 皱纹的分类

① 自然性皱纹。多呈横向弧形，与生理性皮肤纹理一致。自然性皱纹与皮下脂肪分布有关，伴随年龄增长皱纹逐渐加深，如颈部的皱纹。

② 动力性皱纹。面部表情肌与皮肤相附着，表情肌收缩，在与表情肌垂直的方向上容易形成皱纹，即动力性皱纹。如长期额肌收缩产生前额横纹，眼轮匝肌的收缩产生鱼尾纹，也称笑纹。

③ 重力性皱纹。重力性皱纹是在皮肤及其深面软组织松弛的基础上，由于长期重力作用形成的皱纹，重力性皱纹多分布在眼眶周围、颧弓、下颌区和颈部等。

④ 混合性皱纹。由多种原因引起，多种因素协同作用的结果，如鼻唇沟、口周的皱纹。

## 5.2 抗衰老化妆品的配方实例

皮肤衰老主要表现为自然衰老和光老化两种形式。

其中光老化是在紫外线的照射下，皮肤产生活性氧和过氧化脂质，进而交联蛋白质引起的老化，光老化通常伴随着色素的沉着，因此光老化的问题可以通过抗氧化组分（第3章）和防晒组分（第6章）的加入得到缓解。

自然衰老是随着年龄增长的一种正常的皮肤老化过程。通常，皮肤从20～25岁开始进入自然衰老。缓解自然衰老的有效方式有①提高皮肤的水分保持能力，通常采用保湿组分（第2章）实现；②调节细胞的增殖、分化与细胞的老化、死亡之间的平衡。

本节重点介绍促进细胞增殖、补充和促进合成胶原蛋白等的有效组分和配方。

## 5.2.1 生长因子抗皱化妆品

### 5.2.1.1 表皮生长因子（EGF）

1986年美国科学家科恩博士首次从动物的内脏和外分泌腺中发现表皮生长因子（EGF），并获得诺贝尔生理医学奖。

EGF是人体内固有的一种小分子多肽，极微量即能强烈促进皮肤细胞的分裂和生长，刺激细胞外一些大分子如HA和糖蛋白等的合成和分泌，在细胞层面给予皮肤额外的营养和刺激，通过细胞本身新陈代谢的调整从根本上保持皮肤自然健康。EGF天然产量极少，提纯难度高，但随着基因工程技术的进步和发展，其来源问题逐步被解决。

通常，从动物组织中提取的EGF，其结构与人体内自身存在的EGF并不相同，长期使用会产生抗体，而基因重组细胞生长因子与人体具有同源性，因此在人体内不产生抗体和过敏性反应。

基因重组人细胞生长因子包括基因重组人表皮细胞生长因子（hEGF）、基因重组人酸性纤维细胞生长因子（aFGF）和基因重组人碱性纤维细胞生长因子（bFGF）三种，均可采用基因工程发酵法提取，分别被简称为皮肤浅层、中层和深层修复因子。

天然hEGF是人生长因子中的一种，由53个氨基酸组成，分子量为6045，等电点为4.2，分子具有较高稳定性。目前，主要利用大肠杆菌、酵母菌等，通过基因重组技术生产hEGF，可工业化生产。

hEGF能够促进正常表皮细胞的新陈代谢，添加到化妆品中可以达到嫩肤、延缓衰老的作用。其具体功效如下：①促进皮下胶原蛋白、细胞外HA、糖蛋白等合成和分泌，促进皮肤细胞对营养物质的吸收，加速细胞新陈代谢，保持皮肤年轻态；②hEGF在皮肤中含量的多少直接影响着皮肤新细胞的数量及比例，从而决定着皮肤的年轻程度；还能明显减少皮肤浅表和深层皱纹，激活皮肤组织，恢复弹性；③促进角质细胞和成纤维细胞的活性，提高细胞再生和组织修复能力，使皮肤新生和创伤修复速度加快，并减少疤痕和皮肤畸形增生，增强皮肤抵御能力，防止外来刺激。

基于其高生物活性，hEGF被用作化妆品中高端的抗衰老成分，也是目前市售的化妆品中应用最为广泛的生长因子之一，如韩国Coreana公司开发的Coreana Time Recovery Series品牌、美国Bays Brown Labs公司开发的REVIVE品牌、香港领前基因有限公司开发的EGF plus品牌等。

配方 1：除皱护肤霜

| 组　　分 | | 质量分数/% | 组　　分 | | 质量分数/% |
|---|---|---|---|---|---|
| A 组分 | Montanov 68 乳化剂 | 1.5 | B 组分 | 霍霍巴油 | 3.0 |
| | A-165 单硬脂酸甘油酯/聚氧乙烯硬脂酸酯 | 1.5 | | 维生素 E 乙酸酯 | 0.5 |
| | | | | 红没药醇 | 0.1 |
| | 16/18 醇 | 2.0 | | 卡波姆 | 0.2 |
| | 苯氧乙醇 | 0.7 | | 去离子水 | 加至 100.0 |
| | 蜂蜡 | 0.5 | | 1,3-丁二醇 | 5.0 |
| | 异硬脂酸异丙酯 | 3.0 | | 乙二胺四乙酸二钠 | 0.05 |
| B 组分 | 异壬酸异壬酯 | 5.0 | C 组分 | 三乙醇胺 | 0.16 |
| | 角鲨烷 | 2.0 | D 组分 | 咪唑烷基脲 | 0.25 |
| | 乳木果油 | 1.5 | E 组分 | 香精 | 0.1 |

注：Montanov 68 乳化剂是鲸蜡硬脂醇（和）鲸蜡硬脂基葡糖苷。

制备工艺：

① 将 A 组分加入洁净的油相锅内并加热至 80℃，保温灭菌 10min；

② 将 B 组分加入水相锅中，先将卡波姆分散在水中，再加入其余物料，加热至 80℃保温 10min；

③ 将 B 组分先抽入乳化锅，保持温度在 75～80℃；

④ 在搅拌下，将 A 组分加入 B 组分中，乳化温度 75～80℃，均质乳化 5min，降温；

⑤ 60～65℃，将 C 组分加入，搅匀，搅拌降温至 35～45℃时加入 D 组分，当温度降至 33～37℃时加入 E 组分，搅匀，得到护肤霜。

配方 2：除皱眼胶

| 组　　分 | | 质量分数/% | 组　　分 | | 质量分数/% |
|---|---|---|---|---|---|
| A 组分 | 去离子水 | 加至 100.0 | C 组分 | SIMVLGEL EG | 0.5 |
| | 甘油 | 7.0 | D 组分 | 聚二甲基硅氧烷 | 1.0 |
| | 透明质酸钠 | 0.1 | | 聚二甲基硅氧烷/聚二甲基硅氧烷醇 | 2.0 |
| B 组分 | 碳酸二辛酯 | 1.5 | | | |
| | 鲸蜡硬脂醇 | 0.5 | E 组分 | hEGF 人表皮生长因子 | 0.2 |
| | 棕榈酸异丙酯 | 2.0 | | 乙基己基甘油 | 0.08 |
| | 硬脂醇聚醚-2 | 0.1 | | 苯氧乙醇 | 0.5 |
| | 硬脂醇聚醚-21 | 0.2 | | 香精 | 0.05 |

注：SIMVLGEL EG 是丙烯酸钠/丙烯酰二甲基牛磺酸钠共聚物、异十六烷、聚山梨醇酯-80 混合物。

制备工艺：

① 将 A 组分加入主反应锅，搅拌混合均匀后加热至 85℃；

② 将 B 组分预先 85℃溶解完全，加入主反应锅，均质 2min；

③ 将 C 组分加入主反应锅，继续均质 1min；

④ 预混合 D 组成分，加入反应锅继续均质 3min，后低速搅拌冷却；降温至 45℃以下搅拌加入 E 组成分至混合均匀，即制得除皱眼胶。

配方 3：除皱眼霜

| 组分 | | 质量分数/% | 组分 | | 质量分数/% |
|---|---|---|---|---|---|
| A组分 | 去离子水 | 加至100.0 | C组分 | 聚二甲基硅氧烷/聚二甲基硅氧烷醇 | 2.0 |
| | 甘油 | 5.0 | | | |
| | 丙二醇 | 5.0 | D组分 | 去离子水 | 5.0 |
| | 丙烯酸酯类/$C_{10}$～$C_{30}$烷醇丙烯酸酯交联聚合物 | 0.2 | | 氢氧化钾 | 0.08 |
| B组分 | 13003-10/植物仿生皮脂 | 2.0 | E组分 | hEGF人表皮生长因子 | 0.1 |
| | 碳酸二辛酯 | 4.0 | | β-葡聚糖 | 2.0 |
| | 鲸蜡硬脂醇 | 3.0 | | 泛醇 | 0.3 |
| | 神经酰胺-2 | 0.2 | | 乙酰壳聚糖 | 3.0 |
| | A-165 | 2.0 | | 烟酰胺 | 3.0 |
| | | | | 香精 | 0.05 |
| C组分 | 聚二甲基硅氧烷 | 1.0 | | 苯氧乙醇 | 0.5 |

注：13003-10/植物仿生皮脂是辛酸/癸酸甘油三酯、植物甾醇类、甘油硬脂酸酯、维生素E硬脂酸酯、氢化卵磷脂、红没药醇、甘草提取物的混合物。

制备工艺：

① 常温下将A组分中原料依次加入主反应锅，静置3min后，搅拌30min，轻微均取样测其pH值和黏度，合格后降温至35℃出料质，使原料溶解完全，无透明颗粒，升温至85℃；

② 将B组分中原料预先85℃溶解完全，加入主反应锅，均质2min；

③ 将C组分原料预混匀后加入主反应锅，均质3min，降温至65℃，将D组分原料预先溶解，在搅拌下加入主反应锅中，搅拌10min使混合均匀，降温；

④ 将E组分中原料预先在干净的不锈钢桶中搅拌均匀，主反应锅温度降至45℃后在搅拌下加入主反应锅中，搅拌5min，搅拌均匀；

⑤ 取样测其pH值和黏度，合格后降温至35℃出料即得霜剂。

配方 4：除皱眼膜

| 组分 | | 质量分数/% | 组分 | | 质量分数/% |
|---|---|---|---|---|---|
| A组分 | 去离子水 | 加至100 | C组分 | 尼泊金酸甲酯 | 0.15 |
| | hEGF人表皮生长因子 | 0.05 | D组分 | 泛醇 | 0.2 |
| B组分 | 黄原胶 | 0.11 | | 山梨醇 | 1.0 |
| | 甘油 | 5.0 | | Euxyl K220 | 0.06 |
| C组分 | 乙二胺四乙酸二钠 | 0.02 | | | |

注：Euxyl K220是乙基己基甘油、甲基异噻唑啉酮、水混合物。

制备工艺：

① 将A组分，搅拌混合均匀至完全溶解；

② 将B组分先加热至75℃，再降温至38℃以后加入A组分搅拌混合均匀至完全溶解，加入C组分至完全溶解，加入D组分。

#### 5.2.1.2 角质形成细胞生长因子（KGF）

角质形成细胞生长因子（KGF）是1989年从人胚胎肺成纤维细胞的生

长培养液中分离出来的单链多肽，分子量为 26000～28000，由 194 个氨基酸组成。基因序列分析表明 KGF 从属于成纤维细胞生长因子（FGF）家族。

KGF 是一种多功能生长因子，能促进上皮细胞增殖与分化，细胞间质的形成，胶原蛋白和弹性纤维的合成和分泌，使皮肤细嫩、饱满，因此具有消除皱纹的作用。KGF 通常被制成冻干粉与溶剂配合使用，也可作为生物功效剂添加于膏霜中。

配方 5：KGF-2 冻干粉和溶剂

KGF-2 冻干粉

| 组分 | 质量/g | 组分 | 质量/g |
|---|---|---|---|
| rhKGF-2 | 0.2 | 水 | 1000.0 |
| 稳定剂(8mmol/L 的柠檬酸钠) | 60.0 | | |

溶剂

| 组　　分 | 质量分数/% | 组　　分 | 质量分数/% |
|---|---|---|---|
| HA | 0.1 | 乙二胺四乙酸 | 0.2 |
| 卡波树脂 | 0.1 | 双咪唑烷基脲 | 0.4 |
| 尿囊素 | 0.2 | 三乙醇胺 | 2.0 |
| DC-193 | 0.6 | 维生素 E | 0.25 |
| 胶原蛋白 | 1.0 | 去离子水 | 加至 100.0 |
| 聚季铵盐 | 0.5 | | |

注：DC-193 是水溶性硅油。

制备工艺：

① 将 rhKGF-2 和稳定剂加入去离子水中，过滤除菌，无菌分装 1000 瓶，冷冻干燥 20～40h 得 KGF-2 冻干粉；

② 按照溶剂配方混合均匀后分装为 5～10mL 瓶装；

③ 用法：使用时用 1 瓶溶剂溶解 1 支冻干粉，早晚洁面后使用。

### 5.2.1.3 血管内皮生长因子（VEGF）

VEGF 是胱氨酸生长因子超家族中一员，是通过两对链间二硫键共价连接形成的反平行同型二聚体。VEGF 是唯一对血管形成具有特异性的重要生长因子。

老年人皮肤的血管数目减少，尤其是微血管减少显著，导致皮肤营养不足，细胞新陈代谢缓慢，引起代谢物的积累，加速皮肤的老化。VEGF 可有效地提高局部血管通透性，从而为成纤维细胞的增殖及胶原的合成提供充足的营养物质和其他生长因子，进一步促进细胞的分裂、增殖，改善皮肤微循环，使皮肤具有光泽。同时 VEGF 还可有效清除具有代谢障碍的细胞，使细胞中各种有害的代谢产物不容易积累。

配方 6：含 VEGF 植物油护肤乳液

| 组分 | 质量分数/% | 组分 | 质量分数/% |
| --- | --- | --- | --- |
| 红花油体 | 10.0 | 含血管内皮细胞生长因子蛋白的拟南芥油体 | 6.0 |
| 甘油 | 10.0 | 维生素 C | 5.0 |
| 羟乙基纤维素 | 10.0 | 香精 | 0.5 |
| PEG-600 | 3.0 | | |
| 尼泊金甲酯和尼泊金丙酯混合物 | 0.25 | 去离子水 | 加至 100.0 |

制备工艺：将去离子水加入红花油体中混合均匀，依次加入甘油和羟乙基纤维素，偶合剂 PEG-600，搅拌均匀，在均质机高剪切下乳化 20min，搅拌均匀后再加入尼泊金甲酯和尼泊金丙酯混合物、含血管内皮细胞生长因子蛋白的拟南芥油体、维生素 C 和香精，搅拌均匀后得到产品。

#### 5.2.1.4 其他生长因子

除此以外，重组人血小板衍生生长因子（rhPDGF），转移生长因子（TGF）等也作为抗老化组分，应用于皮肤抗老化和肤质调理。

配方 7：复合细胞生长因子护理调理乳霜

| 组　分 | 质量分数/% | 组　分 | 质量分数/% |
| --- | --- | --- | --- |
| rhPDGF | 0.001～0.01 | 亮氨酸 | 0.0～1.0 |
| TGF | 0.0001～0.01 | 硼酸缬氨酸 | 0.0～1.0 |
| HA | 0.1～1.0 | 硼酸丙氨酸 | 0.0～1.0 |
| 卡波姆 | 0.3～1.0 | *N*-乙酰半胱氨酸 | 0.0～1.0 |
| 羧甲基纤维素 | 0.5～1.0 | 丙二醇 | 0.0～0.5 |
| 右旋糖苷 | 1.0～10.0 | 佐恩 | 0.0～0.5 |
| 水溶性胶原蛋白 | 0.5～5.0 | 尼泊金甲酯 | 0.001～0.05 |
| 硼酸 | 0.0～1.0 | 去离子水 | 加至 100.0 |

制备工艺：

① 先将 HA、卡波姆分别用水溶胀分散；

② 各种物料混合均匀即可。

配方 8：活性多肽护肤乳

| 组分 | 质量分数/% | 组分 | 质量分数/% |
| --- | --- | --- | --- |
| 甘油 | 10.0 | 维生素 C | 5 |
| 羟乙基纤维素 | 10.0 | 香精 | 0.5 |
| PEG-600 | 3.0 | 去离子水 | 加至 100.0 |
| 尼泊金甲酯和尼泊金丙酯混合液 | 0.25 | 含有酸性成纤维细胞生长因子蛋白的拟南芥油体 | 4.0 |
| 红花油体 | 10.0 | | |

制备工艺：将羟乙基纤维素溶胀后与各物质混合均匀溶解即可。

## 5.2.2 羊胎素抗皱化妆品

胎盘是哺乳动物妊娠期母体与胎儿进行养分交换的重要组织。羊胎素是从怀孕三个月的母羊胎盘中直接抽取并提炼的一种活性胚胎细胞精华，包括羊胎盘素和羊胚胎素，其主要成分为小分子多肽，是一种纯天然的提取物，含有多种抗体、干扰素、免疫球蛋白，还含有多种激素、多糖、促红细胞生成素及磷脂等，具有提高机体免疫力、抗衰老及抗氧化等作用。

配方 1：抗皱凝胶

| 组分 | | 质量分数/% | 组分 | | 质量分数/% |
|---|---|---|---|---|---|
| A组分 | 二氧化钛胶体(10%的固体) | 2.0 | A组分 | HA | 0.01 |
| | 乙醇 | 12.0 | B组分 | 羊胎素 | 0.5 |
| | 去离子水 | 加至 100.0 | C组分 | 对羟基苯甲酸甲酯 | 0.1 |
| | 甘油 | 8.0 | | | |

制备工艺：

① 将A组分加热到65℃，在此温度下，边搅拌边将B组分徐徐加入A组分中进行乳化；

② 降温至55℃以下加入C组分，50℃以下停止搅拌，冷却静置后进行包装得凝胶。

配方 2：含羊胎盘抗氧化肽护肤乳液

| 组　分 | | 质量分数/% | 组　分 | | 质量分数/% |
|---|---|---|---|---|---|
| A组分 | 去离子水 | 加至 100.0 | B组分 | 聚二甲基硅氧烷 | 2.0 |
| | 乙二胺四乙酸二钠 | 0.1 | | 辛酸/癸酸甘油三酯 | 2.0 |
| | 1,3-丁二醇 | 4.0 | | 乳木果油 | 2.0 |
| | 黄原胶 | 0.3 | C组分 | 羊胎盘抗氧化肽 S12 | 4.0 |
| | HA | 2.0 | | Germall Plus | 0.6 |
| B组分 | 十八醇 | 1.0 | | 香精 | 0.5 |
| | 鳄梨油 | 4.0 | | | |

注：Germall Plus 是双咪唑烷基脲和碘代丙炔基丁基氨基甲酸酯。

制备工艺：

① 按配方表依次称取A组分，在沸水中杀菌15min；

② 按配方称量B组分成分，在沸水中充分溶解15min；

③ 两相溶解充分后，降温至80℃，将B组分缓慢倒入A组分中，4000r/min转速下均质5min，冷却至45℃，加入香精，防腐剂 Germall Plus 和羊胎盘抗氧化肽 S12；

④ 抽真空脱气泡，搅拌冷却，即可出料灌装。

配方 3：含羊胎盘抗氧化肽眼霜

| 组分 | | 质量分数/% | 组分 | | 质量分数/% |
|---|---|---|---|---|---|
| A组分 | 鲸蜡醇磷酸酯钾 | 1.0 | C组分 | 甘油 | 3.0 |
| | 鲸蜡醇棕榈酸酯 | 1.5 | | 去离子水 | 加至 100.0 |
| | 辛基十二醇 | 3.0 | D组分 | 羊胎盘抗氧化肽 S12 | 4.0 |
| | 鲸蜡醇 | 3.0 | | 苯氧乙醇 | 0.5 |
| | $C_{12}$～$C_{15}$醇苯甲酸酯 | 2.5 | | 苯甲酸钠 | 0.3 |
| B组分 | 丙烯酸(酯)类/$C_{10}$～$C_{30}$烷醇丙烯酸酯交联聚合物 | 0.1 | | 山梨酸钾 | 0.2 |

制备工艺：

① 将A组分加热至75℃，低速搅拌缓慢加入B组分；

② 将C组分加热至75℃，边搅拌边缓慢加入到①所得混合物中，5000r/min转速下均质5min；

③ 冷却至40℃，加入D组分；

④ 搅拌下冷却至室温，出料灌装。

配方4：保湿焕颜精华液

| 组分 | | 质量分数/% | 组分 | | 质量分数/% |
|---|---|---|---|---|---|
| A组分 | 羊胎素冻干粉 | 0.65 | A组分 | 苯氧乙醇 | 0.15 |
| | 白术根提取物 | 0.65 | | 透明质酸钠 | 0.09 |
| | 库拉索芦荟提取物 | 0.7 | | 茉莉精油 | 0.06 |
| | 鳕鱼胶原蛋白 | 0.4 | | 去离子水 | 加至 100.0 |
| | 甘油 | 6.0 | B组分 | 海藻酸钠 | 0.4 |
| | PEG-60 氢化蓖麻油 | 0.6 | | 羟丙甲基纤维素 | 0.2 |
| | 尿囊素 | 0.2 | | 去离子水 | 15.0 |
| | 维生素C | 0.2 | | | |

制备工艺：

① 将A组分溶解于去离子水中，加热混合均匀；

② 将B组分与去离子水混合均匀；

③ 将步骤①得到的混合物与步骤②得到的混合物混匀，即得精华液。

### 5.2.3 果酸抗皱化妆品

天然果酸是几种α-羟基酸的混合物，包含12%～17%的乙醇酸、28%～32%的乳酸、2%～6%的柠檬酸、1%的苹果酸和1%的酒石酸。化妆品中常用果酸混合物或者单一组分的α-羟基酸，总体而言复合果酸的效果优于单一组分的α-羟基酸。

果酸在抗衰老方面的表现有：①果酸可使角阮细胞粘连性减弱，促进死亡的角质细胞及时脱落，改善角质层的湿润度，可快速调整皮脂腺的分泌功能；②果酸可促进表皮细胞的生长、加快细胞的更新，能够清除皮肤色斑、早期皱纹，使皮肤光洁富有弹性；③当皮肤有较重的斑块及皱纹时，高浓度的果酸可代替化学剥皮剂（如石炭酸、三氯乙酸等）进行换肤治疗。果酸可深达真皮层、穿透皮脂腺，具有皮肤深度清洁的功效，抑制皮脂分泌，促进皮肤细胞再生，加速皮肤的新陈代谢。

配方 1：美白抗衰老霜

| 组分 | | 质量分数/% | 组分 | | 质量分数/% |
| --- | --- | --- | --- | --- | --- |
| A组分 | 硬脂酸 | 7.0 | B组分 | 聚氧乙烯醚失水山梨糖醇硬脂酸酯 | 3.0 |
| | 棕榈酸异丙酯 | 5.0 | | 去离子水 | 加至 100.0 |
| | 杏仁油 | 4.0 | C组分 | 石榴皮提取物 | 0.5 |
| | 蓖麻油 | 1.0 | | 螺旋藻提取物 | 0.8 |
| | 十六醇 | 2.0 | | 玉米提取物 | 0.6 |
| | 单硬脂酸甘油酯 | 8.0 | | 乳酸 | 1.0 |
| B组分 | 1,3-丁二醇 | 4.0 | | 苹果酸 | 1.0 |
| | 三乙醇胺 | 0.9 | | 对羟基苯甲酸丁酯 | 0.5 |
| | 羟甲基纤维素 | 0.2 | | | |
| | 乙二胺四乙酸二钠 | 0.1 | | | |

制备工艺：

① 将A组中的所有物料加入油相锅中，边搅拌边升温至80℃待所有物料均溶解，保持20min；

② 将B组中的所有物料加入水相锅中，边搅拌边升温80～90℃，保持30min；

③ 将油相锅溶解好的物料缓慢加到水相锅中，搅拌反应30min；降温至40℃，加入C组，保温搅拌30min，缓慢降温至室温，得到美白抗衰老霜。

配方 2：果酸护肤霜

| 组分 | | 质量分数/% | 组分 | | 质量分数/% |
| --- | --- | --- | --- | --- | --- |
| A组分 | 鲸蜡硬脂酸醚-6 | 0.5 | B组分 | 左旋乳酸 | 0.5 |
| | 鲸蜡硬脂酸醚-25 | 0.5 | | 丙二醇 | 5.0 |
| | BHT | 0.05 | | 乙二胺四乙酸二钠 | 0.1 |
| | SEPGEL 305 | 2.5 | | 去离子水 | 加至 100.0 |
| | 角鲨烷 | 4.0 | C组分 | HA | 0.1 |
| | 橄榄油 | 3.0 | | Neolone 950 | 0.05 |
| B组分 | 1,3-丁二醇 | 5.0 | | 香精 | 0.05 |

注：Neolone 950是甲基异噻唑啉酮杀菌剂；SEPGEL 305是聚丙烯酰胺（和）$C_{13}$～$C_{14}$异链烷烃（和）月桂醇醚-7。

制备工艺：分别搅拌溶解A组分和B组分，将A组分加入B组分中，乳化均质，搅拌均匀后加入C组分，即制得护肤霜。

配方 3：果酸护肤液

| 组分 | 质量分数/% | 组分 | 质量分数/% |
| --- | --- | --- | --- |
| D,L-扁桃酸 | 15.0 | 吡咯烷酮羟酸钠 | 0.8 |
| 互叶白千层油 | 10.0 | 卵磷脂 | 8.0 |
| 甘油基椰子油的聚乙二醇酯 | 2.3 | 去离子水 | 加至 100.0 |
| 羊毛脂衍生物 | 1.5 | | |

制备工艺：

① 在去离子水中加入互叶白千层油，采用超声波振荡搅拌 120s；

② 加入甘油基椰子油的聚乙二醇酯、羊毛脂衍生物和吡咯烷酮羟酸钠，随后对所得的混合物以 1000r/min 的转速搅拌 130s；

③ 加入卵磷脂并以 600r/min 的转速搅拌 60s；

④ 加入 D,L-扁桃酸，以 300r/min 的转速搅拌直至充分溶解，即制得护肤液。

## 5.2.4 葡聚糖抗皱化妆品

β-葡聚糖是葡萄糖分子中 C-1、C-2、C-3、C-4 或者 C-6 位通过糖苷键相互连接而形成的多糖，广泛存在于自然界中，最普遍存在的形式是纤维素和淀粉。β-葡聚糖可从燕麦、大麦纤维、啤酒糖酵母及医药用蘑菇菌的细胞壁中获取。

β-葡聚糖具有调节免疫和抗衰老作用。β-葡聚糖是天然的皮肤保护免疫促进剂，其作用于皮肤增强皮肤细胞活性，加强细胞增殖代谢，延缓皮肤衰老，修护皮肤损伤。此外，β-葡聚糖能激活朗氏细胞，从而增强人体免疫系统的功能，被激活的朗氏细胞能分泌一些细胞生长因子，进而促进成纤维细胞的增殖及皮肤组织基质（如胶原蛋白、弹性蛋白、蛋白聚糖）等的合成，使皮肤弹性增加。

配方 1：眼部精华素

| 组分 | | 质量分数/% | 组分 | | 质量分数/% |
|---|---|---|---|---|---|
| A组分 | PEG-20 葡萄糖倍半硬脂酸甲酯 | 0.1 | B组分 | 丙烯酸共聚物 | 0.2 |
| | 乳木果油 | 1.5 | | 去离子水 | 加至 100.0 |
| | 碳酸二辛酯 | 4.0 | C组分 | 三乙醇胺 | 0.15 |
| | 角鲨烷 | 3.0 | D组分 | β-葡聚糖 | 5.0 |
| | 二甲基硅油 | 2.0 | | 多肽 | 1.0 |
| B组分 | 维生素 E | 0.5 | | 小麦蛋白 | 1.5 |
| | 乙二胺四乙酸二钠 | 0.05 | | 防腐剂 | 适量 |
| | 甘油 | 8.0 | | 香精 | 适量 |
| | 丙烯酰二甲甘牛磺酸铵/VP 共聚物 | 0.55 | | | |

制备工艺：

① 将 A 组分中的所有物料加入油相锅中，边搅拌边升温至 80℃待所有物料均溶解；

② 将 B 组分中的所有物料加入水相锅中，边搅拌边升温至 80℃；

③ 将油相锅溶解好的物料缓慢加到水相锅中，搅拌反应 30min；降温至

40℃，加入C组分，保温搅拌30min，加入D组分搅拌均匀，得到眼部精华素。

配方2：燕麦β-葡聚糖润肤霜

| 组　分 | 质量分数/% | 组　分 | 质量分数/% |
|---|---|---|---|
| 燕麦β-葡聚糖 | 0.1 | 去离子水 | 加至100.0 |
| 丙烯酸(酯)类/$C_{10}$～$C_{30}$烷醇丙烯酸酯交联聚合物 | 0.5 | 丙二醇/双(羟甲基)咪唑烷基脲/碘丙炔醇丁基氨甲酸酯(LGP) | 0.5 |
| 氢氧化钠 | 3.0 | 香精 | 0.03 |
| 甘油 | 2.0 | | |

制备工艺：

① 将丙烯酸（酯）类/$C_{10}$～$C_{30}$烷醇丙烯酸酯交联聚合物和燕麦β-葡聚糖加入去离子水中溶解，在80℃水浴恒温器中恒温30min左右；

② 搅拌冷却至65℃，加入氢氧化钠调节pH值至7，继续搅拌冷却至温度为48℃加入防腐剂LGP和香精；

③ 待温度冷却至38℃，停止搅拌，即制得产物。

配方3：眼部抗皱啫喱

| 组　分 | | 质量分数/% | 组　分 | | 质量分数/% |
|---|---|---|---|---|---|
| A组分 | α-甘露聚糖 | 3.0～6.0 | B组分 | 枸杞子提取物 | 0.05～0.1 |
| | 海藻糖 | 1.0～4.0 | | 黄芪总皂苷提取物 | 0.01～0.5 |
| | 燕麦紧肤蛋白 | 3.5～6.5 | | 黄芪多糖提取物 | 0.01～0.5 |
| | 燕麦β-葡聚糖 | 4.0～6.0 | | 去离子水 | 加至100.0 |
| | 自由基清除剂 | 1.0～10.0 | C组分 | 卡波姆U21 | 0.1～1.0 |
| | 甘油 | 2.0～4.5 | | 刺激抑制因子 | 1.0～4.0 |
| | 丁二醇 | 3.0～5.0 | | 抗敏止痒剂 | 1.0～5.0 |
| | 乙二胺四乙酸二钠 | 0.01～0.3 | | 甲基异噻唑啉酮和碘丙炔醇甲基氨甲酸酯混合物 | 0.05～0.5 |
| B组分 | 双PEG-18-甲基醚二甲基硅烷 | 0.3～2.0 | | | |
| | 积雪草苷 | 0.005～0.1 | | | |

制备工艺：

① 将卡波姆U21加入去离子水中浸泡至去离子水表面无白色粉末；

② 将A组分各物质分别过200目筛后，加入步骤①所得混合物中；

③ 将B组分溶解于水中，过200目筛后，加入步骤②所得混合物中，真空混合搅拌加热至80～85℃，保温0.5～1h，冷却至45℃，过200目筛；

④ 将混合物的pH值调至3.5～8.5，真空搅拌，降温至38℃以下，陈化24h以上；

⑤ 将刺激抑制因子、抗敏止痒剂过200目筛后，加入混合物中；

⑥ 并加入甲基异噻唑啉酮和碘丙炔醇甲基氨甲酸酯混合物，即制得产物。

配方4：抗皱保湿霜

| 组　　分 | | 质量分数/% | 组　　分 | | 质量分数/% |
|---|---|---|---|---|---|
| A组分 | 柠檬酸 | 1.7 | C组分 | 2-辛基十二烷醇 | 2.5 |
| | 聚乙二醇 | 26.0 | | 海藻酸丙二醇酯 | 2.5 |
| | 去离子水 | 加至100.0 | | 柠檬酸脂肪酸甘油酯 | 2.9 |
| B组分 | 橙花醇 | 1.0 | | 羟丙基淀粉 | 2.0 |
| | 马油 | 12.5 | D组分 | 龙葵提取物 | 1.7 |
| | 翅果油 | 13.3 | | 海金砂提取物 | 2.2 |
| | β-葡聚糖 | 2.7 | | 钩果草提取物 | 1.5 |

制备工艺：

① 将A组分加入搅拌机中，在52～58℃条件下，以1000r/min的转速搅拌20min；

② 将B组分加入搅拌机中，在65～70℃条件下，以1000r/min的转速搅拌30min；

③ 将步骤②的混合物缓慢加入步骤①所得的混合物中，以800r/min的转速搅拌5min；

④ 加入C组分，以1000r/min的转速搅拌20min；

⑤ 将D组分加入超声波分散机，在45～50℃下，处理120min，即得抗皱保湿霜。

配方5：抗氧化活肤霜

| 组　　分 | | 质量分数/% | 组　　分 | | 质量分数/% |
|---|---|---|---|---|---|
| A组分 | 聚二甲基硅氧烷 | 2.0 | C组分 | 环五聚二甲基硅氧烷 | 3.0 |
| | 石榴籽油 | 0.5 | D组分 | β-葡聚糖透明质酸钠 | 5.0 |
| | 氢化聚异丁烯 | 5.0 | | 透明质酸钠 | 0.2 |
| | 异硬脂醇异硬脂酸酯 | 2.0 | | 葡萄糖酸镁 | 0.2 |
| | 季戊四醇四硬脂酸酯 | 6.0 | | 神经酰胺 | 0.2 |
| | 辛酸/癸酸三甘油酯 | 2.5 | | 维生素C乙基醚 | 0.1 |
| | 16/18醇 | 2.58 | | 谷胱甘肽 | 0.1 |
| | 单硬脂酸甘油酯硬脂酸 | 1.0 | | 硫辛酸 | 0.05 |
| | 聚氧乙烯(40)硬脂酸酯 | 2.5 | | 红景天提取物 | 0.1 |
| | BHT | 0.2 | | 灵芝提取物 | 0.1 |
| B组分 | 甘油 | 5.0 | | 去离子水 | 10 |
| | 丁二醇 | 2.0 | E组分 | 白藜芦醇 | 0.2 |
| | SIMULGEL INS 100 | 2.0 | | 维生素A棕榈酸酯 | 0.1 |
| | 聚氧乙烯(100)硬脂酸酯 | 2.0 | | 维生素E乙酸酯 | 0.5 |
| | 吐温-60 | 1.0 | | 辅酶$Q_{10}$ | 0.05 |
| | 乙二胺四乙酸二钠 | 0.05 | | PCG | 1.0 |
| | 去离子水 | 加至100 | | | |
| C组分 | 聚二甲基硅氧烷及$C_{10}$～$C_{18}$烷基聚二甲基硅氧烷交联聚合物 | 2.0 | | | |

注：PCG是2-辛二醇和2-苯氧基乙醇的混合物；SIMULGEL INS 100是丙烯酸羟乙酯/丙烯酰二甲基牛磺酸钠共聚物。

制备工艺：

① 将 A 组分和 B 组分分别置于 80℃水浴锅中搅拌 30min，使固状物溶解，然后边搅拌边把 B 组分加入 A 组分中；

② 快速搅拌 30min 后降温，冷却至 45℃时将 C 组分、D 组分和 E 组分加入其中并搅拌至均匀，温度降至 35℃时停止搅拌，出料；

③ 降温时再加入适量的去离子水。

### 5.2.5 胶原蛋白抗皱化妆品

胶原蛋白是一种天然蛋白质，存在于动物的皮肤、骨、软骨、牙齿、肌腱韧带和血管中，是结缔组织中非常重要的结构蛋白质，起着支撑器官、保护机体的作用。胶原蛋白的分子量约为 300000，其结构中含有 4-羟脯氨酸，在其立体结构中形成氢键及氧桥，使结构相对牢固和富有弹性。胶原蛋白占人体总蛋白含量 30%以上，皮肤中的胶原蛋白含量高达 85%。胶原蛋白的存在与皮肤健康程度、保水性及弹性等有密切的关系。因此，胶原蛋白常作为功能性基础材料添加于化妆品中。化妆品中胶原蛋白的主要功效有：

① 提供营养。化妆品中添加一定量的胶原蛋白能够补充部分人体需要的氨基酸，使皮肤自身的胶原蛋白活性加强，减少自身胶原蛋白的流失，维持角质层水分含量和纤维结构的完整性，改善皮肤细胞生存环境，同时促进新陈代谢，达到滋润皮肤、延缓衰老的作用。

② 修复组织。胶原蛋白和组织具有良好的亲和性，能够修复受损的皮肤组织。

③ 保湿性能。由于胶原蛋白中含有亲水基（羧基、氨基等），因此它也具有保湿功效。

④ 配伍性能。胶原蛋白具有自身固定的等电点，在化妆品中使用能够调节和稳定 pH 值，并具有稳定泡沫和乳液的作用。

配方 1：含龟皮胶原润肤乳

| 组分 | | 质量分数/% | 组分 | | 质量分数/% |
|---|---|---|---|---|---|
| A 组分 | 石蜡 | 5.0 | A 组分 | $K_{12}$ | 0.2 |
| | 硬脂酸 | 0.6 | B 组分 | 甘油 | 2.0 |
| | 白油 | 10.0 | | 尼泊金甲酯 | 0.15 |
| | 蜂蜡 | 5.0 | | 香精 | 0.2 |
| | 凡士林 | 10.0 | | 去离子水 | 加至 100.0 |
| | 羊毛脂 | 10.0 | C 组分 | 维生素 A | 2.0 |
| | 高级脂肪醇 | 5.0 | | 维生素 C | 3.0 |
| | 硬脂酸单甘酯 | 3.0 | | 维生素 E | 2.0 |
| | 肉豆蔻酸异丙酯 | 2.0 | | 龟皮胶原 | 5.0 |

制备工艺：

① 将A组分加入油相锅中，混匀后，搅拌下加热至70～75℃，充分溶解均匀、待用；

② 先将30%～50%的去离子水加入水相锅中，水溶性成分甘油加入其中，搅拌下加热至90～100℃，维持20min灭菌，待用（即为B组分）；

③ 先将部分B组分加入A组分中，进行均质乳化搅拌得浓缩乳化体，再加入剩余部分，同时加入去离子水进行稀释，完成乳化体的稀释；

④ 乳液的温度下降至50～60℃加入尼泊金甲酯和香精；

⑤ 温度降至40℃加入C组分，进一步搅匀降温，即制得产物。

配方2：抗衰老精华液

| 组分 | | 质量分数/% | 组分 | | 质量分数/% |
|---|---|---|---|---|---|
| A组分 | 透明质酸钠 | 0.01～0.05 | B组分 | 水解胶原蛋白 | 0.5～3.0 |
| | 丙二醇 | 3.0～6.0 | | 可溶性胶原蛋白 | 1.0～3.0 |
| | 甘油 | 3.0～6.0 | | 缺端胶原蛋白 | 0.1～0.5 |
| | 褐藻提取物 | 0.5～2.0 | C组分 | 香精 | 0.01～0.03 |
| | 乙二胺四乙酸二钠 | 0.01～0.05 | | 辛甘醇 | 0.1～1.0 |
| | 去离子水 | 加至100.0 | | 增溶剂 | 0.01～0.1 |
| B组分 | 丁二醇 | 0.5～3.0 | | | |

制备工艺：

① 将透明质酸钠用丙二醇润湿，加入乳化锅中，搅拌，然后加入甘油、褐藻提取物、乙二胺四乙酸二钠、去离子水，升温至75～85℃，保温；

② 将温度降至40～55℃，向乳化锅中加入B组分原料，混合均匀；

③ 将C组分混合均匀，加入乳化锅中，搅匀，即得抗衰老精华液。

配方3：胶原肽保湿霜

| 组分 | | 质量分数/% | 组分 | | 质量分数/% |
|---|---|---|---|---|---|
| A组分 | 去离子水 | 加至100.0 | B组分 | 单硬脂酸甘油酯 | 3.0 |
| | 三乙醇胺 | 1.0 | | 硬脂酸 | 2.0 |
| | 对羟基苯甲酸甲酯 | 0.2 | C组分 | 胶原肽(分子量<1000) | 2.0 |
| B组分 | 羊毛脂 | 8.0 | | 香精 | 0.5 |
| | 十六醇 | 3.0 | | | |

制备工艺：

① 将A组分、B组分原料分别混合搅拌，加热至75℃溶解，在乳化器中充分乳化；

② 温度降至45℃时，加入C组分，搅拌均匀，冷却获得胶原肽保湿霜。

配方4：鱼皮胶原水洗面膜

| 组　　分 | | 质量分数/% | 组　　分 | | 质量分数/% |
|---|---|---|---|---|---|
| A组分 | 羟甲基纤维素 | 1.0～2.5 | C组分 | 葡萄籽提取物 | 0.24 |
| | 聚乙二醇(1500) | 3.6～5.6 | D组分 | BHT | 0.1 |
| | 海藻酸钠 | 0.5～2.0 | | 防腐剂 | 1.0 |
| B组分 | 鱼皮胶原多肽 | 3.7 | | 香精 | 适量 |
| | 海藻糖 | 6.5 | | 去离子水 | 加至100.0 |
| | 甘油 | 5.0 | | | |

制备工艺：

① 将A组分置于容器中，加入适量去离子水，加热至80℃，搅拌使其充分吸水溶胀；

② 将B组分用适量去离子水溶解后加至步骤①所得物中，保持80℃，搅拌均匀；

③ 将C组分用适量去离子水溶解，加至冷却到50℃的步骤②所得物中，搅拌均匀；

④ 将D组分中的抗氧剂BHT、防腐剂和香精，加至步骤③所得物中，搅拌均匀即得鱼皮胶原水洗面膜。

## 5.2.6 草药提取物

草药用于抗老化的作用机理主要有：①调节免疫功能，草药成分能够增强吞噬细胞功能，刺激T细胞生成，促进干扰素合成等，从而调节免疫功能，延缓衰老；②调节物质代谢作用，一些草药能增强酶活力因此具有抗衰老的作用，如人参皂苷、麦冬总皂苷、蒺藜总皂苷、刺五加苷、黄芪皂苷、绞股蓝皂苷等；③调节分泌功能；④抗脂质过氧化、消灭自由基；⑤钙通道的调节；⑥调整中枢神经系统功能；⑦延缓细胞衰老等。

配方1：抗皱凝露

| 组　　分 | | 质量分数/% | 组　　分 | | 质量分数/% |
|---|---|---|---|---|---|
| A组分 | 去离子水 | 加至100 | A组分 | Gatuline Expression 提取物 | 5.0 |
| | 甘油 | 4.0 | B组分 | Liquid Germall Plus 防腐剂 | 0.5 |
| | 卡波姆940 | 0.6 | | 香精 | 0.2 |
| | 10%氢氧化钠溶液 | 1.2 | | | |

注：Liquid Germall Plus是双咪唑烷基脲（和）碘代丙炔基

制备工艺：

① 将A组分、B组分原料分别混合搅拌，加热至80℃溶解；

② 将B组分加入A组分中，进行均质乳化，即制得抗皱凝露。

配方2：葡萄籽润肤霜

| 组分 | | 质量分数/% | 组分 | | 质量分数/% |
|---|---|---|---|---|---|
| A组分 | 葡萄籽油 | 10 | B组分 | 去离子水 | 加至100.0 |
| | 凡士林 | 3.0 | | 三乙醇胺 | 3.0 |
| | 无水羊毛脂 | 3.0 | | 聚乙二醇(20)-鲸蜡硬脂醇醚 | 2.0 |
| | 十六醇 | 3.0 | | 聚氧乙烯氢化蓖麻油 | 3.0 |
| | 十八醇 | 3.0 | C组分 | 维生素E | 1.5 |
| | 单硬脂酸甘油酯 | 4.0 | | 香精 | 适量 |
| B组分 | 甘油 | 6.0 | | 防腐剂 | 适量 |

制备工艺：

① 将A组分混合，加热至75℃溶解后待用；

② 将B组分混合，加热至75℃溶解后待用；

③ 将A组分在搅拌下缓慢加入B组分中，乳化35min，搅拌速度1000r/min，即制得葡萄籽润肤霜。

配方3：人参抗衰老霜

| 组分 | | 质量分数/% | 组分 | | 质量分数/% |
|---|---|---|---|---|---|
| A组分 | 硅油 | 1.0 | B组分 | 丙三醇 | 5.5 |
| | 橄榄油 | 2.0 | | GD-9022乳化剂 | 1.5 |
| | 十八醇 | 1.0 | C组分 | 黏合剂 | 1.5 |
| | 白油 | 1.5 | | 香精 | 0.001 |
| | 凡士林 | 1.5 | | 防腐剂 | 1.5 |
| | 单甘酯 | 1.5 | D组分 | 红参提取物 | 4.5 |
| B组分 | 去离子水 | 加至100.0 | | | |

制备工艺：

① 将A组分、B组分和C组分分别加热溶解；

② 将A组分和B组分温度都升至80℃，将B组分倒入A组分中并开始搅拌，搅拌过程中降温，直至温度降到40℃以下；

③ 待温度降至40℃以下，将其转移至匀浆机中进行搅拌，同时加入黏合剂、防腐剂、香精和红参提取物，搅拌30min后取出，抽滤脱气；

④ 脱气完成后在无菌条件下灌装霜剂。

配方4：人参营养水

| 组分 | 质量分数/% | 组分 | 质量分数/% |
|---|---|---|---|
| 去离子水 | 加至100.0 | 复合抗菌剂 | 0.001 |
| 甘油 | 2.0 | 柠檬酸 | 0.1 |
| 氢化植物油 | 0.5 | 柠檬酸钠 | 0.1 |
| 乙醇 | 3.0 | 香茅醇 | 0.001 |
| HA | 0.01 | 红参提取物 | 0.5 |

制备工艺：将灭菌的各原料进行混合，即得人参营养水。

配方5：月季花抗衰老润肤霜

| 组分 | | 质量分数/% | 组分 | | 质量分数/% |
|---|---|---|---|---|---|
| A组分 | 16/18 醇 | 4.0 | B组分 | 丙烯酰二甲基牛磺酸铵/VP 共聚物 AVC | 0.7 |
| | 甲基葡糖倍半硬脂酸酯 | 1.0 | | 去离子水 | 加至 100.0 |
| | 维生素 E | 2.0 | C组分 | 香精 | 适量 |
| | 辛酸/癸酸甘油三酯 | 6.0 | | 防腐剂 | 适量 |
| | 橄榄油 | 4.0 | | 月季花提取物 | 1.0 |
| B组分 | 甘油 | 6.0 | | | |
| | 1,3-丁二醇 | 3.0 | | | |
| | PEG-20-甲基葡糖倍半硬脂酸酯(SSE-20) | 1.0 | | | |

制备工艺：

① 将 A 组分、B 组分加热至 80℃溶解；

② 将 A 组分倒入 B 组分中并在 60r/min 条件下搅拌，乳化时间为 15min，搅拌过程中降温，直至温度降到 40℃以下；

③ 加入 C 组分，搅拌 30min 后取出，无菌条件下灌装霜剂。

## 5.2.7 其他类型的抗衰老化妆品

### 5.2.7.1 超氧化物歧化酶（SOD）

SOD 最早是由 Keilin 从牛血中分离得到的一种含 Cu 的血铜蛋白。超氧阴离子是生物体内主要的自由基，在多数情况下对机体有害，是导致衰老的原因之一。SOD 是一类重要的氧自由基清除酶，它能催化超氧化物阴离子发生歧化反应，从而消除超氧阴离子而起到抗衰老作用。

配方 1：SOD 抗衰老化妆水

| 组分 | 质量分数/% | 组分 | 质量分数/% |
|---|---|---|---|
| SOD 提取物 | 47.8 | 香精 | 0.1 |
| HA 提取物 | 43.0 | 防腐剂 | 0.1 |
| 甘油 | 9.0 | | |

制备工艺：混合均匀即可得产品。

配方 2：SOD 皮肤抗衰霜

| 组分 | | 质量分数/% | 组分 | | 质量分数/% |
|---|---|---|---|---|---|
| A组分 | HA | 42.5 | B组分 | 氮酮 | 0.2 |
| | 甘油 | 8.0 | C组分 | SOD 提取液 | 35.5 |
| B组分 | 表面活性剂 | 5.5 | | 香精 | 0.2 |
| | 凡士林 | 4.0 | | 防腐剂 | 0.1 |
| | 添加剂 | 4.0 | | | |

制备工艺：

① 将 A 组分和 B 组分别加热到 80℃，在搅拌下将 A 组分加至 B 组分中，搅拌均匀后，停止加热；

② 冷却到 65℃以下，加入 SOD 提取液、香精及防腐剂，搅拌均匀即得霜剂。

### 5.2.7.2 辅酶 $Q_{10}$

辅酶 $Q_{10}$是体内具有重要作用的辅酶之一，又称泛醌，是存在于多种生物体内的天然的脂溶性类维生素物质。它可单独使用或与维生素 E 结合使用，是一种很强的细胞自身合成的抗氧化剂。辅酶 $Q_{10}$可促进皮肤的上皮细胞呼吸链电子传递及产生 ATP，清除自由基，抑制皮肤脂质过氧化从而延缓皮肤的衰老。辅酶 $Q_{10}$滋养及活化皮肤的效果优于维生素 E、维生素 B。随着年龄的增加，体内辅酶 $Q_{10}$的减少会导致皮肤衰老，形成色斑与皱纹，因此越来越多的化妆品中开始添加辅酶 $Q_{10}$，尤其是眼部抗衰老化妆品。

配方 3：辅酶 $Q_{10}$凝胶剂

| 组　分 | 质量分数/% | 组　分 | 质量分数/% |
| --- | --- | --- | --- |
| 羟丙基纤维素 | 10.0 | 乙醇 | 5.0 |
| 丙二醇 | 10.0 | 羟苯乙酯 | 0.4 |
| 去离子水 | 加至 100.0 | BHT | 0.4 |
| 辅酶 $Q_{10}$ 纳米结构脂质载体水分散液 | 按比率与基质混合 | | |

制备工艺：

① 称取丙二醇、去离子水，搅拌混合均匀，60℃加热；

② 加入羟丙基纤维素，搅拌后放置直至气泡消失；

③ 将羟苯乙酯、BHT 溶解于无水乙醇中，制得凝胶基质；

④ 将辅酶 $Q_{10}$ 纳米结构脂质载体水分散液（辅酶 $Q_{10}$ 含量为 5%）以 1∶1 的比例与凝胶基质混合，搅拌均匀即得产物。

配方 4：含辅酶 $Q_{10}$精华乳

| 组　分 | | 质量分数/% | 组　分 | | 质量分数/% |
| --- | --- | --- | --- | --- | --- |
| A 组分 | 辅酶 $Q_{10}$ | 0.2 | B 组分 | 丙二醇 | 2.0 |
| | 十六醇 | 1.0 | | 甘草提取液 | 1.0 |
| | 白凡士林 | 1.0 | | 黄芩提取液 | 0.5 |
| | 单硬脂酸甘油酯 | 2.0 | | 去离子水 | 加至 100.0 |
| | 吐温-80 | 0.8 | C 组分 | 丁香精油 | 0.08 |
| B 组分 | 人参皂苷 | 0.1 | | 茉莉精油 | 0.16 |
| | 甘油 | 2.0 | | 玫瑰精油 | 0.04 |

制备工艺：

① 将 A 组分和 B 组分在 75℃分别单独加热；

② 待两相充分溶解后，将 A 组分缓慢加入 B 组分当中，并迅速搅拌直至均匀；

③ 当温度降至 50℃左右时，将 C 组分精油加入其中，并迅速搅拌至均匀即

得乳剂。

### 5.2.7.3 活性短肽

多肽是$\alpha$-氨基酸以肽键连接在一起形成的化合物，它也是蛋白质水解的中间产物，是化妆品中较为常见的营养型添加剂。较为常见的有肌肽、谷胱甘肽、棕榈酸三肽-5、乙酰四胜肽-5、五胜肽-3、棕榈酸五胜肽-3、六胜肽、七胜肽。这些有效成分的添加能够阻止人体纤维原细胞的生长，修复已经老化的人体细胞，促进胶原蛋白及氨基葡萄糖的合成，增加肌肤的紧实度，强化结缔组织，增强细胞活性。

配方5：抗皱保湿化妆品

| 组 分 | 质量分数/% | 组 分 | 质量分数/% |
|---|---|---|---|
| 抗皱保湿因子 | 30.0 | 红景天萃取物 | 4.0 |
| 维生素C衍生物 | 1.0 | 甘油 | 2.0 |
| 扶桑花萃取物 | 2.0 | 玫瑰油 | 1.0 |
| 蓝藻 | 1.0 | 去离子水 | 加至100.0 |

注：抗皱保湿因子由20%三肽-3、15%四肽-4、25%五肽-3、30%六肽-11和10%神经酰胺1组成。

制备工艺：混合均匀即可。

配方6：抗衰老复合物

| 组 分 | 质量分数/% | 组 分 | 质量分数/% |
|---|---|---|---|
| 二肽二氨基丁酰苄基酰胺二乙酸盐 | 20.0～30.0 | 六肽-11 | 5.0～10.0 |
| 棕榈酸三肽-5 | 10.0～30.0 | 七肽-6 | 5.0～10.0 |
| 棕榈酸四肽-7 | 5.0～10.0 | 乙酰基八肽 | 20.0～30.0 |
| 五肽-3 | 5.0～10.0 | | |

制备工艺：混合均匀即可。

配方7：抗皱凝胶

| 组 分 | 质量分数/% | 组 分 | 质量分数/% |
|---|---|---|---|
| 水解胶原蛋白粉 | 0.2 | 棕榈酰五肽 | 1.0 |
| 甘油 | 14.0 | 肌肽 | 0.2 |
| 去离子 | 加至100.0 | 三乙醇胺 | 0.25 |
| HA | 0.5 | 防腐剂 | 0.1 |
| EGF | 0.0000005 | 卡波姆 | 0.5 |
| 丝肽粉 | 0.6 | | |

制备工艺：

① 将卡波姆、HA与甘油、去离子水混合，搅拌使其溶解；

② 将水解胶原蛋白粉、丝肽粉、棕榈酰五肽、肌肽、防腐剂分别加入上述溶液中搅拌均匀，然后加入EGF搅拌均匀；

③ 三乙醇胺用水溶解成10%溶液；

④ 将所配制的三乙醇胺溶液加入步骤②所得的溶液中，边加边搅拌，搅拌

均匀后即得透明凝胶基质；

⑤ 调节 pH 值到 6.8～7.5 之间；

⑥ 将上述凝胶进行检验，合格后，再进行灌装即得肌肤凝胶护肤品。

配方 8：化妆水

| 组　分 | 质量分数/% | 组　分 | 质量分数/% |
| --- | --- | --- | --- |
| 水解胶原蛋白粉 | 0.5 | 棕榈酰五肽 | 0.5 |
| 甘油 | 6.0 | 肌肽 | 0.21 |
| 去离子水 | 加至 100.0 | 乙二胺四乙酸二钠 | 0.1 |
| 透明质酸钠 | 0.02 | 杰马防腐剂 | 0.1 |
| EGF | 0.0000008 | 氨甲基丙醇 | 0.1 |
| 丝肽粉 | 0.6 | | |

制备工艺：

① 将乙二胺四乙酸二钠、透明质酸钠与甘油、去离子水混合，搅拌使其溶解；

② 将水解胶原蛋白粉、丝肽粉、棕榈酰五肽、肌肽、杰马防腐剂分别加入上述溶液中搅拌均匀；

③ 然后加入 EGF 搅拌均匀；

④ 加入氨甲基丙醇搅拌均匀，调节 pH 值到 6.8～7.5；

⑤ 将上述化妆水过 200 目滤布后，进行检验，合格后，再进行灌装即得肌肤凝胶护肤品。

配方 9：营养霜

| 组　分 | | 质量分数/% | 组　分 | | 质量分数/% |
| --- | --- | --- | --- | --- | --- |
| A 组分 | PEG-100 硬脂酸酯 | 2.0 | B 组分 | 甘油 | 5.0 |
| | 单甘油酯 | 2.0 | | 汉生胶 | 0.3 |
| | PEG-8 蜂蜡 | 2.5 | | 丁二醇 | 5.0 |
| | 聚二甲基硅氧烷 | 2.0 | C 组分 | EGF | 0.0000015 |
| | 角鲨烷 | 8.0 | | 丝肽粉 | 0.8 |
| | 棕榈酸异丙酯 | 6.0 | | 水解胶原蛋白粉 | 1.5 |
| | 16/18 醇 | 1.5 | | 透明质酸钠 | 0.2 |
| | 白矿油 | 7.0 | | 棕榈酰五肽 | 2.0 |
| | 尼泊金甲酯 | 0.2 | | 肌肽 | 0.4 |
| | 尼泊金丙酯 | 0.1 | | 去离子水 | 1.0 |
| B 组分 | 去离子水 | 加至 100.0 | D 组分 | 杰马防腐剂 | 0.1 |
| | 乙二胺四乙酸二钠 | 0.1 | | 香精 | 0.1 |

制备工艺：将 B 组分中的汉生胶分散均匀，溶解后，再将 A 组分和 B 组分原料分别加热到 80℃，在此温度下，边搅拌边将 B 组分徐徐加入 A 组分中进行乳化，温度降到 40℃，加入 C 组分，搅拌均匀后，35℃时成白色细腻均匀的膏体后，进行检查，合格后，进行包装即得营养霜。

# 6 防晒化妆品

防晒化妆品是一类用于防止或减弱紫外线对皮肤伤害的化妆品，其配方中添加一定量的防晒剂，因而具有一定的防晒功能。

## 6.1 紫外线与皮肤损伤

从生理学和心理学角度看，阳光中的紫外线对人体健康是有益的。适度的阳光照射不仅可以加快血液循环，帮助合成维生素D以促进钙离子的吸收，而且能使人心情平静。此外，紫外线还可以用于皮肤病的治疗。但是，过度的紫外线辐射也会引起多种皮肤损害，如日晒伤、皮肤黑化、皮肤光老化、皮肤光敏感甚至引起皮肤癌等病变。

### 6.1.1 紫外线的基本特征

紫外线通常用UV表示，指太阳光线中波长为100～400nm的射线，是太阳光中波长最短的一部分。根据不同的生物学效应，紫外线可分为三个波段：长波紫外线（UVA），波长为320～400nm；中波紫外线（UVB），波长为280～320nm；短波紫外线（UVC），波长为100～280nm。

其中，UVC具有较强的生物破坏作用，可用于环境消毒，但阳光中的UVC被臭氧层吸收，不会对皮肤造成损伤，因此能辐射到地面的只有UVA和UVB。UVA位于可见光蓝紫色区以外，渗透力极强，可穿透真皮层，使皮肤晒黑，导致脂质和胶原蛋白受损，引起皮肤光老化甚至皮肤癌，其作用缓慢持久，具有不可逆的累积性，且不受窗户、遮阳伞等的阻挡，又称“黑光区”；UVB对皮肤作用能力最强，可到达真皮层，使皮肤晒伤，会引起脱皮、红斑、晒黑等现象，但可被玻璃、遮阳伞、衣服等阻隔，又称“红斑区”。

综上所述，UVA 主要引起长期、慢性的皮肤损伤；UVB 则引起即时、严重的皮肤损伤。因此，UVB 是造成紫外线晒伤的主要波段，也是防晒化妆品主要需要抵御的紫外线波段。

### 6.1.2 紫外线对皮肤的生物损伤

（1）皮肤日晒红斑　皮肤日晒红斑即日晒伤，又称日光灼伤、紫外线红斑等，是紫外线照射后在局部引起的一种急性光毒性反应。临床上表现为肉眼可见、边界清晰的斑疹，颜色可为淡红色、鲜红色或深红色，有程度不一的水肿，严重者出现水疱。

① 紫外线红斑的分类。根据紫外线照射后红斑出现的时间可分为即时性红斑和延迟性红斑。即时性红斑是当大剂量紫外线照射时，于照射期间或数分钟内出现微弱的红斑反应，数小时内可消退；延迟性红斑是紫外辐射引起皮肤红斑反应的主要类型，通常在紫外线照射后经过 4～6h 的潜伏期，受照射部位开始出现红斑反应，并逐渐增强，于照射后 16～24h 达到高峰。延迟性红斑可持续数日，然后逐渐消退，出现脱屑及继发性色素沉着。

② 紫外线红斑的发生机制。目前研究认为红斑的发生机制有：体液因素，紫外辐射可在皮肤黏膜引起一系列的光化学和光生物学效应，使组织细胞出现功能障碍或造成其结构损伤；神经因素，紫外线红斑反应也受神经因素的多重调节。

③ 紫外线红斑的影响因素

a. 紫外线照射剂量。在特定条件下，人体皮肤接受紫外线照射后出现肉眼可辨的最弱红斑需要一定的照射剂量或照射时间，即皮肤红斑阈值，通常称为最小红斑量（MED）。

b. 紫外线波长。人体皮肤被各种波长的紫外线照射可出现不同程度的红斑效应。波长为 297nm 的 UVB 红斑效应最强，通常将 UVB 称为红斑光谱。

c. 皮肤的光生物学类型。皮肤对紫外线照射的反应性。

d. 不同照射部位。人体不同部位皮肤对紫外线照射的敏感性存在着差异。一般而言，躯干皮肤敏感性高于四肢，上肢皮肤敏感性高于下肢，肢体屈侧皮肤敏感性则高于伸侧，头面颈部及手足部位对紫外线最不敏感。

e. 肤色深浅。一般来说，肤色深者对紫外线的敏感性较低。肤色加深是一种对紫外线照射的防御性反应，经常日晒不仅可使肤色变黑以吸收紫外线，也可以形成对紫外辐射的耐受性，使皮肤对紫外线的敏感性降低。

f. 生理和病理因素。众多的生理和病理因素可影响皮肤对紫外辐射的敏感性，从而影响紫外线红斑的形成，如年龄、性别等。此外，多种系统性疾病和皮肤病变可明显影响皮肤对紫外线照射的敏感性。

（2）皮肤日晒黑化　皮肤日晒黑化又称日晒黑，指紫外线照射后引起的皮肤黑化作用。经紫外线照射，皮肤或黏膜出现黑化或色素沉着，是人体皮肤对紫外线辐射的反应。

① 皮肤日晒黑化的分类。根据反应的时间差异分为即时性黑化、持续性黑化和延迟性黑化。

a. 即时性黑化指照射后立即发生或照射过程中发生的一种色素沉着。通常表现为灰黑色，限于照射部位，色素消退快，一般可持续数分钟至数小时不等。

b. 持续性黑化指随着紫外线照射剂量的增加，色素沉着可持续数小时至数天，可与延迟性红斑反应重叠发生，一般表现为暂时性灰黑色或深棕色。

c. 延迟性黑化指照射后数天内发生，色素可持续数天至数月不等。延迟性黑化常伴发于皮肤经紫外辐射后出现的延迟性红斑。

② 皮肤日晒黑化的反应机制。即时性黑化的发生机制是紫外线辐射引起黑色素前体氧化的结果。持续性黑化或延迟性黑化则涉及黑色素细胞增殖、合成黑素体功能变化以及黑素体在角质形成细胞内的重新分布等一系列复杂的光生物学过程。

③ 皮肤日晒黑化的影响因素

a. 照射强度和剂量。在特定条件下，人体皮肤接受紫外线照射后出现肉眼可辨的最弱黑化或色素沉着需要一定的照射剂量或照射时间，即皮肤黑化阈值，又称为最小黑化量（MPD）。

b. 紫外线波长。UVC 中 254nm 波段致色素沉着效应最强，UVB 中 297nm 波段黑化效应最强，而 UVA 中 320～340nm 的黑化效应较强。

c. 皮肤的光生物学类型。UVA 诱导皮肤发生黑化的过程表现出更大的个体差异。

### 6.1.3 防晒化妆品的种类

目前，防晒化妆品种类主要有防晒霜、防晒乳、防晒喷雾和防晒粉底等。涉及的剂型主要是乳液、膏霜、油、水剂等。

① 防晒油。防晒油是最早的防晒制品剂型。许多植物油对皮肤有保护作用，而有些防晒剂又是油溶性的，将防晒剂溶解于植物油中制成防晒油。其优点是制备工艺简单，防水性较好，易涂展；缺点是造成皮肤油腻感，易粘灰，不透气，油膜较薄且不连续，难以达到较高的防晒效果。

② 防晒液。为了避免防晒油在皮肤上的油腻感，通常用酒精溶解防晒剂制成防晒液。这类产品中加有甘油、山梨醇等保湿剂，可在皮肤表面形成保护膜，但防晒液易被冲洗。

③ 膏霜和乳液。防晒乳液和防晒霜能保持一定油润性，使用方便，是比较

受欢迎的防晒制品，通常有 O/W 型和 W/O 型。目前市场上的防晒制品以防晒乳液为主，在奶液、雪花膏、香脂的基础上加入防晒剂即可，为了取得显著效果，可采用两种或两种以上的防晒剂复配使用。其优点是防晒剂的配伍性强，可得到更高防晒指数（SPF）值的产品，易于涂展且不油腻，具有防水效果。其缺点是乳液基质适于微生物的生长，易变质。

### 6.1.4 防晒效果的标识

国际上通常用防晒指数（SPF）来评价防晒制品防护 UVB 的效率，用 UVA 防护指标（PFA）值评价防护 UVA 的效率。

SPF 指在涂有防晒剂防护的皮肤上产生最小红斑所需能量与未加防护的皮肤上产生相同程度红斑所需能量之比。SPF 的高低从客观上反映了防晒产品紫外线防护能力的大小。美国 FDA（食品和药物管理局）规定：最低防晒品的 SPF 值为 2～6，中等防晒品的 SPF 值为 6～8，高度防晒品的 SPF 值为 8～12，SPF 值在 12～20 之间的产品为高强度防晒产品，超高强度防晒产品的 SPF 值为 20～30。皮肤病专家认为，一般情况下，使用 SPF 值为 15 的防晒制品就足够了。

防晒效果是防晒化妆品必须标识的参数，最新的《防晒化妆品防晒效果标识管理要求》规定了防晒标识可以分为以下两种：

（1）防晒指数（SPF）标识　SPF 的标识应当以产品实际测定的 SPF 值为依据。当产品的实测 SPF 值小于 2 时，不得标识防晒效果；当产品的实测 SPF 值在 2～50（包括 2 和 50）时，应当标识实测 SPF 值；当产品的实测 SPF 值大于 50 时，应当标识为 SPF50＋。

防晒化妆品未经防水性能测定，或产品防水性能测定结果显示洗浴后 SPF 值减少超过 50％的，不得宣称具有防水效果。宣称具有防水效果的防晒化妆品，可同时标注洗浴前及洗浴后 SPF 值，或只标注洗浴后的 SPF 值，不得只标注洗浴前的 SPF 值。

（2）UVA 防护效果标识　当防晒化妆品临界波长（CW）大于等于 370nm 时，可标识广谱防晒效果。UVA 防护效果的标识应当以 PFA 值的实际测定结果为依据，在产品标签上标识 UVA 防护等级 PA。

当 PFA 值小于 2 时，不得标识 UVA 防护效果；当 PFA 值为 2～3 时，标识为 PA＋；当 PFA 值为 4～7 时，标识为 PA＋＋；当 PFA 值为 8～15 时，标识为 PA＋＋＋；当 PFA 值大于等于 16 时，标识为 PA＋＋＋＋。

### 6.1.5 防晒剂分类

化妆品中的防晒剂是能够保护皮肤免受紫外线伤害的物质，按其作用机制差异分为化学防晒剂、物理防晒剂、生物防晒剂三大类。

(1) 化学性防晒剂的作用机制　化学防晒剂又称紫外线吸收剂。这类物质能够吸收紫外线的能量，并以热能或无害的可见光效应释放，从而保护人体皮肤免受紫外线的伤害。化学防晒剂的结构中多具有酚羟基或邻位羰基，这两种基团之间可以氢键的形式形成环状结构。当吸收紫外线后，分子会发生热振动，氢键断裂开环，形成不稳定的离子型高能状态。高能状态向稳定的初始状态跃迁，释放能量，氢键再次形成，恢复初始结构。此外，羰基被激发后可发生互变异构生成烯醇式结构，也可消耗一部分能量。

(2) 物理性防晒剂的作用机制　物理性防晒剂不具备紫外线吸收效应，主要是通过反射和散射作用减少紫外线与皮肤的接触，从而防止紫外线对皮肤的侵害，因此又被称为紫外线散射剂。

物理性防晒剂主要是无机粒子，其典型代表有二氧化钛、氧化锌。二氧化钛和氧化锌的紫外线屏蔽机理可用固体能带理论解释，属于宽禁带半导体。金红石型 $TiO_2$ 的禁带宽度为 310eV，ZnO 的禁带宽度为 312eV，分别对应屏蔽 413nm 和 388nm 的紫外线。当受到高能紫外线的照射时，价带上的电子可吸收紫外线而被激发到导带上，同时产生空穴-电子对，所以它们具有屏蔽紫外线的功能。另外它们还有很强的散射紫外线的能力，当紫外线照射到纳米级别的 $TiO_2$ 和 ZnO 粒子上，由于它们的粒径小于紫外线的波长，粒子中的电子被迫振动，形成二次波源，向各个方向发射电磁波，从而达到散射紫外线的作用。

(3) 生物防晒剂的作用机制　紫外辐射是一种氧化应激过程，通过产生氧自由基来造成一系列组织损伤，生物防晒剂通过清除或减少氧活性基团中间产物阻断或减缓组织损伤或促进晒后修复。因此，生物防晒剂其本身不具备对紫外线的吸收能力，主要起间接防晒效果。

我国 2015 年《化妆品安全技术规范》中规定，化妆品中准用的防晒剂有 27 种，其中化学防晒剂为 25 种，物理防晒剂为 2 种，未对生物防晒剂进行专门的限定。

# 6.2 化学防晒剂及其化妆品配方实例

## 6.2.1 化学防晒剂及其性能和用途

化学防晒剂是具有羰基共轭的芳香族有机化合物，是现代防晒化妆品中应用最广泛、种类最多的一大类防晒剂。根据其结构的差异可分为 9 类（表 6-1）。

**表 6-1 化妆品中准用的化学防晒剂**

| 分类 | 名称 | INCI 名称 | 化妆品使用时的最大允许浓度/% |
|---|---|---|---|
| 樟脑类 | 3-亚苄基樟脑 | 3-benzylidene camphor | 2.0 |
| | 4-甲基苄亚基樟脑 | 4-methylbenzylidene camphor | 4.0 |
| | 亚苄基樟脑磺酸及其盐类 | — | 总量 6.0(以酸计) |
| | 聚丙烯酰胺甲基亚苄基樟脑 | polyacrylamidomethyl benzylidene camphor | 6.0 |
| | 樟脑苯扎铵甲基硫酸盐 | camphor benzalkonium methosulfate | 6.0 |
| | 对苯二亚甲基二樟脑磺酸及其盐 | — | 总量 10.0(以酸计) |
| 肉桂酸类 | 甲氧基肉桂酸乙基己酯 | ethylhexyl methoxycinnamate | 10.0 |
| | 对甲氧基肉桂酸异戊酯 | isoamyl-*p*-methoxycinnamate | 10.0 |
| 水杨酸类 | 水杨酸乙基己酯 | ethylhexyl salicylate | 5.0 |
| | 胡莫柳酯(水杨酸三甲环己酯) | homosalate | 10.0 |
| 二苯甲酮 | 二苯酮-3 | benzophenone-3 | 10.0 |
| | 二苯酮-4,二苯酮-5 | benzophenone-4,benzophenone-5 | 总量 5.0(以酸计) |
| | 二乙氨羟苯甲酰基苯甲酸己酯 | diethylamino hydroxybenzoyl hexyl benzoate | 10.0 |
| 三嗪类 | 二乙基己基丁酰氨基三嗪酮 | diethylhexyl butamido triazone | 10.0 |
| | 乙基己基三嗪酮 | ethylhexyl triazone | 5.0 |
| | 双乙基己氧苯酚甲氧苯基三嗪 | bis-ethylhexyloxyphenol methoxyphenyl triazine | 10.0 |
| 苯唑类 | 苯基二苯并咪唑四磺酸酯二钠 | disodium phenyl dibenzimidazole tetrasulfonate | 10.0(以酸计) |
| | 亚甲基双苯并三唑基四甲基丁基酚 | methylene bis-benzotriazolyl tetramethylbutylphenol | 10.0 |
| | 苯基苯并咪唑磺酸及其钾、钠和三乙醇铵盐 | — | 总量 8.0(以酸计) |
| | 甲酚曲唑三硅氧烷 | drometrizole trisiloxane | 15.0 |
| 二苯甲酰类 | 丁基甲氧基二苯甲酰基甲烷 | butyl methoxydibenzoylmethane | 5.0 |
| 对氨基苯甲酸类 | 二甲基 PABA 乙基己酯 | ethylhexyl dimethyl PABA | 8.0 |
| | PEG-25 对氨基苯甲酸 | PEG-25 PABA | 10.0 |
| 其他 | 奥克立林(2-氰基-3,3-二苯基丙烯酸异辛酯) | octocrylene | 10.0(以酸计) |
| | 聚硅氧烷-15 | polysilicone-15 | 10.0 |

① 樟脑类。樟脑类防晒剂的紫外吸收范围为 290～390nm，并在 345nm 处达到最大吸收，是一种广谱紫外线吸收剂，具有良好的耐光性。

② 肉桂酸类。该类防晒剂的结构中存在苯环、碳碳双键和羰基形成的长共轭结构，因此具有较强的紫外吸收能力，其紫外吸收范围为 280～310nm，吸收率较高。此外，该类物质在油溶性成分中溶解性良好，是目前世界上通用性最高的一类防晒剂，在市场上几乎已替代了对氨基苯甲酸（PABA）及其衍生物。其中，甲氧基肉桂酸乙基己酯是最为常用的 UVB 吸收剂。

③ 水杨酸类。水杨酸类是最早使用的一类紫外线吸收剂，能够吸收小于 340nm 的紫外线。吸收一定能量后，分子内结构重排，可生成吸收紫外线能力

更强的二苯甲酮，因此该结构具有较强的光稳定性。

④ 二苯甲酮类。该类紫外线吸收剂的最大吸收波长为325nm，具有防UVA与UVB的特点，并具有较高的热稳定性、光稳定性，但对氧化性物质不稳定，在其配方中需加入抗氧化剂。

⑤ 三嗪类。三嗪类是一类新型的紫外线吸收剂，它们具有较大的分子结构，并且具有很高的紫外线吸收效率，具有高耐热性。紫外线吸收范围为280～380nm，范围较宽，可吸收一部分可见光，容易泛黄。

⑥ 苯唑类。该类物质中最典型的紫外线吸收剂是苯基二苯并咪唑四磺酸酯二钠，它是一种新型的水溶性UVA吸收剂，并且其最高吸收光谱为334nm。在油相中与其他防晒剂混合使用后会出现协同效应。

⑦ 二苯甲酰类。丁基甲氧基二苯甲酰基甲烷是二苯甲酰类防晒剂中最为普遍的一种，该类分子结构中存在酮和烯醇式之间的互变异构，因此具有耐紫外线性能，是一种较好的UVA吸收剂。但是该类防晒剂的光稳定性不好，常与其他防晒剂复合使用。

⑧ 对氨基苯甲酸（PABA）类。对氨基苯甲酸类防晒剂是最早广泛使用的一种紫外线吸收剂，能有效地吸收280～300nm的紫外线，是一类UVB吸收剂。但是，该类物质对皮肤有刺激性，容易引起过敏反应，因此，现已限量使用。

## 6.2.2 对氨基苯甲酸类防晒化妆品

### 6.2.2.1 对氨基苯甲酸

对氨基苯甲酸及其衍生物是一类UVB紫外线吸收剂，其结构通式如图6-1所示。

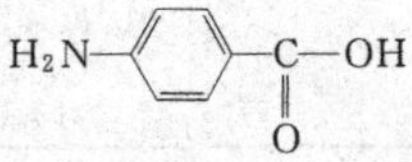

图6-1 对氨基苯甲酸的结构

由图6-1可见对氨基苯甲酸中含有两个极性较高的基团（—$NH_2$，—COOH），可以形成分子间氢键，使最大吸收波长向短波方向移动，增强防晒剂的效率；另外，这类分子能与水或极性溶剂形成分子间缔合，具有良好的水相溶解性。但是，结构中的羧基和氨基对pH值变化敏感，游离胺在空气中容易被氧化，引起颜色变化。

常用的对氨基苯甲酸（PABA）及其衍生物有六种：对氨基苯甲酸(PABA)、二甲基PABA乙基己酯、PEG-25对氨基苯甲酸、乙基-4-双(羟丙基)氨基苯甲酸酯、聚氧乙烯-4-氨基苯甲酸以及*N*,*N*-二甲基对氨基苯甲酸辛酯。单纯的对氨基苯甲酸作为紫外线吸收剂已较少使用，有些防晒制品还特别注明不含对氨基苯甲酸。

配方 1：防晒霜

| 组分 | | 质量分数/% | 组分 | | 质量分数/% |
|---|---|---|---|---|---|
| A 组分 | 对氨基苯甲酸 | 2.5 | A 组分 | 二氧化钛 | 2.5 |
| | 硬脂酸 | 10.0 | B 组分 | $K_{12}$ | 0.2 |
| | 单脂肪酸甘油酯 | 6.0 | | 尼泊金甲酯 | 0.1 |
| | 液体石蜡 | 15.0 | | 去离子水 | 加至 100.0 |
| | 甘油 | 10.0 | C 组分 | 香精 | 适量 |
| | 三乙醇胺 | 0.2 | | | |

制备工艺：

① 将 A 组分和 B 组分分别加热混合均匀；

② 将 B 组分加入 A 组分中，加热至 80℃进行乳化；

③ 温度降低至 50℃时加入香精，混合均匀，包装即可。

配方 2：防晒剂

| 组分 | | 质量分数/% | 组分 | | 质量分数/% |
|---|---|---|---|---|---|
| 油相 | 环戊硅氧烷 | 10.0 | 水相 | 水解胶原溶液(来自鱼) | 0.5 |
| | 二乙基氨基羟基苯甲酸己酯 | 7.5 | | N-乙酰基-L-羟基脯氨酸 | 0.5 |
| | 三(辛酸/癸酸)甘油酯 | 4.0 | | 含虾青素的乳化液 | 0.05 |
| | PABA(对氨基苯甲酸) | 1.0 | | 含番茄红素的乳化液 | 0.01 |
| | PEG-10 聚二甲基硅氧烷 | 1.0 | | 氢氧化钾 | 0.05 |
| | 异硬脂酸聚甘油酯-10 | 1.0 | | 聚氧乙烯固化蓖麻油 | 0.2 |
| 水相 | 1,3-丁二醇 | 4.0 | | 卵磷脂 | 0.1 |
| | SmartVector UV CE | 10.0 | | 香料 | 微量 |
| | 卡波姆 | 0.3 | | 对羟基苯甲酸甲酯 | 0.15 |
| | 水溶性胶原 | 0.5 | | 去离子水 | 加至 100.0 |

制备工艺：

① 将在上述配方水相成分中的除卡波姆之外的水相成分加热至 70℃并搅拌，然后添加卡波姆、用均质机混合，再次加热至 70℃；

② 将油相成分加热至 70℃并混合；

③ 将水相成分和油相成分用均质机混合，即得产品。

#### 6.2.2.2 对氨基苯甲酸衍生物

对氨基苯甲酸对皮肤有一定的刺激性，稳定性较差，因此对该防晒剂进行衍生化得到了一系列的紫外线吸收剂，该类物质是防止紫外线红斑、皮炎功能性防晒化妆品常选用的紫外线吸收剂。

配方 3：防晒膏

| 组分 | | 质量分数/% | 组分 | | 质量分数/% |
|---|---|---|---|---|---|
| A 组分 | 对二甲基氨基苯甲酸辛酯 | 7.0 | A 组分 | 棕榈酸异辛酯 | 10.0 |
| | 3-二苯酮 | 3.0 | | 鲸蜡醇 | 0.5 |
| | 二甲基硅酮 | 1.0 | | 石油烃 | 2.0 |
| | 二月桂酸甘油酯 | 1.0 | | 聚乙二醇(900)硬脂酸酯 | 1.0 |

续表

| 组分 | | 质量分数/% | 组分 | | 质量分数/% |
|---|---|---|---|---|---|
| A组分 | 甘油硬脂酸酯 | 5.0 | C组分 | 去离子水 | 加至100.0 |
| | 矿物油 | 10.0 | D组分 | 甲基丙烯酸甲酯、丙烯酸乙酯、丙烯酸的共聚物 | 6.0 |
| B组分 | 丙二醇 | 5.0 | | | |
| | 聚丙烯酸(2%) | 10.0 | | 丙二醇、尼泊金甲酯、吡唑烷基脲 | 1.0 |
| C组分 | 氢氧化钠(10%) | 0.8 | | | |
| | 聚乙烯吡咯烷酮(PVP) | 2.0 | | 香料 | 0.3 |

制备工艺：

① 将A组分、B组分分别混合、加热到80℃；

② 将PVP分散到去离子水中，加氢氧化钠，然后将PVP溶液加入B组分中；

③ 将A组分加入水相中，继续加热，搅拌10～15min乳化；

④ 冷却到40℃，加入D组分，继续搅拌混合，冷却到室温，包装。

## 6.2.3 肉桂酸类防晒剂及其配方举例

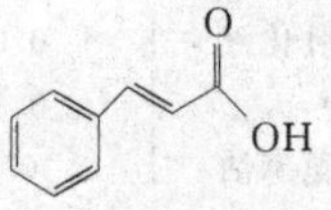

图6-2 肉桂酸的结构

目前在市场上肉桂酸（图6-2）类防晒剂已很大程度地取代了对氨基苯甲酸及其衍生物。美国和欧洲允许使用的肉桂酸酯有四种：4-甲氧基肉桂酸异戊酯、2-乙基己基-4-甲氧基肉桂酸酯、2-乙氧基己基-4-甲氧基肉桂酸酯、对甲氧基肉桂酸乙醇胺盐。

目前2-乙氧基己基-4-甲氧基肉桂酸酯是应用最广的UVB吸收剂，其分子中存在的不饱和共轭体系中的电子跃迁能量吸收波长在305nm附近。一般使用浓度为1%～2%，它是目前国内使用最广、用量最大的一类防晒剂。

配方：耐水防晒膏配方

| 组分 | | 质量分数/% | 组分 | | 质量分数/% |
|---|---|---|---|---|---|
| A组分 | 肉豆蔻酸异丙酯 | 7.0 | A组分 | 十六醇 | 1.0 |
| | 辛基二甲基对氨基苯甲酸酯 | 8.0 | | PEG-40-硬脂酸酯 | 1.5 |
| | 甲氧基肉桂酸辛酯 | 7.5 | B组分 | 黄原胶 | 0.3 |
| | 4-羟基-4-甲氧基二苯甲酮 | 5.0 | | DEA-十六醇磷酸酯 | 8.0 |
| | 邻氨基苯甲酸薄荷酯 | 5.0 | | 甘油 | 3.5 |
| | 硬脂酸 | 3.0 | | 去离子水 | 加至100.0 |
| | 硬脂酸单甘酯 | 4.0 | C组分 | 香精、防腐剂 | 适量 |

制备工艺：

① 分别将A组分、B组分混合、加热到80℃，然后将B组分加入A组分中，继续加热、搅拌30min；

② 冷却到50℃后加入C组分，继续搅拌混合，冷却到室温，包装。

## 6.2.4 二苯甲酮类防晒剂及其配方举例

二苯酮类防晒剂从结构上主要分为两种类型：一种是含有一个邻位羟基的化合物，该类结构的物质主要能够吸收 290nm 和 380nm 的紫外线；另一种是含有两个邻位羟基的化合物，该类结构的物质吸收波段向长波方向移动，能够吸收 300～400nm 的紫外线。

由此可见，二苯酮类防晒剂属于 UVA 吸收剂，具有很高的热和光稳定性，与皮肤和黏膜有良好的亲和性，不会发生光敏反应。二苯酮类防晒剂易发生氧化反应，故在配方中必须加入抗氧化剂，以达到固色的作用。

配方 1：防晒液

| 组　　分 | 质量分数/% | 组　　分 | 质量分数/% |
|---|---|---|---|
| 芦荟汁(浓缩) | 2.0 | 丙二醇 | 6.0 |
| 4-二苯甲酮 | 3.0 | 氢氧化钠 | 适量 |
| 苯基苯并咪唑磺酸 | 2.0 | 香精 | 适量 |
| 羧甲基纤维素 | 0.3 | 去离子水 | 加至 100.0 |

制备工艺：将羧甲基纤维素溶解于去离子水中，加热至 75℃左右，使之完全溶解，然后将其他组分（芦荟汁、香精除外）加入上述溶液中，搅拌混合均匀，冷却至 40℃后加入浓缩芦荟汁以及香精，均质，冷却到室温后包装。

配方 2：防晒乳液

| 组　　分 | | 质量分数/% | 组　　分 | | 质量分数/% |
|---|---|---|---|---|---|
| A 组分 | 甲氧基肉桂酸辛酯 | 7.5 | A 组分 | 己二酸二异丙酯 | 5.0 |
| | 4-羟基-4-甲氧基二苯甲酮 | 5.0 | | 卡波姆 941 | 0.15 |
| | 邻氨基苯甲酸薄荷酯 | 5.0 | B 组分 | 防腐剂 | 适量 |
| | 硬脂酸单甘酯 | 2.0 | | 去离子水 | 加至 100.0 |
| | PEG-40 硬脂酸酯 | 1.5 | C 组分 | 三乙醇胺 | 0.15 |
| | 十六醇 | 0.5 | D 组分 | 香精 | 适量 |

制备工艺：将油相 A 组分中的成分混合均匀、搅拌加热至 75℃；将水相 B 组分混合均匀，加入 A 组分中继续加热、搅拌 30min，以便乳化；然后加入 C 组分，继续搅拌，维持 75℃，均质，冷却至 40℃后加入香精，均质，冷却到室温，包装。

配方 3：防晒霜

| 组　　分 | | 质量分数/% | 组　　分 | | 质量分数/% |
|---|---|---|---|---|---|
| A 组分 | $C_{20}$～$C_{22}$醇磷酸酯 | 1.0～2.5 | A 组分 | 甘油三(乙基己酸)酯 | 4.5～8.5 |
| | 硬脂酸酯 | 0.5～1.0 | | 维生素 E | 0.5～1.5 |
| | 鲸蜡硬脂醇 | 0.1～1.0 | | 甲氧基肉桂酸乙基己酯 | 1.5～2.5 |
| | PPG-10 鲸蜡基醚磷酸酯 | 0.4～1.0 | | 奥克立林 | 3.0～5.0 |
| | 聚二甲基硅氧烷 | 1.0～3.0 | | 二乙氨羟苯甲酰基苯甲酸己酯 | 3.0～6.0 |
| | 环聚二甲基硅氧烷 | 2.0～4.0 | | 二氧化钛 | 1.0～5.0 |

续表

| 组分 | | 质量分数/% | 组分 | | 质量分数/% |
|---|---|---|---|---|---|
| A组分 | 牛油果树果脂油 | 1.5～2.5 | B组分 | 尿囊素 | 0.03～0.2 |
| | 羟苯甲酯 | 0.1～0.2 | | 丁二醇 | 4.5～5.5 |
| B组分 | 去离子水 | 加至100.0 | | 双甘油 | 1.0～3.0 |
| | 三乙醇胺 | 0.1～0.25 | C组分 | 香精 | 适量 |

制备工艺：

① 分散A组分原料，将A组分原料依次加入乳化锅中，升温到75～80℃，打散均质使原料完全溶解；

② 将B组分原料混合均匀后加入乳化锅中，均质30s，保温30min灭菌，降温加入香精后出料。

## 6.2.5 水杨酸酯类防晒剂及其配方举例

水杨酸酯及其衍生物是UVB紫外线吸收剂，常用的水杨酸酯及其衍生物有七种：水杨酸苄酯、水杨酸辛酯、水杨酸三甲环己酯、水杨酸三乙醇胺、水杨酸钾、对异丙基苯基水杨酸酯、4-异丙基苯基水杨酸酯。其特点是价格便宜、毒性低，与其他成分相容性好；缺点是紫外线吸收率低，吸收波段较窄，本身对紫外线不稳定，长时间光照以后发生重排反应，会带有颜色。可根据不同的防晒要求，以1.0%～10.0%的浓度添加于防晒霜、防晒油等化妆品中。

水杨酸酯类是一些不溶性化妆品组分的增溶剂，水杨酸辛酯常用于羟甲氧苯酮的增溶。水溶性的水杨酸盐类对皮肤亲和性较好，对防晒制品的SPF值有增强作用。

配方1：耐水防晒膏

| 组分 | | 质量分数/% | 组分 | | 质量分数/% |
|---|---|---|---|---|---|
| A组分 | 硬脂酸 | 4.0 | A组分 | 辛基十二烷基新戊酸酯 | 10.0 |
| | 十六醇 | 1.0 | B组分 | 甘油 | 5.0 |
| | DEA-十六醇磷酸酯 | 2.0 | | 去离子水 | 加至100.0 |
| | PVP/二十烯共聚物 | 3.0 | C组分 | 卡波姆940 | 0.1 |
| | 二甲基硅氧烷 | 0.5 | | 去离子水 | 0.9 |
| | 对甲氧基肉桂酸辛酯 | 7.5 | D组分 | 三乙醇胺 | 0.1 |
| | 4-羟基-4-甲氧基二苯甲酮 | 6.0 | | 香精、防腐剂 | 适量 |
| | 水杨酸辛酯 | 5.0 | | | |

制备工艺：分别将A组分、B组分混合、加热到75℃，然后将B组分加入A组分中，继续加热，边搅拌边加入胶凝剂卡波姆940，继续搅拌直至其完全分散，冷却到40℃后缓慢加入D组分中的中和剂三乙醇胺，体系逐渐黏稠，然后

加入香精、防腐剂等，直至形成膏状，冷却到室温，包装。

配方 2：防晒霜

| 组分 | | 质量分数/% |
|---|---|---|
| A组分 | 聚二甲基硅氧烷 | 5.0 |
| | 环四/环五聚二甲基硅氧烷 | 5.0 |
| | 环五聚二甲基硅氧烷/$C_{30}$～$C_{45}$烷基鲸蜡硬脂基聚二甲基硅氧烷交联聚合物 | 5.0 |
| | PEG-10聚二甲基硅氧烷 | 0.1 |
| | PEG-10/15二甲基硅氧烷交联共聚物/二甲基硅氧烷 | 1.9 |
| | 聚硅氧烷-15 | 0.1 |

| 组分 | | 质量分数/% |
|---|---|---|
| B组分 | 苯基二苯并咪唑四磺酸二钠 | 4.9 |
| | 2-苯基苯并咪唑-5-磺酸 | 5.0 |
| | 氢氧化钠 | 1.1 |
| | 乙二胺四乙酸二钠 | 0.05 |
| | 甘油 | 13.0 |
| | 丁二醇 | 12.0 |
| | 去离子水 | 加至100.0 |
| C组分 | 芦荟提取物 | 1.0 |
| | 防腐剂 | 0.12 |

制备工艺：

① 在水相锅中，加入苯基二苯并咪唑四磺酸二钠、2-苯基苯并咪唑-5-磺酸、氢氧化钠搅拌至透明，接着加入甘油、丁二醇、乙二胺四乙酸二钠，继续搅拌至透明得到水相；

② 将A组分加入油相锅中，常温搅拌至完全透明得到油相；

③ 油相搅拌条件下，将水相物料慢慢加入，搅拌2min，降温后加入C组分，即可。

# 6.3 物理防晒剂及其配方举例

## 6.3.1 二氧化钛和氧化锌

物理防晒剂的典型代表为二氧化钛、氧化锌，此外也用高岭土、碳酸钙、滑石粉等。这类防晒剂主要对UVB波长有较强的散射作用，可单独或与其他防晒剂复配使用，具有化学惰性，使用安全。

这类防晒剂容易在皮肤表面沉积形成白色层，影响皮脂腺和汗腺的分泌，但其安全性、稳定性是普遍公认的。美国FDA在1999年将二氧化钛列为其批准使用的第一类防晒剂，最高配方用量可高达25%。另外超细二氧化钛、氧化锌除对UVB有良好的散射功能外，对UVA也有一定的滤除作用，目前日本已成功地合成出一系列UVA型二氧化钛屏蔽剂。尤其是超细氧化锌被认为是可得到透明防晒剂中最为广谱的品种，超细氧化锌的最大紫外线滤除波长为370nm。虽然微粒化的氧化锌、二氧化钛可以高效屏蔽紫外线，且透明性好、安全性好，但存在易凝聚、分散性差，难以添加至化妆品中等一系列问题。因此，通常采用表面改性处理以改善其分散性差的问题。

## 6.3.2 配方举例

配方 1：防晒霜

| 组分 | | 质量分数/% | 组分 | | 质量分数/% |
|---|---|---|---|---|---|
| A组分 | 硬脂酸 | 3.0 | A组分 | 抗氧化剂、防腐剂 | 适量 |
| | 角鲨烷 | 10.0 | B组分 | 1,3-丁二醇 | 7.0 |
| | 凡士林 | 5.0 | | 二氧化钛 | 5.0 |
| | 十八醇 | 3.0 | | 三乙醇胺 | 1.0 |
| | 聚丙烯酸乙酯 | 1.0 | | 乙二胺四乙酸二钠 | 0.05 |
| | 2-羟基-4-甲氧基二苯酮 | 2.0 | | 去离子水 | 加至 100.0 |
| | 单硬脂酸甘油酯 | 3.0 | C组分 | 香精 | 适量 |
| | 对甲氧基肉桂酸辛酯 | 5.0 | | | |

制备工艺：分别将 A 组分、B 组分混合、加热至 70℃，将二氧化钛充分分散后，将 A 组分加入 B 组分中，充分搅拌、乳化后，冷却至 45℃，加入香精，混合均匀即可。

配方 2：防晒乳

| 组分 | | 质量分数/% | 组分 | | 质量分数/% |
|---|---|---|---|---|---|
| A组分 | 聚甘油-4-异硬脂酸酯 | 5.0 | A组分 | 氧化锌 | 15.0 |
| | 氢化蓖麻油 | 0.5 | | 二氧化钛、辛基三甲基硅氧烷 | 4.0 |
| | 微晶蜡 | 1.0 | | 异硬脂酸 | 1.0 |
| | 鲸蜡基二甲基聚硅氧烷 | 0.25 | B组分 | 氯化钠 | 0.5 |
| | 硬脂酸乙基己酯 | 11.3 | | 防腐剂、香精 | 适量 |
| | 矿物油 | 10.0 | | 去离子水 | 加至 100.0 |
| | 甲氧基肉桂酸乙基辛酯 | 7.0 | | | |

制备工艺：将 A 组分加热到 80℃，混匀，室温下，将 B 组分缓慢加入 A 组分中，均质，搅拌冷却得产品。

配方 3：二氧化钛微囊防晒霜

| 组分 | 质量分数/% | 组分 | 质量分数/% |
|---|---|---|---|
| 尿烷 | 2.5 | 环聚二甲基硅氧烷 | 7.5 |
| 去离子水 | 加至 100.0 | 鲸蜡基聚二甲基硅氧烷 | 3.0 |
| 氯化钠 | 0.5 | 甲基葡萄糖倍半硬脂酸酯 | 0.5 |
| 羟苯甲酸酯 | 0.6 | 二辛基苹果酸酯 | 2.0 |
| 聚甘油基-4-异硬脂酸酯 | 5.0 | 二氧化钛聚电解质微囊 | 21.33 |
| 异壬基异壬酸酯 | 6.0 | | |

制备工艺：

① 室温条件下将尿烷加入去离子水中溶解得溶液 A，备用；

② 将氯化钠、羟苯甲酸酯预混后加入溶液 A，得溶液 B，备用；

③ 取霜剂辅料聚甘油基-4-异硬脂酸酯、异壬基异壬酸酯、环聚二甲基硅氧烷、鲸蜡基聚二甲基硅氧烷、甲基葡萄糖倍半硬脂酸酯和二辛基苹果酸酯，混匀，加热至75℃后冷却至65℃；

④ 取二氧化钛聚电解质微囊（微囊中$TiO_2$载药量为30%）加入③所得混合物中，均化得混合物C；

⑤ 将②制得的溶液B加入混合物C中，混匀即得产品。

配方4：纳米$TiO_2$防晒霜

| 组分 | | 质量分数/% | 组分 | | 质量分数/% |
|---|---|---|---|---|---|
| A组分 | 白油 | 8.0～9.0 | B组分 | 深层保湿剂 | 1.0 |
| | 碳酸二辛酯 | 3.0～4.0 | | 三七总皂苷 | 1.0～2.5 |
| | 二甲基硅油 | 3.0～5.0 | | 去离子水 | 加至100.0 |
| | 广谱防晒剂 | 1.0～5.0 | C组分 | 乳化剂SS | 2.5 |
| | 纳米$TiO_2$浆(45%) | 1.0～3.0 | | 乳化剂SSE | 2.5 |
| B组分 | 甘油 | 6.0～7.0 | D组分 | 硬脂酸 | 6.0～7.0 |
| | 吡咯酸烷酮羧酸钠 | 4.0 | | 香精 | 适量 |

制备工艺：

① B组分在100℃下均质搅拌，灭菌20min；

② A组分和乳化剂C组分混合加热至75℃，均质搅拌20min；

③ B组分降温至80℃左右后，将A组分和乳化剂缓慢加入正在搅拌中的B组分，同时调整温度至78℃，乳化20min；

④ 缓慢加入已经溶解的硬脂酸，并冷却搅拌10min，降温至45℃时加入香精，之后减速搅拌至凝固后出料。

配方5：W/O防晒霜

| 组分 | | 质量分数/% | 组分 | | 质量分数/% |
|---|---|---|---|---|---|
| A组分 | 微粒氧化锌 | 20.0 | A组分 | 十六烷基二甲聚硅氧烷共聚醇 | 1.0 |
| | 微粒氧化钛 | 2.0 | | 有机改性膨润土 | 1.0 |
| | 甲氧基肉桂酸乙基己酯 | 7.0 | B组分 | 去离子水 | 加至100.0 |
| | 十甲基环五硅氧烷 | 10.0 | | 甘油 | 2.5 |
| | 肉豆蔻酸异丙酯 | 5.0 | | 1,3-丁二醇 | 5.0 |
| | 矿物油 | 1.0 | | 乙醇 | 5.0 |
| | 羧基改性硅氧烷 | 2.0 | | 苯氧乙醇 | 0.5 |
| | [丙烯酸(酯)类/硬脂酰丙烯酸酯/二甲聚硅氧烷甲基丙烯酸酯]共聚物 | 0.8 | | | |

制备工艺：混合分散A组分后，添加已混合溶解的B相进行混合，得到防晒霜。

配方6：高效防晒粉底液

| 组分 | | 质量分数/% | 组分 | | 质量分数/% |
|---|---|---|---|---|---|
| A组分 | 二氧化钛 | 3.0 | B组分 | 硅酸铝镁 | 0.2 |
| | 三十烷基 PVP | 3.0 | | 银耳提取物 | 0.01 |
| | 环五聚二甲基硅氧烷 | 5.0 | | 黄原胶 | 0.02 |
| | 聚二甲基硅氧烷 | 0.1 | | Eusolex UV-Pearls OMC | 8.0 |
| | 异壬酸异壬酯 | 1.0 | C相分 | 海藻糖 | 2.0 |
| | 山梨坦倍半油脂酸 | 2.0 | | 泛醇 | 0.5 |
| | CI 77491 | 0.2 | D相分 | 红没药醇 | 0.1 |
| | CI 77499 | 0.3 | | 翼籽辣木籽提取物 | 0.5 |
| | CI 77492 | 0.02 | | 辛甘醇 | 0.5 |
| B相分 | 去离子水 | 加至100.0 | | 乙基己基甘油 | 0.1 |
| | 甘油 | 8.0 | | 香油 | 0.2 |

制备工艺：

① 将B组分中的硅酸铝镁、黄原胶、银耳提取物用甘油润湿，然后加入水相锅中，搅拌，依次加入B组分的其他物质，升温至80℃，保温10min，直到完全溶解；

② 乳化锅的搅拌速度保持在30r/min，将B组分真空吸入，低速均质5min；

③ 将A组分的原料依次加入油相锅中，加热至80℃，然后将A组分真空吸入乳化锅中，开启搅拌，低速均质10min，并降温至45℃；

④ 将C组分加入乳化锅中，搅拌均匀后加入D组分；

⑤ 搅拌降温至38℃时出料。

配方7：维生素A、维生素E防晒霜

| 组分 | 质量分数/% | 组分 | 质量分数/% |
|---|---|---|---|
| 三压硬脂酸 | 10 | 维生素A | 500000 IU |
| 单硬脂酸甘油酯 | 1.0 | 维生素E | 0.5 |
| 三乙醇胺 | 1.6 | 去离子水 | 加至100 |
| 甘油 | 16 | 香精 | 适量 |
| 钛白粉 | 0.5 | 防腐剂 | 适量 |

注：对维生素A而言，1国际单位（IU）=0.3μg。

制备工艺：

① 按配方将三压硬脂酸、单硬脂酸甘油酯、甘油等油性原料加热熔化，加热至90℃；在另一搅拌器中放入三乙醇胺等碱性物质加去离子水溶解，加热至90℃；

② 搅拌下慢慢将碱液加到油性原料中，直至完全中和乳化，生成乳白色的稠糊状的软膏，停止搅拌，继续加热10min；

③ 当温度降至50℃以下加入防腐剂、维生素A、维生素E及香精等，搅拌均匀，即为成品。

## 6.4 生物防晒剂及其防晒化妆品举例

我国许多防晒化妆品采用天然动植物提取液配制而成，具有无刺激性、无不良反应、防晒效果良好等特点。可作为防晒剂的动植物有沙棘、芦荟、薏苡仁、胎盘提取液、貂油等。

配方 1：抗过敏防晒乳液

| 组分 | | 质量分数/% | 组分 | | 质量分数/% |
|---|---|---|---|---|---|
| A组分 | 白油 | 35.0 | B组分 | 硼砂 | 1.0 |
| | 蜂蜡 | 12.0 | | 黄芩提取液 | 0.5 |
| | 地蜡 | 2.0 | | 去离子水 | 加至100.0 |
| | 白凡士林 | 10.0 | C组分 | 防腐剂 | 适量 |
| | 单硬脂酸甘油酯 | 5.0 | | 色素 | 适量 |
| | 对氨基苯甲酸薄荷酯 | 4.0 | | 玫瑰香精 | 适量 |

制备工艺：

① 黄芩提取液的制备。取黄芩粉末 100 份，加去离子水 800 份，在室温下搅拌 24h，然后将水溶液过滤，残渣用等量的水洗净后，将残渣干涸，然后将干涸残渣 1 份加乙醇 2.5 份，加热回流 1h，过滤反应液，残渣用等量的乙醇再加热回流、过滤，滤液与前液合并，蒸去乙醇，即得到黄芩提取液。

② 将 A 组分原料混合加热至 80℃，将硼砂、黄芩提取液溶于水中，加热至沸点，然后降温到 80℃得到水相。

③ 在搅拌下将水相（A 组分）物质缓缓加入油相（B 组分）中充分搅匀，使其乳化，冷至 45℃时加入玫瑰香精、色素、防腐剂，冷至室温即得成品。

配方 2：鸢尾黄素防晒护肤品

| 组分 | | 质量分数/% | 组分 | | 质量分数/% |
|---|---|---|---|---|---|
| A组分 | 甘油 | 19.4 | B组分 | 硬脂酸 | 7.75 |
| | 十二烷基硫酸钠 | 0.194 | | 液体石蜡 | 11.63 |
| | 三乙醇胺 | 0.39 | | 氮酮 | 0.97 |
| | 焦亚硫酸钠 | 0.097 | | 白凡士林 | 1.45 |
| | 羟苯乙酯 | 0.097 | C组分 | 纳米硒 | 1.3 |
| | 丙二醇 | 7.75 | | 鸢尾黄素 | 0.1 |
| | 去离子水 | 加至100.0 | | 纳米珍珠粉 | 15.0 |
| B组分 | 二甲硅油 | 2.9 | D组分 | 芦荟胶 | 30.0 |
| | 单硬脂酸甘油酯 | 4.85 | | | |

制备工艺：

① 将C组分加入B组分中混合，升温至 75～85℃，均质乳化 5～15min，将A组分混合升温至 75～85℃；

② 将A组分与B组分、C组分混合，均质乳化5～15min；

③ 冷却至40～45℃，加入D组分，均质乳化3～5min，冷却至35℃，过滤出乳化料体，制得鸢尾黄素防晒护肤品。

配方3：儿童防晒玫瑰护肤品

| 组分 | 质量分数/% | 组分 | 质量分数/% |
|---|---|---|---|
| *N*-反式阿魏酰基去甲辛弗林分散液 | 30.9 | 精氨酸 | 3.1 |
| | | 鲜奶 | 18.5 |
| 聚硅氧烷-15 | 12.3 | 聚甘油 | 6.2 |
| 丙烯酸酯/$C_{10}$～$C_{30}$烷醇丙烯酸酯交联聚合物 | 1.2 | 丙烯酰胺二甲基牛磺酸铵/VP共聚物 | 0.6 |
| PEG-11甲醚聚二甲基硅氧烷 | 2.5 | 水 | 适量 |
| 玫瑰精油 | 24.7 | | |

制备工艺：

① 将丙烯酸酯/$C_{10}$～$C_{30}$烷醇丙烯酸酯交联聚合物加入适量水中，再加入PEG-11甲醚聚二甲基硅氧烷搅拌溶解，得到水相；

② 将玫瑰精油和聚硅氧烷-15搅拌分散得到油相；

③ 将油相加入水相中，均质化后，加入丙烯酰胺二甲基牛磺酸铵/VP共聚物增稠；

④ 加入*N*-反式阿魏酰基去甲辛弗林分散液，分散均匀后，加入聚甘油、精氨酸和鲜奶，搅拌溶解即得成品。

配方4：纯天然多效滋养防晒霜

| 组分 | | 质量分数/% | 组分 | | 质量分数/% |
|---|---|---|---|---|---|
| A组分 | 牡丹籽油 | 7.8 | C组分 | 红石榴提取物 | 0.4 |
| | 优榄乳化蜡 | 3.1 | | Silasoma MEA紫外线包裹体 | 3.9 |
| B组分 | 依兰纯露 | 23.5 | | 微粒二氧化钛分散液 | 9.4 |
| | 玫瑰纯露 | 19.6 | | 茄红素 | 1.6 |
| | 去离子水 | 11.7 | | 1,3-丁二醇 | 7.0 |
| | 海藻糖 | 3.9 | | 戊二醇 | 1.56 |
| C组分 | 高分子透明质酸钠1%溶液 | 2.4 | | 厚朴树皮提取物 | 0.04 |
| | 低分子透明质酸钠1%溶液 | 1.6 | D组分 | 抗菌剂 | 0.8 |
| | 芦荟凝胶原液 | 1.6 | | | |

制备工艺：

① 75℃下，分别加热混合A组分和B组分，将B组分少量多次倒入A组分中快速搅拌均匀，搅拌20min；

② 降温至40℃后，依此加入C组分，每加入1种添加物需要搅拌2min；

③ 最后加入抗菌剂，搅拌均匀即得成品。

配方5：黄芩苷防晒霜

| 组分 | | 质量分数/% | 组分 | | 质量分数/% |
|---|---|---|---|---|---|
| A组分 | 硬脂酸 | 4.5 | A组分 | 丙酯 | 0.05 |
| | 16/18醇 | 2.0 | | 橄榄油 | 1.0 |
| | 棕榈酸异丙酯 | 4.0 | B组分 | 甘油 | 8.0 |
| | 羊毛脂(70EO) | 2.0 | | 去离子水 | 加至100.0 |
| | 乳化剂E1800 | 0.3 | C组分 | 三乙醇胺 | 0.5 |
| | 尼泊金甲酯 | 0.15 | | 乳化剂E1802 | 2.0 |

注：乳化剂E1802是十八烷基醚磷酸酯钠。

制备工艺：

① 在搅拌条件下将B组分和A组分分别加热到90℃溶解；

② 85℃，1000r/min下将B组分缓慢加入A组分中，搅拌15～20min；

③ 停止加热，待温度降到45～55℃时加入C组分，充分搅拌，即可出料。

配方6：美白防晒霜

| 组分 | | 质量分数/% | 组分 | | 质量分数/% |
|---|---|---|---|---|---|
| A组分 | 苯乙醇总苷 | 适量 | C组分 | 羟苯乙酯 | 0.1 |
| | 十二烷基硫酸钠 | 1.4 | | 尿囊素 | 0.2 |
| | 阿拉伯树胶 | 2.7 | | 去离子水 | 加至100.0 |
| B组分 | 硬脂酸 | 2.7 | D组分 | 丙二醇 | 4.1 |
| | 单硬脂酸甘油酯 | 4.1 | | 甘油 | 5.4 |
| | 液体石蜡 | 4.7 | | 维生素E | 0.1 |
| | 橄榄油 | 2.0 | E组分 | 薰衣草精油 | 0.1 |
| | 蜂蜡 | 1.4 | | 氮酮 | 3.4 |

制备工艺：

① 将C组分混合均匀后，超声10min，加入A组分并在水浴锅上加热至80℃溶解，得水相；

② 再将B组分于水浴锅上加热至80℃，恒温15min后得油相，快速搅拌条件下，将油相缓缓加入水相中，以300r/min搅拌乳化；

③ 待温度降至50～60℃，缓缓加入溶解后的维生素E、丙二醇、甘油，随后再加入E组分，继续搅拌30min至室温，即得成品。

## 6.5 晒后修复化妆品

紫外线引起皮肤红斑和黑化，损害皮肤，影响美观。因此在皮肤的日常护理过程中，除了要使用防晒化妆品，在日光照射后也要注重晒后修复产品的配合使用。晒后修复化妆品的主要作用是消炎、脱敏、美白。

① 消炎。皮肤经过超过耐受量的紫外线照射，容易产生光毒反应，使角质形成细胞释放多种炎症介质，从而导致毛细血管扩张充血，皮下组织水肿，继发

炎症。因此，皮肤经过紫外线长时间照射后应该使用添加有消炎成分的化妆品，尤其是含有植物提取物的制品，以实现控制炎症的作用。

② 脱敏。紫外线引发皮肤炎症，并常伴有抗原体传递T-淋巴细胞的致敏结果，致敏细胞的数量越多，潜伏期越短，引发炎症的频率越高。因此使用含有脱敏成分的修复化妆品，使致敏细胞水平降低，那么炎症的发生率及细胞的病变率也会降低。

③ 美白。日光照射后，导致黑色素沉着，产生皮肤黑化或色斑，因此晒后修复制品中也需要添加美白淡斑的成分。

配方1：晒后修复乳

| 组分 | | 质量分数/% | 组分 | | 质量分数/% |
|---|---|---|---|---|---|
| A组分 | 菜籽油山梨醇酯 | 2.0 | A组分 | 抗氧化剂 | 适量 |
| | 矿物油 | 3.0 | B组分 | 卡波姆 | 0.5 |
| | 棕榈酸异丙酯 | 3.0 | C组分 | 甘油 | 3.0 |
| | 鲸蜡硬脂酸异壬酸酯 | 3.0 | | 氢氧化钠(10%水溶液) | 2.0 |
| | 霍霍巴油 | 3.0 | | 柠檬酸 | 0.25 |
| | D-泛醇 | 1.0 | | 月桂酰基谷氨酸钠 | 0.6 |
| | 鲸蜡醇 | 0.5 | | 尿囊素 | 0.2 |
| | β-胡萝卜素 | 适量 | | 去离子水 | 加至100.0 |

制备工艺：

① 分别将A组分、C组分混合均匀，将A组分加热至80℃，在搅拌下，将组C组分缓慢加入A组分中，并搅拌均匀；

② 加入卡波姆，使其充分溶胀，冷却至室温即得成品。

配方2：晒后泡沫修复剂

| 组分 | | 质量分数/% | 组分 | | 质量分数/% |
|---|---|---|---|---|---|
| A组分 | 硬脂醇庚酸酯 | 5.0 | B组分 | Reragel | 0.5 |
| | 合成鲸蜡 | 2.0 | | 三乙醇胺 | 适量 |
| | 乳化蜡 | 4.0 | | 尿囊素 | 0.2 |
| | 二甲基硅油 | 0.5 | | 香精、防腐剂 | 适量 |
| B组分 | 卡波姆941 | 0.13 | | 去离子水 | 加至100.0 |

制备工艺：

① 将A组分混合、搅拌、加热至75℃；

② 将B组分的pH值调至6.5，加热至70℃；

③ 在搅拌下将B组分（香精除外）加入A组分中，放置，冷却到45℃时加入香精，冷却至室温后灌装。灌装时按上述液剂90%、精制液化石油气（推进剂）10%的比例装入气雾罐，即得产品。

配方3：防晒保湿喷雾剂

| 组　分 | 质量分数/% | 组　分 | 质量分数/% |
| --- | --- | --- | --- |
| SOD | 0.3 | 维生素 C | 0.2 |
| β-葡聚糖 | 0.6 | 冻干赋形剂 | 5.0 |
| 褐藻糖胶 | 0.8 | 防腐剂 | 0.03 |
| γ-氨基丁酸 | 0.2 | PBS 缓冲液 | 加至 100.0 |
| 卵磷脂 | 3.0 | $CO_2$ | 5.0 |
| 胆固醇 | 0.5 | $N_2$ | 5.0 |

制备工艺：

① 将卵磷脂、胆固醇、褐藻糖胶、维生素 C、γ-氨基丁酸加入无水乙醇中，在 48～58℃下溶解，溶解后在 30℃的条件下旋转蒸发 18min，形成均匀的薄膜，无水乙醇的用量是卵磷脂、胆固醇、褐藻糖胶、维生素 C 和 γ-氨基丁酸总质量的 5 倍；

② 将冻干赋形剂、防腐剂溶于 PBS 缓冲液中，然后加入 β-葡聚糖，在 50℃条件下搅拌均匀，得水合剂，备用；

③ 将步骤②的水合剂加入步骤①的薄膜中搅拌，直至薄膜完全溶解，得到浅黄色乳浊液，然后将此乳浊液在 40℃的水浴条件下搅拌 30min 得混悬液，混悬液在 38℃水浴条件下超声处理 20min，得粗制脂质体；

④ 粗制脂质体在－30℃冷冻 40min，然后置于 22℃环境中熔化后，向其中加入 SOD，在 22℃条件下进行超声处理得精制 SOD 脂质体混悬液；

⑤ 将所得的精制 SOD 脂质体混悬液灌装于容器中，再向容器中依次充入 $CO_2$ 和 $N_2$，即得所述的含有 SOD 的脂质体防晒保湿喷雾剂。

配方 4：辅酶 $Q_{10}$ 防晒养护霜

| 组　分 | | 质量分数/% | 组　分 | | 质量分数/% |
| --- | --- | --- | --- | --- | --- |
| A 组分 | 辅酶 $Q_{10}$ | 0.3～3.0 | B 组分 | 硬脂酸 | 3.0～4.5 |
| | 硫辛酸 | 0.1～2.0 | | 鲸蜡 | 5.4～6.5 |
| | 甘草酸 | 0.5～3.0 | | 鲸蜡醇 | 10.0～12.0 |
| | 维生素 E | 0.5～3.0 | | 三乙醇胺 | 8.0～10.0 |
| | 维生素 C | 0.1～1.0 | C 组分 | 羟苯乙酯 | 0.1～0.2 |
| B 组分 | 矿物油 | 6.0～12.0 | | 香精 | 适量 |
| | 羊毛脂 | 10.0～15.0 | D 组分 | 去离子水 | 加至 100.0 |

制备工艺：将油相 B 组分高温溶解后，缓慢加入预先加热至 80℃的水中，乳化 30min，降温至 50℃加入 A 组分，继续降温至 40℃加入 C 组分，搅拌至室温即得成品。

## 6.6　防晒化妆品新配方

从防晒新技术、新原料的发展来看，正在世界范围内开展的极具前途的研究有：复合技术与材料在化妆品中的应用研究；超细无机微粒吸收和散射紫外线效率及其应用研究；富含氨基酸和高浓度酪氨酸的海洋生物用于防晒产品的防晒研究；各种植物提取物在防晒制品中的应用研究；具有良好防晒性能的黑色素（包括天然、生物体及人工合成的黑色素）用于防晒产品的研究等。

近年来大量的防晒剂被研发出来，以实现更好的紫外线吸收或者屏蔽更长波段范围的紫外线，如瑞士汽巴精化的专利产品 2,2-亚甲基-二［6-（2 氢-苯并三唑-2-基）-4-（1,1,3,3-四甲基丁基）-苯酚］；天来施研发的超细防晒有机微粒，是一种光稳定有机紫外线吸收剂，同时兼有光散射和光反射效应；Shiseido 公司研发了一种低水溶性复合水基紫外线吸收剂，这种吸收剂主要由双（乙基己基）苯酚基甲氧基苯基三嗪、2,4,6-三茴茚三酮-对（烷基-2-乙基己基对氧代）-1,3,5-三嗪、氢化蓖麻油、乙醇和水等物质组成。

配方 1：水性透明防晒化妆品

| 组　分 | 质量分数/% | 组　分 | 质量分数/% |
|---|---|---|---|
| 可溶的防晒剂浓缩物 | 10.0 | 抗氧化剂 | 适量 |
| 甘油 | 2.0 | 防腐剂 | 适量 |
| 二丙二醇 | 2.0 | 芳香剂 | 适量 |
| 1,3-丁二醇 | 2.0 | 去离子水 | 加至 100.0 |

制备工艺：将所有组分混合均匀，其中可溶防晒剂浓缩物配方组成为：PEG-30 氢化蓖麻油（20%）、二乙基己基氧苯酚甲氧基苯丙三唑（3%）、乙醇（10%）以及去离子水，按一定比例混合而成。

配方 2：纳米级防晒乳液

| 组　分 | | 质量分数/% | 组　分 | | 质量分数/% |
|---|---|---|---|---|---|
| A 组分 | 硬脂酸甘油酯 | 2.6 | A 组分 | 二乙基己基丁酰胺三嗪酮 | 2.0 |
| | $C_{16}$/$C_{18}$醇醚-20 | 2.5 | | 二辛酰基醚 | 2.0 |
| | $C_{12}$～$C_{15}$烷基苯甲酸盐 | 4.3 | B 组分 | 芳香剂 | 0.5 |
| | 二癸酸/二辛酸丁二醇酯 | 3.5 | C 组分 | 甘油 | 7.5 |
| | Uvasorb®K2A | 3.0 | | 去离子水 | 加至 100.0 |
| | 异三嗪 | 1.0 | D 组分 | 乙二胺四乙酸三钠 | 0.3 |
| | 乙基己基三嗪酮 | 2.5 | E 组分 | 苯基苯并咪唑磺酸 | 1.5 |
| | 甲氧基肉桂酸乙基己酯 | 6.0 | | DMDM 乙内酰胺(二甲基二羟甲基乙内酰脲) | 0.05 |
| | 乙酸生育酚酯 | 0.75 | | 去离子水 | 3.5 |
| | 乙烯基吡咯烷酮/十六碳烯共聚物 | 1.5 | | | |
| | 苯氧基乙醇 | 0.5 | | | |

注：Uvasorb®K2A 为 2,4-二［4-[5-(1,1-二甲基丙基)苯并噁唑-2-基］苯胺]-6-[（2-乙基己基)亚胺]-1,3,5-三嗪。

制备工艺：

① 将 A 组分加热到 95℃，在反应温度下将 B 组分加入 A 组分中；

② 将 C 组分加热到 95℃后再加入 A、B 混合液中制成预备乳液；

③ 在反应温度下混合 A、B、C 然后按顺序加入组分 D 和 E；

④ 在 90℃、30Pa 条件下均质化，然后冷却至 28℃，即得成品。

配方 3：复合型防晒霜

| 组分 | | | 质量分数/% |
| --- | --- | --- | --- |
| 物理防晒剂 | | 氧化锌 | 2.0 |
| | | 二氧化钛 | 4.0 |
| 化学防晒剂 | UVB 防晒剂 | 水杨酸乙基己酯 | 3.0 |
| | | 氧基肉桂酸乙基己酯 | 6.0 |
| | | 胡莫柳酯 | 4.0 |
| | UVA 防晒剂 | 丁基甲氧基二苯甲酰基甲烷 | 3.0 |
| | | 双乙基己氧苯酚甲氧苯基三嗪 | 4.0 |
| 抗氧化剂 | | BHT | 0.1 |
| | | 维生素 C | 0.3 |
| 多肽 | | 肌肽 | 0.3 |
| 油脂 | 液态油 | 碳酸二辛酯 | 5.0 |
| | | 双丙甘醇二苯甲酸酯 | 2.0 |
| | | 辛基聚甲基硅氧烷 | 1.0 |
| | | 环五聚二甲基硅氧烷 | 1.5 |
| | 油相增稠剂 | 季铵盐-18 膨润土 | 0.5 |
| | | 硬脂酸镁 | 0.8 |
| 乳化剂 | | 鲸蜡基 PEG/PPG-10/1 聚二甲基硅氧烷 | 3.0 |
| | | 聚甘油-3 二异硬脂酸酯 | 2.0 |
| 保湿剂 | | 甘油 | 5.0 |
| | | 丁二醇 | 5.0 |
| | | 透明质酸钠 | 0.05 |
| 防腐剂 | | 羟苯丙酯 | 0.05 |
| | | 羟苯甲酯 | 0.15 |
| | | 苯氧乙醇 | 0.5 |
| 舒缓剂 | | 母菊花水 | 0.1 |
| 抗敏剂 | | 红没药醇 | 0.1 |
| 络合剂 | | 乙二胺四乙酸二钠 | 0.1 |
| 交联剂 | | 黄原酸 | 0.1 |
| 无机盐 | | 硫酸锌 | 1.0 |
| 香精 | | | 0.1 |
| 去离子水 | | | 加至 100.0 |

制备工艺：

① 将物理防晒剂与液态油混合后研磨，得到粉状物；

② 将研磨后的粉状物与油相增稠剂、乳化剂、抗氧化剂、化学防晒剂、防腐剂加入乳化锅中搅拌并加热到 80～85℃溶解；

③ 将去离子水、保湿剂、络合剂、交联剂、无机盐加入水相搅拌锅中，搅拌加热到 80～85℃并溶解完全，得到水相物质；

④ 将水相物质抽入乳化锅中，搅拌加热到 80℃，均质搅拌充分后降温；

⑤ 降温到 42～45℃，在乳化锅中加入抗敏剂、多肽、香精、舒缓剂后搅拌

均匀，降温到 38℃以下出料。

## 6.7 晒黑剂

晒黑剂是一种能达到适度晒黑的化妆品。其主要成分是可使黑色素沉积的中波紫外线吸收剂。此外，也可添加一些芝麻油、苦扁杏仁油或橄榄油等以改善紫外线吸收剂的性能。这种皮肤晒黑化妆品颇受部分喜欢皮肤黝黑健美的消费者欢迎。其有效成分主要是二羟基丙酮、甘油醛、赤藓酮糖等。

配方 1：晒黑油

| 组　　分 | 质量分数/% | 组　　分 | 质量分数/% |
|---|---|---|---|
| 对甲氧基肉桂酸酯 | 4.0 | 抗氧化剂 | 适量 |
| 芝麻油 | 20.0 | 肉豆蔻酸肉豆蔻酯 | 25.0 |
| 液体石蜡 | 51.0 | 香精 | 适量 |

制备工艺：将对甲氧基肉桂酸酯和香精溶于肉豆蔻酸肉豆蔻酯中，加入液体石蜡和芝麻油、抗氧化剂，混合均匀即得成品。

配方 2：晒黑剂

| 组　　分 | 质量分数/% | 组　　分 | 质量分数/% |
|---|---|---|---|
| 6-羟基-5-甲氧基吲哚 | 0.75 | 肉豆蔻酸异丙酯 | 4.0 |
| 硅油 | 10.0 | 凡士林 | 11.0 |
| 十六烷基聚氧乙烯醚 | 7.0 | 香精 | 适量 |
| 丙二醇 | 5.0 | 防腐剂 | 适量 |
| 硬脂醇 | 4.0 | 去离子水 | 加至 100.0 |
| 山梨醇(70%水溶液) | 10.0 | | |

制备工艺：

① 将丙二醇、去离子水、山梨醇溶液混合后加热到 80℃溶解，得到水相；

② 将 6-羟基-5-甲氧基吲哚、硅油、十六烷基聚氧乙烯醚、硬脂醇、肉豆蔻酸异丙酯、凡士林混合后加热到 80℃溶解，得到油相；

③ 在 80℃下，将油相加入水相中，乳化制得乳液；

④ 降温至 50℃加入香精和防腐剂，混合均匀冷却后即得晒黑剂。

# 7 美容类化妆品

美容类化妆品主要有色彩繁杂和气味芬芳两大特点，按照颜色区分主要分为白类、红类和墨类。白类主要包括香粉、粉饼和湿粉；红类主要包括唇膏、胭脂和指甲油；墨类主要包括眉笔、眼影和睫毛膏等。

美容类化妆品可直接赋予面部各种鲜明的色彩，通过改变肤色、添加阴影、增强立体感来修饰和美化容貌，通过给予身体各种芳香，进而愉悦人的内心，使使用者心情愉悦，充满自信与活力地去面对工作和生活。

## 7.1 美容化妆品的定义

美容即美化容貌，俗称化妆，而美容化妆用品和材料，称为美容化妆品(make-up cosmetics)。该类产品主要是用于脸面、眼部、唇及指甲等部位，以达到掩盖缺陷、赋予色彩、增加立体感及美化容貌的目的。根据所应用的部位不同，美容类产品一般分为脸部美容类化妆品、眼部美容类化妆品、指甲美容类化妆品、唇用美容类化妆品等。各类美容化妆产品因功能的不同，种类繁多。

## 7.2 美容化妆品配方实例

### 7.2.1 唇膏

唇膏（lipstick）又称口红，是一种重要的唇用化妆品，主要是将着色剂溶解或悬浮于由油、脂和蜡以适当比例混合的基料中制作而成。通过唇膏的使用，可赋予唇部诱人的色彩和美丽的外观，掩盖唇部缺陷，突出唇部优点；还能赋予唇部湿润的外观，减少嘴唇的干裂和皲裂，防止唇部细菌感染，同时给予人精神上一种愉快、舒适的感觉。

唇膏应具有的特性：组织结构好，膏体细腻，表面光洁，柔软度适中；涂覆方便，无油腻感觉，涂于唇肤上油润、光亮，起到滋润、柔和和保护作用，涂覆于嘴唇边不会向外化开，涂敷后无色条出现；不受气候条件变化的影响，夏天不熔化、不软；冬天不干、不硬，不易渗油，不易断裂；色泽鲜艳，均匀一致，附着性好，不易褪色；气味自然清新，使用感好；常温放置不变形、不变质、不酸败、不发霉；对唇部皮肤无毒无刺激。

**7.2.1.1　唇膏的色彩、光泽度、柔软度**

(1) 唇膏的色彩　唇膏常用的颜色是红色，通常唇膏的色调介于橙-黄和紫-蓝之间，甚至有用绿色的。颜色的深度和不透明度随时尚而变化，有不着色的润唇膏以及添加珠光粉的口唇光泽剂，有颜料分散于油、脂、蜡中的纯油质唇膏，也有分散于乳化体中的含水唇膏。但无论如何变化，配制唇膏的主要原理及原料是相同的。

通常使嘴唇着色有两种途径：一种是利用水溶性和油溶性染料渗透入唇的外表面，使唇部着色；另一种则是利用不溶性的色淀和颜料，形成遮光膜，遮盖粗糙表面，使唇表面平滑光亮。唇膏中的色素主要分为可溶性染料、不溶性颜料和珠光颜料三类。

① 可溶性染料。可溶性染料通过渗入唇部外表面皮肤而发挥着色作用。最常见的可溶性染料是溴酸红染料，包括橘红色的二溴荧光素、朱红色的四溴荧光素、紫色的四溴四氯化荧光素等。溴酸红不溶于水，制成的唇膏外表呈橙色，当涂敷于嘴唇上时，由于 pH 值的改变而变为鲜红色。单独使用溴酸红而不加其他不溶性颜料的唇膏称为变色唇膏。为了提高它在基质中的溶解性能，通常加入蓖麻油、多元醇脂肪酸酯等作为助溶剂。

② 不溶性颜料。不溶性颜料是一种极细的固体粉粒，经搅拌和研磨混合于油、脂、蜡基中，使唇膏涂于嘴唇，能留下一层鲜艳油膜。唇膏用的红色颜料多为有机颜料和色淀颜料。色淀颜料是由有机染料沉淀固着于无机基质制成的颜料，有较好的遮盖力，色彩鲜艳。不溶性颜料主要有色淀，如铝、钙、钡、锶等盐的色淀，以极细的固体粉末混入脂蜡基质中，色彩艳丽但附着力不强，多与可溶性染料联合使用。

③ 珠光颜料。用在化妆品中使产生珍珠色泽效果的物质称为珠光颜料(pearl pigment)，主要采用天然鱼鳞片、氧氯化铋及云母-二氧化钛膜。云母-二氧化钛膜由于综合性能优异而成为珠光颜料的主流，该产品使用平滑薄片的云母为核，在其表面形成一层均匀的二氧化钛膜，通过控制二氧化钛膜的厚薄，达到调节珠光色泽的目的。

（2）唇膏的光泽度　唇膏的光泽度体现唇膏涂布至嘴唇后的效果。光亮的唇膏涂后会使唇部显得生动丰满。赋予唇膏光亮度的原料有：油醇、白油（矿物油）、羊毛脂及其衍生物、蓖麻油和各种液态脂肪酸酯类。

（3）唇膏的柔软度　柔软度是衡量唇膏质量优劣的另一个重要指标。唇膏是棒状结构，既需要有一定的骨架，又需要在接触到嘴唇时易于熔化。太软则没有骨架，不易成型，即使成型仍易倒塌、断裂；太硬则涂布性差。唇膏柔软度的综合调配需要通过在油脂基料中加入合适比例的蜡质来实现，常用的有巴西棕榈蜡、小烛树蜡、蜂蜡、微晶蜡、地蜡、石蜡以及其他合成蜡。

### 7.2.1.2　唇膏的基质原料

唇膏的基质是由油、脂、蜡类原料组成的。理想的基质除对染料有一定的溶解性外，还必须具有一定的柔软性，能轻易地涂于唇部并形成均匀的薄膜，能使嘴唇润滑而有光泽，无过分油腻或干燥的感觉。同时应具有良好的耐候性，即夏天不软、不融、不出油，冬天不干、不硬、不脱裂。为达此要求，必须选用适宜的油、脂、蜡类原料（表 7-1）。

表 7-1　唇膏常用基质原料的性能和用途

| 物质 | 性能和用途 |
|---|---|
| 巴西棕榈蜡 | 熔点 83℃左右，在唇膏中作硬化剂使用，能提高膏体熔点而不影响其触变性能，并赋予唇膏光泽和热稳定性，用量过多会引起唇膏脆化，用量一般不超过 5% |
| 地蜡 | 熔点较高（61～78℃），在浇模时会使膏体收缩而与模型分离，能吸收液体石蜡而不使其外析，用量过多会影响膏体表面光泽，常与巴西棕榈蜡配合使用 |
| 微晶蜡 | 与白蜡复配使用，可防止白蜡结晶变化，改善基质的流变性，熔点较高 |
| 液体石蜡 | 能增加唇膏光泽，但对色素无溶解力，与蓖麻油配伍性差，不宜多用 |
| 可可脂 | 优良的润滑剂和光泽剂，熔点（30～35℃）接近体温，易在唇上涂布，但用量不宜超过 8%，否则日久会使表面凹凸不平，暗淡无光 |
| 凡士林 | 用于调节基质的黏度，具有润滑作用，可改善产品的铺展性。大量使用会增加黏着性，与蓖麻油较难混溶 |
| 低度氢化的植物油 | 熔点 38℃左右，是唇膏中较为常用的油脂原料，性质稳定，能增加唇膏的涂布性能 |
| 无水羊毛脂 | 光泽好，与其他油脂、蜡有很好的配伍性，耐候性好，可防止唇膏出水，但有臭味，易吸水，用量不宜多 |
| 鲸蜡和鲸蜡醇 | 有较好的润滑作用。鲸蜡能增加触变性能，但熔点较低，易脆裂。鲸蜡醇对溴酸红有一定溶解能力，但对涂膜的光泽有不良影响，所以二者的用量均不宜太多 |
| 有机硅 | 使产品着妆持久，不油腻，色彩不转移，并具有很好的光泽度，使用方便 |
| 其他 | 常用的还有小烛树蜡、卵磷脂、蜡状二甲基硅氧烷、脂肪酸乙二醇酯和高分子甘油酯 |

### 7.2.1.3　唇膏制作方法

原色唇膏的制法是将溴酸红溶解或分散于蓖麻油及其他溶剂的混合物中；将色淀调入熔化的软脂和液态油的混合物中，经胶体磨研磨使其分散均匀；将羊毛脂、蜡类一起熔化，温度略高于配方中最高熔点的蜡；然后将三者混合，再经一次研磨；当温度降至较混合物熔点约高 5～10℃时即可浇模，并快速冷却；香精在混合物完全熔化时加入。

变色唇膏的制法是将溴酸红在溶剂（蓖麻油）内加热溶解，加入高熔点的蜡，待熔化后加入软脂、液态油，搅拌均匀后加入香精，混合均匀后即可浇模。

无色润唇膏是近年来较为流行的产品，其制法是将油、脂、蜡混合，加热熔化，然后加入磨细的尿囊素，在搅拌下加入香精，混合均匀后即可浇模。

#### 7.2.1.4 配方举例

配方1：唇膏

| 组分 | | 质量分数/% | 组分 | | 质量分数/% |
|---|---|---|---|---|---|
| A组分 | 凡士林 | 33.4 | B组分 | 硬脂酸丁酯 | 3.8 |
| | 白油 | 21.0 | | 对羟基苯甲酸乙酯 | 0.2 |
| | 鲸蜡 | 4.8 | | 二叔丁基对甲酚 | 0.01 |
| | 羊毛脂 | 4.8 | | 溴酸红染料 | 7.6 |
| | 蜂蜡 | 2.9 | C组分 | 尿囊素 | 0.1 |
| B组分 | 单硬脂酸甘油酯 | 21.0 | D组分 | 玫瑰香精 | 0.39 |

制备工艺：

① 在不锈钢混合机中加入配方量的A组分，加热至75℃；充分搅拌均匀后，从底部放料口送至三辊机研磨3次；然后转入真空脱泡锅内待用；

② 将配方量的B组分放入熔化锅内，加热至82℃，熔化后充分搅拌均匀；过滤后转入真空脱泡锅内待用；

③ 将步骤①、②得到的产物混合均匀后，降温至40℃，加入配方量的C组分和D组分，搅拌至彻底均匀；

④ 将步骤③得到的产物进行浇注后即可。

配方2：水貂油唇膏

| 组分 | | 质量分数/% | 组分 | | 质量分数/% |
|---|---|---|---|---|---|
| A组分 | 蓖麻油 | 22.7 | B组分 | 水貂油 | 10.9 |
| | 橄榄油 | 15.2 | | 溴酸红染料 | 12.6 |
| | 椰子油 | 12.6 | | 硅氧烷 | 1.7 |
| | 蜂蜡 | 10.9 | C组分 | 维生素A | 0.3 |
| | 巴西棕榈蜡 | 11.8 | | 维生素E | 0.3 |
| | 对羟基苯甲酸乙酯 | 0.3 | | 香精 | 0.7 |

制备工艺：

① 在不锈钢混合机中加入配方量的溴酸红染料，加入水貂油和硅氧烷，加热至75℃；充分搅拌均匀后，从底部放料口送至三辊机研磨3次；然后转入真空脱泡锅内待用；

② 将配方量的A组分放入熔化锅内，加热至82℃，熔化后充分搅拌均匀；过滤后转入真空脱泡锅内待用；

③ 将步骤①、②得到的产物混合均匀后，降温至40℃，加入配方量的C组

分，搅拌至彻底均匀；

④ 将步骤③得到的产物进行浇注后即可。

配方 3：防晒多效护唇膏

| 组　　分 | 质量分数/% | 组　　分 | 质量分数/% |
|---|---|---|---|
| 蜜蜡 | 28.4 | 菜籽油 | 14.0 |
| 杏仁油 | 19.0 | 马齿苋提取物 | 3.7 |
| 橄榄蜡 | 7.4 | 薄荷精油 | 3.7 |
| 米胚芽油 | 12.3 | 纳米二氧化钛 | 3.7 |
| 木春菊提取物 | 3.7 | 纳米氧化锌 | 4.1 |

制备工艺：

① 将配方量的杏仁油、米胚芽油、菜籽油混合加热；

② 加入蜜蜡、橄榄蜡继续加热，混匀；

③ 加入纳米二氧化钛、纳米氧化锌进行研磨，得到均一膏体；

④ 在膏体中加入薄荷精油、马齿苋提取物和木春菊提取物，充分搅拌均匀；

⑤ 倒入模具中，室温冷却，脱模灭菌即可。

配方 4：防晒护唇膏

| 组　　分 | 质量分数/% | 组　　分 | 质量分数/% |
|---|---|---|---|
| 烟酰胺 | 0.6 | 烯蜡 | 4.4 |
| 阿伏苯宗 | 0.2 | 蓖麻油 | 20.0 |
| 纳米氧化锌 | 0.1 | 液体石蜡 | 20.0 |
| 纳米二氧化钛 | 0.1 | 薄荷精油 | 5.6 |
| 聚甘油-2-三异硬脂酸酯 | 28.0 | 木春菊提取物 | 7.5 |
| 蜜蜡 | 6.0 | 尼泊金乙酯 | 4.4 |
| 橄榄蜡 | 3.1 | | |

制备工艺：

① 将配方量的聚甘油-2-三异硬脂酸酯、蓖麻油、液体石蜡混合加热；

② 加入蜜蜡、橄榄蜡、烯蜡继续加热，混合均匀；

③ 加入纳米二氧化钛、纳米氧化锌研磨得到均一膏体；

④ 在膏体中加入薄荷精油、木春菊提取物、烟酰胺、阿伏苯宗搅拌均匀；

⑤ 倒入模具浇注即可。

配方 5：透气唇膏

| 组　　分 | 质量分数/% | 组　　分 | 质量分数/% |
|---|---|---|---|
| 单硬脂酸甘油酯 | 25.0 | 椰子油 | 5.0 |
| 羊毛脂 | 18.0 | 卡拉巴蜡 | 3.5 |
| 蓖麻油 | 29.3 | 溴酸红染料 | 5.0 |
| 蜂蜡 | 14.0 | 对羟基苯甲酸丙酯 | 0.2 |

制备工艺：按配方量称取上述原料，混合加热，搅拌均匀，倒模浇注即可。

配方 6：变色唇膏

| 组　　分 | 质量分数/% | 组　　分 | 质量分数/% |
| --- | --- | --- | --- |
| 单硬脂酸油脂 | 38.0 | 白油 | 6.7 |
| 巴西棕榈蜡 | 4.0 | 棕榈酸异丙酯 | 4.8 |
| 凡士林 | 4.7 | 溴酸红 | 4.8 |
| 蓖麻油 | 34.0 | 尼泊金丙酯 | 0.03 |
| 羊毛脂 | 2.9 | 香精 | 0.07 |

制备工艺：

① 按比例称取蓖麻油、溴酸红，边搅拌边加热；

② 将除香精外其他原料全部熔化后充分搅拌均匀；

③ 将①和②物料混合，加入香精，三辊研磨机研磨 5 次，真空脱气，45℃下浇注成型即可。

配方 7：天然护唇膏

| 组　　分 | 质量分数/% |
| --- | --- |
| 植物油<br>（橄榄油、乳木果油、蓖麻油、葡萄籽油、月见草油的比例为 10∶1∶2∶6∶1） | 加至 100.0 |
| 植物蜡<br>（天然蜂蜡） | 30.0 |
| 天然辅料<br>（蜂蜜∶玫瑰花提取液的比例为 9∶1） | 29.5 |
| 维生素 E | 0.5 |

制备工艺：

① 按比例称取植物油，搅拌加热；

② 在植物油中加入天然蜂蜡混合加热，搅拌均匀，最后按比例加入天然辅料蜂蜜和玫瑰花提取液以及维生素 E，搅拌均匀，倒模浇注即可。

配方 8：滋润保湿护唇膏

| 组　　分 | 质量分数/% | 组　　分 | 质量分数/% |
| --- | --- | --- | --- |
| 蜂蜜 | 40.0 | 珍珠粉 | 25.0 |
| 维生素 E | 15.0 | 甘油 | 20.0 |

制备工艺：按比例称取蜂蜜、维生素 E、珍珠粉、甘油，搅拌均匀即可。

配方 9：天然保湿唇膏

| 组　　分 | 质量分数/% | 组　　分 | 质量分数/% |
| --- | --- | --- | --- |
| 羊脂酸 | 4.5 | 玫瑰水 | 23.0 |
| 柠檬酸 | 9.4 | 桂花提取精华 | 18.0 |
| 不饱和脂肪酸 | 7.5 | 凡士林 | 4.5 |
| 橄榄油 | 9.0 | 蜂蜡 | 15.0 |
| 复合维生素 | 7.6 | 香精 | 1.5 |

制备工艺：

① 按比例称取橄榄油，搅拌加热；

② 在橄榄油中加入羊脂肪、蜂蜡、凡士林，混合加热，搅拌均匀；

③ 最后按比例加入柠檬酸、不饱和脂肪酸、复合维生素、玫瑰水、桂花提取精华、香精，搅拌均匀即可。

配方 10：保湿润唇膏

| 组　　分 | 质量分数/% | 组　　分 | 质量分数/% |
|---|---|---|---|
| 甘油酯 | 22.0 | 羟苯丙酯 | 1.6 |
| 二乙酸牛油脂 | 70.0 | 透明质酸钠 | 1.6 |
| 维生素 E 乙酸酯 | 1.6 | 桂花香精 | 1.6 |
| 羟苯甲酯 | 1.6 | | |

制备工艺：

① 按比例称取二乙酸牛油脂，搅拌加热；

② 在二乙酸牛油脂中加入甘油酯、维生素 E 乙酸酯、羟苯甲酯、羟苯丙酯、透明质酸钠和桂花香精，搅拌均匀即可。

配方 11：可食用唇膏

| 组　　分 | 质量分数/% | 组　　分 | 质量分数/% |
|---|---|---|---|
| 蓖麻油 | 30.0 | 维生素 E | 4.7 |
| 棕榈油 | 13.0 | 淀粉 | 7.4 |
| 鲨鱼肝油 | 6.5 | 蜂蜜 | 6.0 |
| 聚氧丙烯羊毛醇醚 | 10.0 | 香精 | 4.7 |
| 蜜蜡 | 8.4 | 乙二醇双硬脂酸酯 | 9.3 |

制备工艺：将上述原料按比例称量加入搅拌器中，加热搅拌均匀，保持温度 55℃，搅拌 2h，然后用三辊机反复研磨 4 次，之后进行真空脱气，在 40℃下浇注成型即可。

配方 12：安全唇膏

| 组　　分 | 质量分数/% | 组　　分 | 质量分数/% |
|---|---|---|---|
| 杏仁油 | 29.0 | 椰油醇 | 2.6 |
| 棉籽油 | 15.8 | 淀粉 | 9.2 |
| 月见草油 | 19.8 | 蜂蜜 | 5.2 |
| 羊毛脂酸异丙酯 | 5.3 | 香精 | 2.5 |
| 蜜蜡 | 6.6 | 脂肪酸单乙醇酰胺 | 4.0 |

制备工艺：将上述原料按比例称量加入搅拌器中，加热搅拌均匀，保持温度 50℃，搅拌 2.5h，然后用三辊机反复研磨 5 次，之后进行真空脱气，在 45℃下浇注成型即可。

配方 13：防过敏唇膏

| 组　　分 | 质量分数/% | 组　　分 | 质量分数/% |
|---|---|---|---|
| 橄榄油 | 16.0 | 椰油醇 | 6.6 |
| 杏核油 | 10.5 | 蜂蜜 | 7.9 |
| 月见草油 | 15.5 | 香精 | 2.6 |
| 聚氧乙烯羊毛醇醚 | 9.0 | 淀粉 | 15.8 |
| 蜜蜡 | 9.5 | 脂肪酸单乙醇酰胺 | 6.6 |

制备工艺：将上述原料按比例称量加入搅拌器中，加热搅拌均匀，保持温度53℃，搅拌3h，然后用三辊机反复研磨4次，之后进行真空脱气，在42℃下浇注成型即可。

配方14：长效保湿润唇膏

| 组　分 | 质量分数/% | 组　分 | 质量分数/% |
| --- | --- | --- | --- |
| 橄榄油 | 52.0 | 尿囊素 | 0.3 |
| 玫瑰果油 | 15.0 | 氨基酸保湿剂 | 0.7 |
| 小麦胚芽油 | 10.5 | 蜂蜡 | 20.0 |
| 甘油 | 1.5 | | |

制备工艺：将上述原料按比例称量加入搅拌器中，加热搅拌均匀，保持温度54℃，搅拌2h，然后用三辊机反复研磨4次，之后进行真空脱气，在43℃下浇注成型即可。

配方15：温和清爽润唇膏

| 组　分 | 质量分数/% | 组　分 | 质量分数/% |
| --- | --- | --- | --- |
| 茶籽油 | 15.9 | 维生素E | 4.3 |
| 乳木果油 | 5.8 | 乙二醇双硬脂酸酯 | 5.1 |
| 沙棘油 | 15.4 | 甘油 | 5.8 |
| 洋甘菊提取液 | 5.8 | 凡士林 | 4.3 |
| 羊毛脂酸 | 9.4 | 棕榈酸异辛酯 | 2.9 |
| 果胶 | 8.7 | 蜂蜡 | 4.3 |
| 鲨鱼肝油 | 3.6 | HA | 2.9 |
| 蜂蜜 | 5.8 | | |

制备工艺：将上述原料按比例称量加入搅拌器中，加热搅拌均匀，保持温度50℃，搅拌2.5h，然后用三辊机反复研磨5次，之后进行真空脱气，在40℃下浇注成型即可。

配方16：防晒透明唇膏

| 组　分 | | 质量分数/% | 组　分 | | 质量分数/% |
| --- | --- | --- | --- | --- | --- |
| A组分 | 二丁基月桂酰谷氨酰胺 | 3.73 | A组分 | 胡莫柳酯 | 8.47 |
| | 聚酰胺 | 2.03 | | $C_{10}$～$C_{30}$酸胆固醇/羊毛甾醇混合酯 | 4.85 |
| | 双硬脂基乙二胺/新戊二醇/硬脂醇氢化二聚亚油酸酯共聚物(聚酰胺-8) | 14.39 | | 氢化$C_6$～$C_{20}$聚烯烃 | 8.21 |
| | $C_{12}$～$C_{15}$醇苯甲酸酯 | 16.10 | | 糊精异硬脂酸酯 | 1.52 |
| | 十一烯酸庚酯 | 27.1 | B组分 | 维生素E乙酸酯 | 0.2 |
| | 二苯甲酮-3 | 8.47 | | 红没药醇 | 0.5 |
| | 水杨酸乙基己酯 | 4.23 | | 羟苯丙酯 | 0.1 |
| | | | | 色素、香精 | 0.1 |

制备工艺：

① 将A组分混合均匀，搅拌升温到130℃，完全熔化至透明；

② 加入B组分，保持温度100℃，搅拌均匀至完全溶解；

③ 降温至95℃，将混合物注入模具，冷却到10℃脱模即可。

配方17：透明润肤唇膏

| 组　分 | 质量分数/% | 组　分 | 质量分数/% | 组　分 | 质量分数/% |
| --- | --- | --- | --- | --- | --- |
| 地蜡 | 4.3 | 固体石蜡 | 3.4 | 肉豆蔻酸异丙酯 | 4.3 |
| 蜂蜡 | 4.3 | 白凡士林 | 8.6 | 色素 | 0.4 |
| 微晶蜡 | 2.6 | 可可脂 | 4.3 | 香精 | 0.4 |
| 蓖麻油 | 21.5 | 白油 | 6.4 | 去离子水 | 34.3 |
| 羊毛脂 | 4.3 | 羊毛酸 | 0.9 | | |

制备工艺：

① 按比例称量地蜡、蜂蜡、微晶蜡、蓖麻油、羊毛脂、固体石蜡、白凡士林、可可脂、白油、羊毛酸和肉豆蔻酸异丙酯进行混合；

② 在步骤①混合物料中加入去离子水，70℃下加热25min，搅拌均匀；

③ 在步骤②所得混合物中加入香精和色素，搅拌均匀，冷却至30℃即可。

配方18：含维生素的唇膏

| 组　分 | 质量分数/% | 组　分 | 质量分数/% | 组　分 | 质量分数/% |
| --- | --- | --- | --- | --- | --- |
| 蓖麻油 | 39.0 | 地蜡 | 11.7 | 颜料 | 7.8 |
| 羊毛脂 | 14.6 | 单甘酯 | 7.8 | 抗氧剂 | 0.8 |
| 巴西蜡 | 6.8 | 维生素E | 1.0 | 香精 | 0.8 |
| 蜂蜡 | 7.8 | 溴酸红 | 1.9 | | |

制备工艺：将蓖麻油与巴西蜡、蜂蜡、地蜡混合，搅拌，再加入羊毛脂、单甘酯，保持连续搅拌，再加入溴酸红、颜料，最后缓慢加入抗氧剂、香精和维生素E，搅拌均匀即可。

### 7.2.2 腮红

腮红，又称为胭脂，因使用后可使面颊呈现健康红润的颜色，并且能修饰脸型、美化肤色，因而成为彩妆必备用品。现在常见的腮红产品主要为腮红液、腮红粉、腮红膏等。其中，腮红粉需要特定的刷子辅助上色，且比较干燥，容易因脱粉而使腮红颜色脱落，效果不持久；腮红液携带不方便，容易倾洒，且容易上色不均匀，不适于一般消费者；腮红膏需要借助其他辅助工具如刷子、手先晕染开，易造成上色不均匀。

配方1：腮红液

| 组　分 | 质量分数/% | 组　分 | 质量分数/% |
| --- | --- | --- | --- |
| 甲基纤维素溶液(2.5%,质量分数) | 5.6 | 珍珠粉 | 2.8 |
| 去离子水 | 加至100.0 | 胶态硅酸 | 1.9 |
| 聚乙二醇 | 10.3 | 尼泊金甲酯 | 1.4 |
| 甘油 | 8.5 | 颜料 | 8.5 |

制备工艺：50℃条件下，将甲基纤维素溶液（甲基纤维素在50℃条件下溶

于去离子水中形成甲基纤维素溶液，其质量分数为2.5%）加入去离子水中，然后搅拌条件下，向溶液中加入聚乙二醇、甘油、珍珠粉、胶态硅酸、尼泊金甲酯，搅拌均匀加入颜料，继续搅拌混合均匀后冷却到室温即可。

配方2：胭红膏

| 组　分 | 质量分数/% | 组　分 | 质量分数/% | 组　分 | 质量分数/% |
|---|---|---|---|---|---|
| 高岭土 | 9.0 | 微晶蜡 | 4.2 | 硼砂 | 0.6 |
| 钛白粉 | 3.0 | 地蜡 | 3.9 | 香精 | 1.8 |
| 碳酸镁 | 3.3 | 羊毛脂 | 3.9 | 防腐剂 | 0.4 |
| 白油 | 6.0 | 聚乙二醇 | 4.2 | 蒸馏水 | 59.7 |

制备工艺：

① 将蒸馏水加入容器中，依次加入高岭土、钛白粉、碳酸镁、白油、微晶蜡、地蜡、羊毛脂、聚乙二醇和硼砂，搅拌均匀；

② 在步骤①所得混合物中加入香精和防腐剂，混合均匀即可。

配方3：乳液胭红

| 组　分 | 质量分数/% | 组　分 | 质量分数/% | 组　分 | 质量分数/% |
|---|---|---|---|---|---|
| 硬脂酸 | 1.9 | 凡士林 | 1.2 | 丙二醇 | 15.4 |
| 羊毛脂 | 1.2 | 碳酸镁 | 4.9 | 抗氧化剂 | 5.6 |
| 钛白粉 | 2.5 | 白油 | 1.2 | 香精 | 3.1 |
| 油酸 | 4.9 | 颜料 | 3.7 | 去离子水 | 加至100.0 |

制备工艺：

① 按比例称取硬脂酸、羊毛脂、钛白粉、油酸、凡士林、碳酸镁、白油、颜料和丙二醇，混合均匀；

② 在步骤①所得混合物中加入去离子水，80℃混合搅拌加热20min；

③ 最后加入抗氧化剂、香精，搅拌均匀，冷却至30℃即可。

配方4：轻薄贴肤气垫胭红

| 组　分 | 质量分数/% | 组　分 | 质量分数/% |
|---|---|---|---|
| 月桂基PEG-10三（三甲基硅氧基）硅乙基聚甲基硅氧烷 | 2.0 | 维生素E乙酸酯 | 0.5 |
|  |  | 异硬脂醇异硬脂酸酯 | 2.0 |
| 月桂基PEG-9聚二甲基硅氧乙基聚二甲基硅氧烷 | 2.5 | 碳酸二辛酯 | 4.0 |
|  |  | 水杨酸乙基己酯 | 2.0 |
| PEG-10聚二甲基硅氧烷 | 1.5 | 甲氧基肉桂酸乙基己酯 | 2.0 |
| 红没药醇 | 0.2 | 硬脂酸镁 | 0.8 |
| 环五聚二甲基硅氧烷/三甲基硅氧基硅酸酯 | 3.0 | 二氧化钛 | 8.0 |
|  |  | 氧化铁红 | 0.7 |
| 苯基三甲基硅氧烷 | 10.0 | 氧化铁黄 | 0.6 |
| 聚二甲基硅氧烷 | 4.0 | 氧化铁黑 | 0.05 |
| 环五聚二甲基硅氧烷 | 5.0 | 二硬脂二甲铵锂蒙脱石 | 0.4 |
| 刺阿干树仁油 | 0.5 | 硫酸镁 | 0.2 |
| 小麦胚芽油 | 0.5 | 氯化钠 | 0.4 |
| 橄榄果油 | 0.5 | 甘油 | 5.0 |

续表

| 组　分 | 质量分数/% | 组　分 | 质量分数/% |
| --- | --- | --- | --- |
| 丙二醇 | 4.0 | 金盏花提取物 | 2.0 |
| 丁二醇 | 3.0 | 枇杷叶提取物 | 0.2 |
| 双丙甘醇 | 2.0 | 欧刺柏果提取物 | 0.3 |
| β-葡萄糖 | 1.5 | 松根提取物 | 0.2 |
| 甘草酸二钾 | 0.2 | 萹蓄提取物 | 0.3 |
| 百金花提取物 | 0.5 | 苯氧乙醇/乙基己基甘油 | 1.0 |
| 葡萄果提取物 | 1.0 | 云母 | 2.5 |
| 假叶树根提取物 | 2.0 | 香精 | 0.2 |
| 积雪草提取物 | 2.0 | 去离子水 | 加至100.0 |

制备工艺：

① 将二氧化钛、色粉（氧化铁红、氧化铁黄、氧化铁黑）、硅油（苯基三甲基硅氧烷、聚二甲基硅氧烷、环五聚二甲基硅氧烷）和乳化剂（PEG-10 聚二甲基硅氧烷）混合并研磨 2～3 次至细腻，得到第一混合物；

② 将碳酸二辛酯与硬脂酸镁混合，加热至 80～85℃至硬脂酸镁完全溶解透明，再加入余下乳化剂 [月桂基 PEG-10 三（三甲基硅氧基）硅乙基聚甲基硅氧烷、月桂基 PEG-9 聚二甲基硅氧乙基聚二甲基硅氧烷]、油脂（红没药醇、环五聚二甲基硅氧烷/三甲基硅烷氧基硅酸酯、刺阿干树仁油、小麦胚芽油、橄榄果油、维生素 E 乙酸酯、异硬脂醇异硬脂酸酯）、防晒剂（水杨酸乙基己酯、甲氧基肉桂酸乙基己酯）、增稠剂（二硬脂二甲铵锂蒙脱石）搅拌均匀，与第一混合物混合，并加热至 50～60℃，均质分散至均匀无颗粒，得到第二混合物；

③ 将去离子水加热至 90℃，再加入无机盐（硫酸镁、氯化钠）、多元醇（甘油、丙二醇、丁二醇、双丙甘醇）搅拌溶解均匀，保温 30min 灭菌，再降温至 55℃以下，得到第三混合物；

④ 在搅拌状态下，将所述第三混合物缓慢均匀抽入所述第二混合物中，搅拌均匀，并均质；

⑤ 搅拌降温至 40℃，添加皮肤调理剂（β-葡萄糖、甘草酸二钾、百金花提取物、葡萄果提取物、假叶树根提取物、积雪草提取物、金盏花提取物、枇杷叶提取物、欧刺柏果提取物、松根提取物、萹蓄提取物）、防腐剂（苯氧乙醇/乙基己基甘油）、香精，均质并搅拌均匀，加入云母搅拌均匀即可。

### 7.2.3 眉笔

眉笔（eyebrow pencil）又称为眉墨，主要用于眉毛颜色和形态的修饰。通过使用眉笔可加深眉毛的颜色，画出和脸型、肤色、眼睛协调一致，甚至与气质、言谈相融合的眉毛。眉笔呈黑色或棕色，外形类似普通铅笔，蜡质外覆盖以木制外壳，也有自动眉笔，其颜料含量高于膏状眼影。

眉笔的生产分为笔芯和木条两部分，其制法是：将全部油脂、蜡放在一起，熔化后加入颜料，不断搅拌均匀后，倒入盘内冷却凝固，切成薄片，经研磨机两次研磨后，再通过压条机压制成笔芯。开始时笔芯较软而韧，但放置一定时间后，会逐渐变硬。眉笔中蜡质含量相对较高，通过调整高熔点蜡的组成和比例，可调节眉笔的软硬程度。

推管式眉笔的制法是：将颜料和适量的凡士林和白油研磨均匀成颜料浆，将余下的油、脂、蜡混合并加热熔化，再加入颜料浆，搅拌均匀后，浇入模具中，冷却制成笔芯。将笔芯插在笔芯座上，使用时用手指推动底座即可将笔芯推出。

眉笔虽然是一种化妆品，但是很少在化妆品厂生产，由于其生产设备和工艺与蜡笔、铅笔等接近，因此眉笔大多在铅笔厂生产。

配方 1：天然无毒眉笔 1

| 组　　分 | 质量分数/% | 组　　分 | 质量分数/% |
|---|---|---|---|
| 红金石型钛白粉 | 17.0 | 橄榄油 | 4.0 |
| 木蜡 | 12.0 | 凡士林 | 4.0 |
| 氧化铁 | 7.0 | 软脂酸甘油酯 | 7.0 |
| 液体石蜡 | 9.0 | 香精 | 7.0 |
| 黄色氧化铁 | 15.0 | 滑石粉 | 7.0 |
| 软脂酸 | 11.0 | | |

制备工艺：

① 将钛白粉、氧化铁、滑石粉用混合机充分混合；

② 将其他部分混合加热熔解后，均匀加入步骤①混合好的粉体中，用粉碎机处理后，压缩成型即可。本法制得的眉笔具有天然无毒、容易涂敷、软硬适当、使用时不易断裂等优点。

配方 2：眉笔 1

| 组　　分 | 质量分数/% | 组　　分 | 质量分数/% |
|---|---|---|---|
| 氧化铁 | 10.4 | 蜂蜡 | 6.0 |
| 滑石粉 | 11.3 | 硬化蓖麻油 | 4.3 |
| 高岭土 | 13.0 | 凡士林 | 5.5 |
| 珠光颜料 | 13.0 | 羊毛脂 | 3.5 |
| 木蜡 | 20.0 | 角鲨烷 | 2.6 |
| 硬脂酸 | 10.4 | | |

配方 3：眉笔 2

| 组　　分 | 质量分数/% | 组　　分 | 质量分数/% |
|---|---|---|---|
| 氧化铁黑 | 20.3 | 二氧化钛 | 8.8 |
| 滑石粉(225 目) | 33.8 | 硅油 | 8.8 |
| 赖氨酸 | 8.8 | 防腐剂 | 1.4 |
| 氧化铁红 | 2.7 | 脂肪酸甲酯 | 2.0 |
| 甲氧基肉桂酸辛酯 | 10.0 | 棕榈酸异辛酯 | 3.4 |

制备工艺：按照配比称取各组分，混合均匀，压缩成型即可。

配方 4：眉笔 3

| 组　　分 | 质量分数/% | 组　　分 | 质量分数/% |
|---|---|---|---|
| 石蜡 | 20.0 | 滑石粉 | 10.0 |
| 凡士林 | 10.0 | 巴西棕榈蜡 | 5.0 |
| 羊毛脂 | 10.0 | 矿脂 | 20.0 |
| 可可脂 | 2.0 | 香精 | 4.0 |
| 蜂蜡 | 18.0 | 防腐剂 | 1.0 |

制备工艺：将石蜡、凡士林、羊毛脂、可可脂、蜂蜡、滑石粉、羊毛脂、巴西棕榈蜡和矿脂搅拌均匀，再加入香精和防腐剂，混合均匀即可。

配方 5：含植物提取物的眉笔

| 组　　分 | 质量分数/% | 组　　分 | 质量分数/% |
|---|---|---|---|
| 药用级的黄腐酸 | 15.0 | 蓖麻油 | 2.0 |
| 植物提取物① | 8.0 | 羊毛脂 | 15.0 |
| 褐煤蜡 | 15.0 | 高岭土 | 15.0 |
| 蜂蜡 | 25.0 | 天然色素② | 5.0 |

① 植物提取物为以下质量配比

| 组　　分 | 质量分数/% | 组　　分 | 质量分数/% |
|---|---|---|---|
| 侧柏叶提取物 | 7.0 | 红景天提取物 | 7.0 |
| 银杏提取物 | 7.0 | 葡萄籽提取物 | 29.0 |
| 金盏花提取物 | 14.0 | 五味子提取物 | 29.0 |
| 迷迭香提取物 | 7.0 | | |

② 天然色素为以下质量配比

| 组　　分 | 质量分数/% | 组　　分 | 质量分数/% |
|---|---|---|---|
| 黑芝麻色素 | 24.0 | 黑加仑色素 | 8.0 |
| 花青素 | 8.0 | 植物炭黑 | 60.0 |

制备工艺：

① 备料。按质量分别称取各组分，然后将其中的黄腐酸、植物提取物、天然色素及高岭土粉碎后过 800～1100 目筛，备用。

② 融合。先将褐煤蜡、蜂蜡置于反应釜中，在转速 20～40r/min 搅拌条件下升温至 80～90℃使得蜡块全部熔化，然后将转速升高至 80～100r/min，再以此加入高岭土、蓖麻油、羊毛脂、天然色素、黄腐酸，且各种成分加入的时间间隔为 1～2min，加料完毕后在相同温度和转速条件下混料融合 5～10min，之后将物料转入三辊机，备用。

③ 研磨。用三辊机将步骤②得到的物料研磨 6～8 遍，之后将研磨好的物料转移至浇注槽，备用。

④ 成型。将浇注槽升温至 75～85℃，再加入植物提取物，充分搅拌 30～40min，之后升温至 110～120℃，并将物料转移至浇注机，压出，之后按照现有

制造眉笔的工艺流程装配出成品眉笔。

配方6：天然无毒眉笔2

| 组　分 | 质量分数/% | 组　分 | 质量分数/% |
| --- | --- | --- | --- |
| 氧化铁 | 10.0 | 蜂蜡 | 5.0 |
| 滑石粉 | 10.0 | 硬化蓖麻油 | 5.0 |
| 高岭土 | 15.0 | 凡士林 | 4.0 |
| 珠光颜料 | 15.0 | 羊毛脂 | 3.0 |
| 木蜡 | 20.0 | 角鲨烷 | 3.0 |
| 硬脂酸 | 10.0 | | |

制备工艺：将配方中氧化铁、滑石粉、高岭土、珠光颜料四种组分研磨成粉末，用混料机充分混合后备用；将其余组分混合，加热至溶解，再倒入上述备用的粉末混合物，充分搅拌炼制成笔芯，加上木杆成铅笔状即可。

## 7.2.4 眼影

眼影（eye shadow）主要涂在眼睑和眼角上，通过产生阴影和色调反差，达到强化眼神，使眼睛美丽动人的目的。无论从色调、彩度和亮度而言，眼影都是化妆品中最丰富多彩的一个系列。色泽的变化可从黑、白、红、黄到蓝、棕、褐以及青、绿、茶、紫，有时可在其中夹杂闪光金属颗粒，使所产生的“银色”和“金色”效应得以加强。具体的眼影制品有粉饼状、膏状和笔状。

### 7.2.4.1 眼影的分类

(1) 眼影粉饼　眼影粉饼（eye shadow cake）类似带有不同颜料系统的胭脂，是最流行的眼影制品。一般来说，眼影粉饼所含颜料量比胭脂多，主要原料有滑石粉、硬脂酸锌、高岭土、碳酸钙、无机颜料、珠光颜料、防腐剂、黏合剂等。

滑石粉应选择滑爽及半透明状的，由于粉质眼影块中含有氧氯化铋珠光剂，故滑石粉的颗粒不能过细，否则会减少粉质的透明度，影响珠光效果，采用透明片状滑石粉，则珠光效果更佳。

碳酸钙具有不透明性，适用于无珠光的眼影粉饼。

颜料多采用无机颜料，如氧化铁棕、氧化铁红、氧化铁黄、群青、炭黑等。

常用的黏合剂有棕榈酸异丙酯、高碳脂肪醇、羊毛脂、白油等。当加入颜料配比较高时，要适当提高黏合剂的用量，才能压制成粉饼。

(2) 眼影膏　眼影膏（eye shadow paste）的制造工艺与胭脂膏、唇彩的类似。先将颜料与凡士林等脂质混合，再在三辊研磨机中研磨后倒入已熔化有油、脂、蜡的锅内，经搅拌，使产品呈均匀的液体状态时倾入合适容器成型，或将粉体颜料直接搅拌入熔融的油、脂、蜡的基质中，并经三辊研磨机研磨，以保证着色剂均匀分布。

各种颜色的颜料可参考以下配比：蓝色（群青 65%，钛白粉 35%）；绿色（铬绿 40%，钛白粉 60%）；棕色（氧化铁 85%，钛白粉 15%）。

(3) 眼影笔　眼影笔（eye shadow pencil）类似唇膏，含有较高比例的蜡，如纯地蜡、巴西棕榈蜡等。颜料仍需研磨，以保证色调的均匀性。

无论何种类型的眼影，均要求使用方便和涂抹均匀，同时应具有良好的防水性，以避免形成斑纹。

#### 7.2.4.2　配方举例

配方 1：珍珠粉眼影膏

| 组　分 | 质量分数/% | 组　分 | 质量分数/% |
|---|---|---|---|
| 微晶蜡 | 22.5 | 改性亲油性珍珠粉 | 20.0 |
| 白油 | 14.0 | 颜料 | 11.5 |
| 凡士林 | 12.5 | 二氧化钛 | 4.0 |
| 羊毛脂 | 4.0 | 蜂蜡 | 7.5 |
| 角鲨烷 | 3.5 | 香精 | 0.5 |

制备工艺：将微晶蜡、白油、凡士林加热至 45～50℃，再加入羊毛脂、角鲨烷、改性亲油性珍珠粉、颜料、二氧化钛，搅拌，调整色泽，加入蜂蜡，然后加热至 85～90℃，搅拌 10～15min 至完全混匀，于 50～60℃浇模之前加入香精，快速冷却成型即可。

配方 2：眼影膏 1

| 组　分 | 质量分数/% | 组　分 | 质量分数/% |
|---|---|---|---|
| 滑石粉 | 38.0 | 吐温-80 | 1.0 |
| 颜料 | 14.0 | 甘油 | 1.0 |
| 珠光 | 33.0 | 乙基己基甘油 | 0.5 |
| 羧甲基纤维素钠 | 1.0 | 氮化硼 | 2.5 |
| 鲸蜡硬脂醇乙基己酸酯 | 4.0 | 去离子水 | 5.0 |

制备工艺：

① 将滑石粉、颜料及氮化硼用打粉机粉碎成均匀粉相；

② 将步骤①所得的料体转移至高速混合机中，同时加入珠光，混合均匀；

③ 将羧甲基纤维素钠、鲸蜡硬脂醇乙基己酸酯、吐温-80、甘油、乙基己基甘油用均质机在 10000r/min 下均质 6min，均匀分散于去离子水中；

④ 将步骤③所得的料体加热至 55℃，加入步骤②所得的料体，用打蛋机混合均匀并加热至 75℃；

⑤ 将步骤④所得的料体灌入模具后，冷却干燥，所得眼影含水量≤2%时脱模。

配方 3：眼影膏 2

| 组分 | 质量分数/% | 组分 | 质量分数/% |
| --- | --- | --- | --- |
| 云母粉 | 43.0 | 丁二醇 | 1.0 |
| 珠光 | 42.0 | 苯氧乙醇 | 0.5 |
| 黄原胶 | 1.0 | HDI/三羟甲基己基内酯交联聚合物 | 1.5 |
| 辛基十二醇硬脂酰氧基硬脂酸酯 | 5.0 | 去离子水 | 5.0 |
| 司盘-60 | 1.0 | | |

制备工艺：

① 将云母粉、HDI/三羟甲基己基内酯交联聚合物用打粉机粉碎成均匀粉相；

② 将步骤①所得的料体转移至高速混合机中，同时加入珠光，混合均匀；

③ 将黄原胶、辛基十二醇硬脂酰氧基硬脂酸酯、司盘-60、丁二醇、苯氧乙醇用均质机在 8000r/min 下均质 5 min，均匀分散于去离子水中；

④ 将步骤③所得的料体加热至 50℃，加入步骤②所得的料体，用打蛋机混合均匀并加热至 80℃；

⑤ 将步骤④所得的料体灌入模具，冷却干燥，所得眼影含水量≤2%时脱模。

配方 4：眼影膏 3

| 组分 | 质量分数/% | 组分 | 质量分数/% |
| --- | --- | --- | --- |
| 绢云母粉 | 24.0 | 吐温-80 | 0.5 |
| 高岭土 | 18.0 | 丁二醇 | 0.4 |
| 颜料 | 15.0 | 辛甘醇 | 0.6 |
| 珠光 | 28.0 | 氯苯甘醚 | 0.5 |
| 皱波角叉菜 | 1.0 | 尼龙 | 0.5 |
| 新戊酸异癸酯 | 2.0 | 碳酸氢钙 | 1.0 |
| 碳酸丙二醇酯 | 3.0 | 去离子水 | 5.0 |
| 司盘-60 | 0.5 | | |

制备工艺：

① 将绢云母粉、高岭土、颜料、尼龙、碳酸氢钙用打粉机粉碎成均匀粉相；

② 将步骤①所得的料体转移至高速混合机中，同时加入珠光，混合均匀；

③ 将皱波角叉菜、新戊酸异癸酯、司盘-60、吐温-80、丁二醇、辛甘醇、氯苯甘醚用均质机在 11000r/min 下均质 7min，均匀分散于去离子水中；

④ 将步骤③所得的料体加热至 70℃，加入步骤②所得的料体，用打蛋机混合均匀并加热至 80℃；

⑤ 将步骤④所得的料体灌入模具，冷却干燥，所得眼影含水量≤2%时脱模。

配方 5：眼影膏 4

| 组　　分 | 质量分数/% | 组　　分 | 质量分数/% |
| --- | --- | --- | --- |
| 柠檬提取物 | 30.0 | 胶原水解物 | 0.8 |
| 磷酸三钙 | 19.0 | 苯甲酸钠 | 0.08 |
| 山梨醇 | 12.0 | 香精 | 0.05 |
| 柠檬酸 | 5.0 | 去离子水 | 加至100.0 |
| 色素 | 1.0 | | |

制备工艺：将柠檬提取物、磷酸三钙、山梨醇和柠檬酸按比例称量好加去离子水混合，搅拌均匀后静置10min，然后缓缓加入色素、胶原水解物和苯甲酸钠，搅拌均匀后加热至65℃，静置10min后冷却至25℃，加入香精搅拌均匀即可。

配方6：油蜡基型无水眼影膏

| 组　　分 | 质量分数/% | 组　　分 | 质量分数/% |
| --- | --- | --- | --- |
| 凡士林 | 60.0 | 白油 | 15.0 |
| 羊毛脂 | 5.0 | 甘油 | 6.0 |
| 蜂蜡 | 6.0 | 颜料 | 适量 |
| 地蜡 | 8.0 | | |

制备工艺：将颜料和熔化的矿脂混合经研磨机研磨均匀，然后将其他油、脂、蜡混合加热熔化，加入制成的颜料浆，搅拌均匀，即可灌装。

配方7：乳化型无水眼影膏

| 组　　分 | 质量分数/% | 组　　分 | 质量分数/% |
| --- | --- | --- | --- |
| 凡士林 | 20.0 | 甘油 | 5.0 |
| 羊毛脂 | 5.0 | 三乙醇胺 | 3.6 |
| 蜂蜡 | 4.0 | 颜料 | 10.0 |
| 硬脂酸 | 11.0 | 去离子水 | 加至100.0 |

制备工艺：将羊毛脂和蜡类混合加热熔化至70℃，另将三乙醇胺、甘油和去离子水混合后加热至72℃。然后将水相缓缓加入油相，并不断搅拌，最后加入同配方6制备的颜料浆，继续搅拌均匀，冷却后灌装。

配方8：水性眼影

| 组　　分 | 质量分数/% | 组　　分 | 质量分数/% |
| --- | --- | --- | --- |
| 去离子水 | 加至100.0 | 云母粉 | 36.0 |
| 甘油 | 7.6 | 聚乙烯吡咯烷酮 | 0.8 |
| 甲基葡萄糖苷硬脂酸酯 | 2.0 | 调色剂CI 77491 | 10.0 |
| 聚氧乙烯(20)甲基葡萄糖苷硬脂酸酯 | 2.0 | 调色剂CI 77492 | 10.9 |
| 聚异丁烯 | 4.5 | 苯氧乙醇 | 0.9 |
| 聚乙二醇 | 5.3 | | |

制备工艺：

① 将去离子水和聚乙烯吡咯烷酮混合均匀，制成溶液A；

② 在溶液A中加入甘油、甲基葡萄糖苷硬脂酸酯、聚氧乙烯（20）甲基葡萄糖苷硬脂酸酯、聚异丁烯和聚乙二醇，搅拌，升温至85～95℃，保温10～

15min，搅拌溶解完全后，加入云母粉、调色剂（CI 77491、CI 77492）和苯氧乙醇，搅拌均匀，制得混合物B；

③ 将混合物B研磨至粒径不超过50μm，装入模具，压制成型即可。

配方 9：改性水性眼影

| 组分 | | 质量分数/% |
|---|---|---|
| A组分 | 去离子水 | 加至 100.0 |
| | 氧化铁类(CI 77499) | 5.0 |
| | 氧化铁类(CI 77491) | 1.86 |
| | 脱氢乙酸钠 | 0.2 |
| | 山梨酸钾 | 0.1 |
| | 甜菜碱、葡萄糖、甘油聚醚-26、透明质酸钠组成的水溶液 | 0.01 |
| B组分 | 角鲨烷 | 3.0 |
| | 聚二甲基硅氧烷 | 2.0 |
| | 硬脂醇聚醚-21 | 0.5 |
| | 硬脂醇聚醚-2 | 0.5 |
| | 甲基丙烯酸甲酯交联聚合物和透明质酸钠的水溶液 | 0.01 |
| C组分 | 聚丙烯酸酯-13、聚异丁烯和聚山梨醇酯-20组成的水溶液 | 1.6 |
| D组分 | 乙基己基甘油和苯氧乙醇的混合物 | 0.01 |
| | 丁二醇、甘油、白茅根提取物、白果槲寄生叶提取物的水溶液 | 0.01 |
| E组分 | 云母、二氧化钛和氧化铁类(CI 77491)的混合物 | 14.0 |

制备工艺：

① 将A组分加入乳化锅中，加热到85℃，搅拌均匀，均质，均质完成后，加入E组分，搅拌均匀；

② 将B组分加入油相锅中，升温到85℃，待其溶解完全；

③ 将B组分加入A组分中，均质机转速3000r/min，加完后再乳化5～10min，乳化完成，搅拌下降温；

④ 降温到70℃，将C组分加入乳化锅中，均质机转速3000r/min，均质5min，混合均匀；

⑤ 降温到45℃，将D组分加入乳化锅中，混合均匀；降温到35℃，出料即可。

配方 10：眼影粉

| 组分 | 质量分数/% | 组分 | 质量分数/% |
|---|---|---|---|
| 滑石粉 | 24.0 | 吐温-80 | 0.33 |
| 绢云母粉 | 1.0 | 司盘-60 | 0.2 |
| 高岭土 | 1.0 | 甘油 | 0.3 |
| 珠光 | 1.0 | 乙二醇 | 0.2 |
| 颜料 | 25.0 | 苯氧乙烯 | 0.3 |
| 皱波角叉菜 | 0.06 | 乙基己基甘油 | 0.1 |
| 硅酸镁铝 | 0.04 | 氮化硼 | 3.0 |
| 鲸蜡硬脂醇乙基己酸酯 | 0.75 | 去离子水 | 加至 100.0 |
| 角鲨烯 | 0.75 | | |

制备工艺：

① 将无机填料、颜料和辅助添加剂用打粉机粉碎成均匀粉相；

② 将增稠剂、油脂、乳化剂、保湿剂、防腐剂用均质机在9000r/min转速下均质5min，均匀分散于去离子水中；

③ 将步骤②所得物料加热至40℃，加入步骤①所得的物料，用打蛋机混合均匀并加热至40℃；

④ 将步骤③所得物料灌入模具，冷却干燥，所得眼影含水量≤2.0%时脱模即可。

配方11：人参眼影膏

| 组　分 | 质量分数/% | 组　分 | 质量分数/% |
| --- | --- | --- | --- |
| 高岭土 | 5.0 | 鲸蜡 | 5.0 |
| 硅藻土 | 10.0 | 二甲基硅油 | 1.0 |
| 棕榈酸甘油酯 | 5.0 | 十八醇 | 6.0 |
| 凡士林 | 10 | 甘油 | 10.0 |
| 微晶蜡 | 8.0 | 人参提取物 | 20.0 |
| 青黛 | 10.0 | 椰油酸单乙醇酰胺 | 0.6 |
| 珍珠粉 | 2.0 | 苯氧乙醇 | 0.1 |
| 杏仁粉 | 5.0 | 珠光粉 | 0.2 |
| 蜂蜡 | 2.0 | 香精 | 0.1 |

制备工艺：

① 按上述配方，将人参提取物、甘油与苯氧乙醇混合均匀后加热至60℃；

② 保温下，依次将椰油酸单乙醇酰胺、棕榈酸甘油酯、蜂蜡、鲸蜡、凡士林、二甲基硅油、十八醇、微晶蜡加入步骤①制得的混合液中，搅拌使其均质化，制得黏稠状液体；

③ 向步骤②制得的黏稠状液体中加入高岭土、硅藻土、珍珠粉、杏仁粉、珠光粉与青黛，保温下搅拌至完全混匀；

④ 将步骤③制得的混合物冷却至45℃加入香精，混合均匀继续冷却至室温即可。

配方12：清爽持久慕斯眼影

| | 组　分 | 质量分数/% |
| --- | --- | --- |
| A组分 | 去离子水 | 加至100.0 |
| | 丁二醇 | 1.0 |
| | 苯氧乙醇 | 0.3 |
| | 聚丙烯酸钠接枝淀粉 | 0.5 |
| B组分 | 亲油表面处理的滑石粉 | 1.0 |
| | 亲油表面处理的珠光粉 | 8.0 |
| | 聚甲基倍半氧烷(微球体,粒径5μm) | 1.0 |
| C组分 | 苯乙烯/丙烯酸(酯)类共聚物[50%(质量分数)的水分散液] | 5.0 |

制备工艺：

① 将按比例称量好的A组分混合均匀；

② 在搅拌状态下，将B组分加入A组分中；

③ 将C组分加入A、B混合相中，搅拌均匀即可。

配方13：眼影粉饼

| 组　　分 | | 质量分数/% |
|---|---|---|
| A组分 | 滑石粉 | 68.4 |
| | 硬脂酸锌 | 5.5 |
| B组分 | 矿油 | 3.5 |
| | 棕榈酸乙基己酯 | 1.5 |
| | 双二甘油多酰基己二酸酯-2 | 0.5 |
| C组分 | 羟苯甲酯 | 0.3 |
| | 羟苯丙酯 | 0.3 |
| D组分 | 珠光粉 | 20.0 |

制备工艺：

① 按比例把A组分混合均匀；

② 将C组分加入A组分中，混合均匀；

③ 将B组分混合均匀后，加入A、C混合物中，混合均匀；

④ 将D组分加入步骤③的混合物中，混合均匀，压制成型即可。

配方14：眼影块1

| 组　　分 | 质量分数/% | 组　　分 | 质量分数/% |
|---|---|---|---|
| 高岭土 | 52.0 | 蜂蜡 | 2.0 |
| 群青 | 11.0 | 棕榈酸异丙酯 | 5.0 |
| 二氧化钛 | 9.0 | 单硬脂酸甘油酯 | 0.5 |
| 氧氯化钛 | 20.0 | 香精 | 0.5 |

制备工艺：将上述配方中的原料按比例称量，搅拌均匀压制成块即可。

配方15：眼影块2

| 组　　分 | 质量分数/% | 组　　分 | 质量分数/% |
|---|---|---|---|
| 高岭土 | 50.0 | 蜂蜡 | 4.0 |
| 群青 | 10.0 | 单硬脂酸甘油酯 | 5.9 |
| 二氧化钛 | 10.0 | 香精 | 0.1 |
| 铝硅酸镁 | 20.0 | | |

制备工艺：按比例称取原料，混合均匀后压块即可。

配方16：眼影块3

| 组　　分 | | 质量分数/% | 组　　分 | | 质量分数/% |
|---|---|---|---|---|---|
| A组分 | 棕榈蜡乙基己酯 | 13.0 | B组分 | 硅蜡 | 6.5 |
| | 硅氧烷 | 13.0 | | 苯氧乙醇 | 2.5 |
| | 二甲基甲硅烷基化硅石 | 6.5 | | 卵磷脂 | 6.5 |
| B组分 | 蜂蜡 | 13.0 | C组分 | 滑石粉 | 13.0 |
| | 地蜡 | 13.0 | | 珠光粉 | 13.0 |

制备工艺：

① 按比例称取原料；

② 将A组分混合搅拌加热至70℃，将B组分混合加热至90℃；边搅拌边将B组分加入A组分中，混合均匀后加入C组分；将A组分、B组分和C组分的混合物冷却至室温；

③ 将步骤②制备好的混合物加热至80℃，灌装冷却后，表面撒珠光粉，模具压制即可。

配方17：眼影霜

| 组　　分 | | 质量分数/% | 组　　分 | | 质量分数/% |
|---|---|---|---|---|---|
| A组分 | 去离子水 | 加至100.0 | B组分 | 羊毛脂 | 7.0 |
| | 铝硅酸镁 | 5.0 | | 丙二醇 | 1.5 |
| | 羧甲基纤维素钠 | 0.7 | | 蜂蜡 | 6.0 |
| | 白油 | 8.0 | C组分 | 钛白粉 | 12.0 |
| | 甘油 | 5.0 | | 云母粉 | 5.0 |
| B组分 | 凡士林 | 9.0 | D组分 | 香精 | 0.8 |

制备工艺：

① 将A组分混合搅拌加热至75℃，使之溶解均匀；

② 将B组分混合搅拌加热至75℃，使之溶解均匀；

③ 在搅拌状态下将B组分加入A组分中，混合均匀后加入C组分，混合均匀；

④ 将上述混合组分冷却至45℃时加入D组分，搅拌均匀；

⑤ 将上述组分静置到室温后分装即可。

### 7.2.5 睫毛膏

睫毛膏（mascara）是一种用于睫毛或眉毛的黑色颜料制品，目前也有棕色、深蓝色甚至紫色的产品问世。正确地使用睫毛膏可增加睫毛的外观长度和卷曲度，使眼睛更加迷人。

常用的睫毛膏是液体状产品，多使用笔状圆形容器，其螺旋帽上具有小直径刷子。由于使用部位的特殊性，耐水性是睫毛膏应具有的基本性能。耐水型睫毛膏主要是以硬脂酸或油酸三乙醇胺皂基为基质的体系。配方中若加入少量人造纤维或尼龙纤维，可产生睫毛增长、变粗的效果。

配方1：睫毛膏1

| 组　　分 | 质量分数/% | 组　　分 | 质量分数/% |
|---|---|---|---|
| 蜂蜡 | 10.5 | 山梨醇 | 6.0 |
| 硬脂酸铝 | 12.0 | 玉米胚芽油 | 9.8 |
| 对羟基苯甲酸甲酯 | 6.0 | 无水羊毛脂 | 5.4 |
| 炭黑 | 16.5 | 十四酸异丙酯 | 3.0 |
| 三乙醇胺 | 4.5 | 去离子水 | 18.8 |
| 羟乙基纤维素 | 7.5 | | |

制备工艺：按比例称取上述原料，加热熔化，过研磨机进行研磨，搅拌混合均匀即可。

配方 2：睫毛膏 2

| 组　　分 | 质量分数/% | 组　　分 | 质量分数/% |
|---|---|---|---|
| 油酸 | 5.6 | 无水羊毛脂 | 6.9 |
| 硬脂酸 | 4.2 | 纤维素胶 | 1.4 |
| 微晶蜡 | 10.6 | 三乙醇胺 | 2.8 |
| 巴西棕榈蜡 | 6.5 | 尼泊金乙酯 | 0.2 |
| 羟乙基纤维素 | 1.9 | 去离子水 | 加至 100.0 |

制备工艺：将油酸、硬脂酸、微晶蜡和巴西棕榈蜡加热至 60℃为油相，再将剩余原料共同加热至 80℃为水相，将水相加入油相中，搅拌使乳化后搅拌至室温即可。

配方 3：睫毛膏 3

| 组　　分 | 质量分数/% | 组　　分 | 质量分数/% |
|---|---|---|---|
| 羊毛脂 | 8.0 | 炭黑 | 7.0 |
| 石蜡 | 9.0 | 脱氢乙酸钠 | 0.5 |
| 三乙醇胺 | 3.0 | 去离子水 | 61.5 |
| 山梨醇 | 11.0 | | |

制备工艺：

① 加入羊毛脂、去离子水，升温使之溶解，再加入三乙醇胺，搅拌均匀待用；

② 将石蜡、山梨醇、炭黑、脱氢乙酸钠混合均匀后加入步骤①所得物料中，搅拌均匀冷却即可。

配方 4：睫毛膏 4

| 组　　分 | 质量分数/% | 组　　分 | 质量分数/% |
|---|---|---|---|
| 硬脂酸 | 9.0 | 甘油 | 10.0 |
| 液体石蜡 | 9.0 | 炭黑 | 9.0 |
| 矿脂 | 6.0 | 防腐剂 | 0.15 |
| 三乙醇胺 | 3.0 | 去离子水 | 加至 100.0 |

制备工艺：将油相加热熔化至60℃，再将水相加热至62℃，然后将水相倒入油相，并不断搅拌，最后加入颜料搅拌均匀，再经胶体磨研磨，冷却至室温灌装。

配方5：睫毛膏5

| 组　　分 | 质量分数/% | 组　　分 | 质量分数/% |
|---|---|---|---|
| 植物油 | 83.8 | 胶原蛋白 | 1.2 |
| 羊毛脂 | 4.8 | 维生素E | 1.2 |
| 色素 | 9.0 | | |

制备工艺：

① 按比例称取植物油、羊毛脂、胶原蛋白和维生素E，并将上述原料混合均匀，待用；

② 将色素研磨均匀分散在①所得混合物中即可。

配方6：长效睫毛膏

| 组　　分 | 质量分数/% | 组　　分 | 质量分数/% |
|---|---|---|---|
| 羊毛脂 | 9.0 | 硬脂酸 | 8.5 |
| 胶原蛋白 | 11.6 | 微晶蜡 | 12.2 |
| 维生素E | 4.2 | 巴西棕榈蜡 | 6.9 |
| 黄原胶 | 8.4 | 炭黑 | 17.5 |
| 羟乙基纤维素 | 14.3 | 三乙醇胺 | 4.2 |
| 金银花提取物 | 3.2 | | |

制备工艺：将油脂和蜡混合加热熔化，加入炭黑搅拌均匀，在50℃下经过研磨机进行研磨、熔化，最后加入其余物料搅拌均匀（转速25r/min，搅拌20min）即可。

配方7：抗水型睫毛膏

| 组　　分 | 质量分数/% | 组　　分 | 质量分数/% |
|---|---|---|---|
| 蚕丝粉 | 3.5 | 三乙醇胺 | 1.5 |
| 石油醚 | 43.5 | 天然黑色素 | 5.6 |
| 硬脂酸 | 5.2 | 甘油 | 6.5 |
| 蜂蜡 | 21.7 | 维生素E | 1.0 |
| 棕榈蜡 | 5.2 | 防腐剂 | 0.2 |
| 无水羊毛脂 | 3.5 | 硬脂酸铝 | 2.6 |

制备工艺：将硬脂酸铝、三乙醇胺加入石油醚中加热至90℃溶解，然后加入熔化后的蜡类物质，再加入剩余物质搅拌至室温，分装即可。

配方8：改良型睫毛膏

| 组　　分 | 质量分数/% | 组　　分 | 质量分数/% |
| --- | --- | --- | --- |
| 硬脂酸 | 3.9 | 维生素E | 3.3 |
| 微晶蜡 | 8.7 | 透明质酸钠 | 10.0 |
| 巴西棕榈蜡 | 6.2 | 十四酸异丙酯 | 4.1 |
| 羟乙基纤维素 | 3.0 | 聚甲基丙烯酸甲酯 | 3.3 |
| 羊毛脂 | 5.0 | 丙烯酸 | 4.1 |
| 纤维素胶 | 3.3 | 黑色氧化铁 | 8.3 |
| 尼泊金乙酯 | 2.1 | 去离子水 | 31.0 |
| 胶原蛋白 | 3.7 | | |

制备工艺：按比例称取上述原料，加热熔化，过研磨机进行研磨，搅拌混合均匀即可。

配方9：睫毛液

| 组　　分 | 质量分数/% | 组　　分 | 质量分数/% |
| --- | --- | --- | --- |
| 聚丙烯酸 | 0.5 | 炭黑染色的尼龙纤维 | 2.0 |
| 聚乙烯醇 | 5.0 | 防腐剂 | 0.1 |
| 三乙醇胺 | 0.5 | 去离子水 | 加至100.0 |
| 甘油 | 4.0 | | |

制备工艺：将聚乙烯醇、甘油和去离子水混合溶解，加入颜料搅拌均匀，用胶体磨研磨，加入聚丙烯酸混合均匀，用三乙醇胺中和，加入防腐剂，搅拌混合均匀即可。

## 7.2.6 眼线制品

眼线制品（eye liner）主要使用于眼皮下边缘，用来强调眼睛轮廓，衬托睫毛，加强眼影所形成的阴影效果，使眼睛轮廓扩大、清晰、层次分明。市售眼线制品有眼线笔和眼线液两种。

### 7.2.6.1 眼线制品分类

（1）眼线笔　眼线笔主要通过摩擦将粉制材料自然均匀地填充于睫毛之间的空隙中，达到修饰妆容的目的。眼线笔通常不含蜡质和油分，因此具有粉质细腻润滑、无晕染、不变色的特点。由于眼线笔主要使用于眼部周围，因此其笔芯要有一定的柔软性和耐水性。

眼线笔的配方与眉笔相似，主要由各种油脂、蜡类加上颜料配制而成，经研磨压条制成笔芯，黏合在木杆中，使用时用刀片将笔头削尖。其硬度是由加入蜡的量和熔点来进行调节的。

（2）眼线液　眼线液一般装在20mL左右的小瓶内，并以纤细绒毛状的笔附于瓶盖。眼线液主要有皮膜型眼线液和非皮膜型眼线液两种，皮膜型眼线液以聚合物乳浊液为主要成分，非皮膜型眼线液则用水溶性高分子化合物或高级脂肪酸与三乙醇胺制得的皂为乳化悬浮剂，将油、水、颜料混合乳化而得。

### 7.2.6.2 配方举例

配方 1：眼线笔

| 组　分 | 质量分数/% | 组　分 | 质量分数/% |
|---|---|---|---|
| 巴西棕榈蜡 | 6.0 | 棕榈酸异丙酯 | 4.0 |
| 纯地蜡 | 5.0 | 白矿油 | 25.0 |
| 微晶蜡 | 5.0 | 二氧化钛 | 25.0 |
| 羊毛脂 | 7.0 | 颜料 | 10.0 |
| 16/18 醇 | 5.0 | 防腐剂 | 适量 |
| 二甲基硅油 | 8.0 | | |

制备工艺：将油、脂、蜡混合，加热熔化后加入粉体、颜料和防腐剂，搅拌混合均匀，注入模型制成笔芯。

配方 2：皮膜型眼线液

| 组　分 | 质量分数/% | 组　分 | 质量分数/% |
|---|---|---|---|
| 蜂蜡 | 2.0 | 聚丙烯酸乙酯乳化体 | 35.0 |
| 精制地蜡 | 2.0 | 炭黑 | 4.0 |
| 角鲨烷 | 4.0 | 二氧化钛 | 5.0 |
| 吐温-80 | 4.0 | 防腐剂 | 适量 |
| 羧甲基纤维素 | 1.5 | 去离子水 | 39.5 |
| 甘油 | 3.0 | | |

制备工艺：将角鲨烷与二氧化钛、炭黑三者用辊筒加以分散后加到油相中，然后加入水相进行乳化，冷却后加入防腐剂即可。

配方 3：非皮膜型眼线液

| 组　分 | 质量分数/% | 组　分 | 质量分数/% |
|---|---|---|---|
| 硬脂酸 | 2.4 | 聚乙烯吡咯烷酮(PVP) | 2.0 |
| 硬脂酸单甘酯 | 0.6 | 丙二醇 | 6.0 |
| 肉豆蔻酸异丙酯 | 2.0 | 炭黑 | 7.0 |
| 羊毛脂 | 2.0 | 防腐剂 | 适量 |
| 三乙醇胺 | 5.0 | 去离子水 | 加至 100.0 |

制备工艺：将肉豆蔻酸异丙酯与炭黑用辊筒加以分散后加到油相中，然后加入水相进行乳化，冷却后加入防腐剂即可。

配方 4：眼线笔芯

| 组　分 | 质量分数/% | 组　分 | 质量分数/% |
|---|---|---|---|
| 氟金云母粉 | 10.9 | 二氧化钛 | 6.8 |
| 滑石粉 | 21.8 | 尼泊金丁酯 | 6.8 |
| 群青：铁蓝(1：1) | 40.8 | 防腐剂 | 1.4 |
| 甲氧基肉桂酸辛酯 | 9.5 | 脂肪酸甲酯 | 2.0 |

制备工艺：将上述原料按照配比称量混合，然后挤压成型，干燥，待笔芯中

水分含量≤10%时出料即可。

配方 5：眼线块

| 组　　分 | 质量分数/% | 组　　分 | 质量分数/% |
|---|---|---|---|
| 赖氨酸 | 2.4 | 棕榈酸异辛酯 | 1.6 |
| 氧化铁黑 | 47.4 | 道康宁 1403 硅油 | 3.9 |
| 硅处理绢云母粉 | 1.6 | 二甲基硅油 | 0.8 |
| 超细珍珠粉(2000 目) | 7.9 | 维生素 E | 0.4 |
| 二氧化硅 | 3.9 | 尼泊金丁酯 | 0.4 |
| 滑石粉 | 7.9 | 甲氧基肉桂酸辛酯 | 0.1 |
| 硅处理云母粉 | 7.9 | 二氧化钛 | 7.1 |
| 氯氧化铋 | 3.9 | 聚乙烯吡咯烷酮/$C_{30}$烯共聚物 | 2.4 |
| 氧化铁红 | 0.4 | | |

制备工艺：

① 将上述比例滑石粉、氧化铁红和氧化铁黑经过超微粉碎后形成色粉；

② 按上述比例将①中超微粉碎后的色粉与剩余粉体原料包括赖氨酸、硅处理绢云母粉、超细珍珠粉、二氧化硅、硅处理云母粉、氯氧化铋、二氧化钛和尼泊金丁酯投入粉料混合罐进行粉碎研磨；转速 2000～3000r/min，每次研磨混料时间 3～5min，充分混料 3～5 次；

③ 将上述比例油状原料，包括棕榈酸异辛酯、道康宁 1403 硅油、二甲基硅油、甲氧基肉桂酸辛酯、维生素 E 和聚乙烯吡咯烷酮/$C_{30}$烯共聚物进行预混合，在粉料混合罐搅拌的同时通过喷油嘴进行喷油，控制转速 2000～3000r/min，每次混料时间 3～5min，充分混料 2～5 次；

④ 将步骤③中混合好的粉料进行过筛（40～80 目），压制即可。

配方 6：眼线液

| 组　　分 | | 质量分数/% | 组　　分 | | 质量分数/% |
|---|---|---|---|---|---|
| A 组分 | 石蜡 | 4.5 | B 组分 | 丙三醇 | 5.0 |
| | 微晶蜡 | 5.0 | | 丙二醇 | 5.0 |
| | 蜂蜡 | 3.0 | | 三乙醇胺 | 1.0 |
| | 巴西蜡 | 6.0 | | 尼泊金甲酯 | 0.2 |
| | 硬脂酸 | 3.0 | | 乙二胺四乙酸二钠 | 0.02 |
| | 18 醇 | 2.0 | | 汉生胶 | 1.5 |
| | 吐温-60 | 2.0 | C 组分 | 氧化铁黑 | 18.0 |
| | 白矿油 | 1.0 | D 组分 | 香精 | 0.5 |
| | 尼泊金丙酯 | 0.2 | E 组分 | 聚乙烯吡咯烷酮 | 1.5 |
| B 组分 | 去离子水 | 加至 100.0 | | | |

制备工艺：

① 将 A 组分按比例称量后加热到 83℃，全部熔化搅拌均匀；

② 将 B 组分加热到 83℃，将 C 组分加入 B 组分中，搅拌均匀，三辊机研磨 3 遍，混合均匀，恢复温度到 80℃；

③ 将B组分、C组分混合相在80℃时缓慢加入A组分中，并均质5min；

④ 将E组分加入A组分、B组分、C组分混合乳化液中均质3min，保温30min，再降温到45℃；

⑤ 最后加入D组分，搅拌均匀即可。

配方7：促睫毛生长眼线液

| 组　分 | 质量分数/% | 组　分 | 质量分数/% |
|---|---|---|---|
| 酸性成纤维细胞生长因子aFGF | 0.01 | 司盘-60 | 2.0 |
| 双向调节促生长因子RGF | 0.02 | 水溶性氮酮 | 1.0 |
| 跳舞草提取物 | 10.0 | 丙二醇 | 2.0 |
| 磷酸二氢钾缓冲液 | 5.0 | 羧甲基纤维素 | 2.0 |
| 尼泊金甲酯 | 0.5 | 氧化亚铁 | 5.0 |
| 尼泊金乙酯 | 0.5 | 去离子水 | 加至100.0 |
| 挥发性硅油 | 5.0 | | |

制备工艺：按比例称量原料酸性成纤维细胞生长因子aFGF、双向调节促生长因子RGF、跳舞草提取物、磷酸二氢钾缓冲液、尼泊金甲酯、尼泊金乙酯、挥发性硅油、司盘-60、水溶性氮酮、丙二醇和羧甲基纤维素，并将上述原料溶解于去离子水中，最后加入氧化亚铁，在常温下搅拌均匀，并使pH值保持在6.5～7.2范围内即可。

配方8：去皱眼线液

| 组　分 | 质量分数/% | 组　分 | 质量分数/% |
|---|---|---|---|
| 戊醇 | 12.5 | 丙二醇 | 14.0 |
| 尼泊金甲酯 | 5.0 | 玫瑰花提取液 | 15.0 |
| 黑色氧化铁水分散液 | 12.7 | 尼泊尔金酯 | 17.5 |
| 小分子多肽 | 10.0 | 双向调节促生长因子 | 0.5 |
| 去离子水 | 12.8 | | |

制备工艺：将戊醇、黑色氧化铁水分散液、去离子水混合均匀，处理30min，70℃保温1h，然后将丙二醇、尼泊尔金酯、玫瑰花提取物、双向调节促生长因子和小分子多肽加入其中，混合均匀即可。

## 7.2.7 指甲油和洗甲水

### 7.2.7.1 指甲油

指甲油是美化指甲用的主要化妆品，它能在指甲表面形成颜色鲜艳、有光泽的薄膜，赋予指甲健康的美感。指甲油主要是由成膜剂、树脂、增塑剂、溶剂和颜料组成。

① 成膜剂。成膜剂最常用的是硝酸纤维素，此外，还有乙基纤维素、聚乙烯等。指甲油所用的硝酸纤维素含氮量为11.5%～12.2%，并且可溶于酯类和酮类溶剂。单独使用硝酸纤维素所形成的薄膜容易收缩变脆，而且光泽和附着力

都较差，因此需要通过添加其他组分来改善成膜性质。

② 树脂和增塑剂。树脂的加入可改善成膜性质。早期主要使用天然树脂，如虫胶、达马树脂等，近年多用合成树脂，如醇酸树脂、氨基树脂、丙烯酸树脂及三聚氰胺树脂等。

增塑剂的加入可提高成膜物质的可塑性并使膜的弹性、韧性增强，防止膜收缩开裂。常用的增塑剂有樟脑、蓖麻油以及磷酸酯类、柠檬酸酯类等。

③ 溶剂。溶剂是对成膜剂和树脂都具有溶解作用，并能形成均匀体系的挥发性组分。溶剂的作用是使指甲油容易涂覆，涂层均匀。溶剂的挥发速度与膜的干燥速度及性能都有一定关系，挥发太快影响指甲油的流动性，在涂覆时不易涂布均匀，同时由于快速挥发吸热，使得膜层温度显著降低，而使空气中水分在膜表面上发生结露现象，使膜表面失去光泽；挥发过慢则使膜层干燥时间过长。

指甲油中所用溶剂由三部分组成，即真溶剂、助溶剂和稀释剂。真溶剂也叫有效溶剂，是硝酸纤维素的良溶剂。指甲油常用的真溶剂有酯类、酮类、二醇醚类等。

指甲油中溶剂的第二部分是助溶剂（也叫偶合剂）。这类溶剂与硝酸纤维有亲和力，但无溶解力，与真溶剂混合使用能增强溶解能力，并能改善溶剂性能。常用的助溶剂，主要是醇类，如乙醇、丁醇等。

溶剂的第三部分是稀释剂。稀释剂不是硝酸纤维素的溶剂，而是用于增强树脂溶解性的，同时具有稳定指甲油黏度的功能。常用的有甲苯、二甲苯、轻质石脑油等。

④ 颜料。颜料的作用是赋予指甲油以不透明的色泽和艳丽的化妆效果。常用的颜料主要是不溶性的颜料和色淀。带有珍珠光彩的指甲油加入了珠光颜料。

配方 1：水溶性指甲油 1

| 组　分 | 质量分数/% | 组　分 | 质量分数/% |
|---|---|---|---|
| 丙烯酸乳液 | 20.0 | 尿素 | 0.6 |
| 水性丙烯酸树脂 | 20.0 | 聚二甲基硅氧烷 | 0.1 |
| 二氧化钛 | 0.2 | 青兰苷 | 0.2 |
| 二氧化硅 | 0.1 | 紫草素 | 0.2 |
| 亚油酸 | 0.025 | 芦荟大黄素 | 0.6 |
| 亚麻酸 | 0.075 | 植物颜料 | 1.0 |
| 单硬脂酸甘油酯 | 0.1 | 香精 | 0.1 |
| 甘油 | 0.4 | 去离子水 | 56.3 |

制备工艺：

① 将丙烯酸乳液和水性丙烯酸树脂加入去离子水中搅拌均匀，搅拌 15min，

得混合物料 A；

② 向步骤①所得混合物料 A 中加入单硬脂酸甘油酯、纳米氧化物和干性油，以 550r/min 的转速搅拌 25min，得到物料 B；

③ 向步骤②所得混合物料 B 中加入保湿剂、抗菌剂、植物颜料与聚二甲基硅氧烷，搅拌均匀，再加入香精，搅拌 10min，即得成品。

配方 2：水溶性指甲油 2

| 组　分 | 质量分数/% | 组　分 | 质量分数/% |
|---|---|---|---|
| 水性聚氨酯分散体 | 79.0 | 增稠剂 | 2.4 |
| 水性丙烯酸分散体 | 6.0 | 表面活性剂 | 0.35 |
| 有机硅消泡剂 | 0.45 | 香精 | 1.4 |
| 色浆 | 5.4 | 乙醇 | 5.0 |

制备工艺：按照比例分别称取水性丙烯酸分散体、有机硅消泡剂、色浆、增稠剂、表面活性剂、香精、乙醇，然后放入拉缸中，以 1300r/min 高速搅拌 2～3h 混合均匀，制成指甲油。

配方 3：有香味的指甲油

| 组　分 | 质量分数/% | 组　分 | 质量分数/% |
|---|---|---|---|
| 硝化纤维素 | 15.0 | 丁醇 | 6.0 |
| 丙烯酸树脂 | 9.0 | 甲苯 | 19.0 |
| 柠檬酸乙酰三丁酯 | 5.0 | 香叶醇 | 6.0 |
| 乙酸乙酯 | 20.0 | 薄荷醇 | 6.0 |
| 己酸丁酯 | 14.0 | 色素 | 适量 |

制备工艺：将上述原料研细混合，搅拌均匀即可。

配方 4：营养型水性指甲油

| 组　分 | 质量分数/% | 组　分 | 质量分数/% |
|---|---|---|---|
| 水性聚氨酯树脂 | 55.0 | 乳酸锌 | 0.16 |
| 水性丙烯酸树脂 | 15.0 | 乳酸铁 | 0.17 |
| 流平剂(TEGO KL 245) | 2.0 | L-胱氨酸 | 0.38 |
| 消泡剂(BYK 024) | 1.0 | 角鲨烯 | 0.75 |
| 维生素 A | 0.08 | 1%海藻酸钠水溶液 | 3.0 |
| 维生素 $B_{12}$ | 0.07 | 水性指甲油色素 | 17.0 |
| 维生素 C | 0.08 | 香精 | 0.01 |
| 维生素 E | 0.08 | 去离子水 | 5.22 |

制备工艺：依次加入水性聚氨酯树脂、水性丙烯酸树脂、消泡剂、维生素 A、维生素 $B_{12}$、维生素 C、维生素 E、乳酸锌、乳酸铁、L-胱氨酸、角鲨烯，使用分散机 1200r/min 搅拌 15min；再依次加入流平剂、水性指甲油色素、香精，分散均匀后加入海藻酸钠水溶液，并用去离子水补齐余量，用分散机 1000r/min 搅拌 20min。

配方 5：白色指甲油

| 组　分 | 质量分数/% | 组　分 | 质量分数/% |
| --- | --- | --- | --- |
| 乙醇 | 71.0 | 己二酸二甲酯 | 2.0 |
| 乙酸异丁酸蔗糖酯 | 9.0 | 司拉氯铵水辉石 | 3.0 |
| 蔗糖苯甲酸酯 | 7.0 | 硅石 | 1.0 |
| 丁二酸二甲酯 | 2.0 | 二氧化钛 | 3.0 |
| 戊二酸二甲酯 | 2.0 | | |

制备工艺：以上各组分称量后高速分散搅拌混合均匀即可。

配方 6：草莓香味的彩色亮片指甲油

| 组　分 | 质量分数/% | 组　分 | 质量分数/% |
| --- | --- | --- | --- |
| 乙醇 | 52.5 | 戊二酸二甲酯 | 2.0 |
| 硝基纤维素 | 10.0 | 己二酸二甲酯 | 4.0 |
| 蔗糖苯甲酸酯 | 8.0 | 甘油 | 2.0 |
| 乙酸异丁酸蔗糖酯 | 5.0 | 司拉氯铵水辉石 | 0.3 |
| 正丁醇 | 1.0 | 硅石 | 3.2 |
| 乙酸乙酯 | 2.0 | 草莓香精 | 1.0 |
| 乙酸丁酯 | 1.0 | 彩色 PET 亮片 | 5.0 |
| 丁二酸二甲酯 | 3.0 | | |

制备工艺：以上各成分称量后高速分散搅拌混合均匀即可。

配方 7：防褪色指甲油

| 组　分 | 质量分数/% | 组　分 | 质量分数/% |
| --- | --- | --- | --- |
| 水性聚氨酯树脂 | 11.0 | 乙酸乙酯 | 8.0 |
| 水性硝化棉 | 7.0 | 玫瑰香精 | 11.0 |
| 磷酸三甲基酯 | 13.0 | 硝基纤维素 | 13.0 |
| 丙酮 | 12.0 | 抗氧化剂 | 5.0 |
| 氨基树脂 | 11.0 | 珠光粉 | 9.0 |

制备工艺：以上各成分称量后高速分散搅拌混合均匀即可。

配方 8：可变色荧光指甲油

| 组　分 | 质量分数/% | 组　分 | 质量分数/% |
| --- | --- | --- | --- |
| 乙酸乙酯 | 11.0 | 珠光粉 | 3.0 |
| 乙酰柠檬酸三丁酯 | 6.0 | 丙酮 | 6.0 |
| 邻苯二甲酸醇树脂 | 7.0 | 乙酸丁酯 | 6.0 |
| 荧光粉 | 9.0 | 硝基纤维素 | 11.0 |
| 变色粉 | 13.0 | 乙醇 | 7.0 |
| UV 光油 | 8.0 | 甘油 | 8.0 |
| 水杨酸苯酯 | 5.0 | | |

制备工艺：以上各成分称量后高速分散搅拌混合均匀即可。

配方9：快速易干指甲油

| 组　　分 | 质量分数/% | 组　　分 | 质量分数/% |
|---|---|---|---|
| 邻苯二甲酸醇树脂 | 23.0 | 乙酸乙酯 | 8.0 |
| 棕榈仁油酸 | 12.0 | 硝化纤维素 | 11.0 |
| 香精 | 1.0 | 丁醇 | 6.0 |
| 乙酸酚 | 9.0 | 甲苯 | 9.0 |
| 氟化钙 | 8.0 | 氧化铁 | 6.0 |
| 柠檬酸乙酰三丁酯 | 7.0 | | |

制备工艺：以上各成分称量后高速分散搅拌混合均匀即可。

配方10：耐水型指甲油

| 组　　分 | 质量分数/% | 组　　分 | 质量分数/% |
|---|---|---|---|
| 聚氨酯 | 47.0 | 有机硅消泡剂 | 2.1 |
| 聚丙烯酸 | 20.0 | 立索红 | 2.7 |
| 二丙二醇丁醚 | 2.0 | 乙氧基化聚氨酯 | 6.7 |
| 瓜尔胶 | 3.5 | 聚酰胺蜡粉 | 0.7 |
| 聚乙烯醇 | 2.7 | 去离子水 | 12.0 |
| 二丙二醇甲醚 | 0.6 | | |

制备工艺：以上各成分称量后高速分散搅拌混合均匀即可。

配方11：可见光固化指甲油

| 组　　分 | 质量分数/% | 组　　分 | 质量分数/% |
|---|---|---|---|
| 纯丙烯酸酯树脂 | 95.5 | 有机硅 | 0.5 |
| 樟脑醌 | 2.0 | 三羟甲基丙烷三丙烯酸酯(TMPTA) | 2.0 |

制备工艺：以上各成分称量后在常温常压条件下，在搅拌机中以1000r/min的速度搅拌，细度达到5μm即可。

配方12：防褪色指甲油及其制备工艺

| 组　　分 | 质量分数/% | 组　　分 | 质量分数/% |
|---|---|---|---|
| 水性聚氨酯树脂 | 11.0 | 乙酸乙烯-丁烯酸-支链癸酸乙烯酯共聚物 | 21.0 |
| 水性硝化棉 | 8.0 | | |
| 乙酸丁酯 | 10.0 | 羧甲基纤维素 | 2.0 |
| 磷酸三甲基酯 | 4.0 | 骨胶原 | 5.0 |
| 丙酮 | 4.0 | 甘油 | 4.0 |
| 西瓜提取液 | 6.0 | 维生素A | 7.0 |
| 柠檬酸乙酰三丁酯 | 4.0 | 去离子水 | 14 |

制备工艺：以上各成分称量后高速分散搅拌混合均匀即可。

配方13：低刺激指甲油

| 组　　分 | 质量分数/% | 组　　分 | 质量分数/% |
| --- | --- | --- | --- |
| 乙醇 | 25.0 | 甘油 | 2.0 |
| 异丙醇 | 21.0 | 司拉氯铵水辉石 | 3.0 |
| 异丁醇 | 16.0 | 水合硅石 | 3.0 |
| 聚氨酯树脂 | 12.0 | 二氧化钛 | 5.0 |
| 乙酸纤维素 | 8.0 | 柠檬香精 | 0.5 |
| 去离子水 | 4.5 | | |

制备工艺：以上各成分称量后高速分散搅拌混合均匀即可。

#### 7.2.7.2　洗甲水

洗甲水，又叫指甲油去除液，主要用于清除涂敷在指甲上的指甲油膜层，以及去掉指甲油所赋予指甲光泽的专用品。其主要是硝酸纤维素和树脂的混合溶剂，常用挥发性强的溶剂如丙酮、乙酸乙酯、乙酸丁酯、异丙醇、甲醛、邻苯二甲酸酯等。由于除去指甲油的同时，溶剂会去除指甲中部分油脂，因此，洗甲水还需添加一些脂肪酸酯或羊毛脂的衍生物，以补充失去的油脂。

配方 14：温和洗甲水

| 组　　分 | 质量分数/% | 组　　分 | 质量分数/% |
| --- | --- | --- | --- |
| 橄榄油 | 7.0 | 羊毛脂醇聚氧乙烯醚 | 1.5 |
| 蓖麻油 | 3.0 | 卡波姆 934 | 2.5 |
| 乙酸乙酯 | 30.0 | 颜料 | 0.7 |
| 丙二醇 | 10.0 | 去离子水 | 17.3 |
| 丙酮 | 28.0 | | |

制备工艺：

① 将橄榄油、蓖麻油和丙二醇混合加热至 80℃，搅拌熔化均匀；

② 将乙酸乙酯、丙酮、羊毛脂醇聚氧乙烯醚、卡波姆 934 和去离子水混合加热至 80℃，搅拌均匀备用；

③ 将①物料加入②物料中，边加边搅拌，待其温度冷却到 50℃时，加入颜料，继续搅拌至其熔化均匀，静置即可。

配方 15：养护型洗甲水

| 组　　分 | 质量分数/% | 组　　分 | 质量分数/% |
| --- | --- | --- | --- |
| 甘油 | 30.0 | 玉米提取物 | 11.0 |
| 丁酯 | 12.0 | 胶原蛋白 | 9.0 |
| 虫草提取物 | 8.0 | 维生素 B | 11.0 |
| 正丁烷 | 3.0 | 去离子水 | 16.0 |

制备工艺：

① 称取原料，将甘油、丁酯、正丁烷和去离子水混合后以 300r/min 的转速搅拌 2min，加热至 40℃保温，备用；

② 向①制备好的混合物中加入虫草提取物、玉米提取物、胶原蛋白和维生

素 B，以 200r/min 的转速搅拌后低温真空浓缩 12min 得半成品，温度为 23℃，真空度为 0.11MPa；

③ 将半成品物理消泡处理后分装即可。

配方 16：绿色健康洗甲水

| 组　　分 | 质量分数/% | 组　　分 | 质量分数/% |
|---|---|---|---|
| 甘油乙缩醛 | 63.0 | 胶原蛋白 | 0.5 |
| 碳酸丙烯酯 | 5.0 | 甘油 | 4.5 |
| 乙醇 | 25.0 | 植物香料 | 2.0 |

制备工艺：按比例称取原料，混合后以 300r/min 的转速搅拌 5min，物理消泡后即可。

配方 17：芦荟洗甲水

| 组　　分 | 质量分数/% | 组　　分 | 质量分数/% |
|---|---|---|---|
| 丙二醇 | 18.0 | 乙酸丁酯 | 40.0 |
| 胶原蛋白 | 4.0 | 乙醇 | 8.0 |
| 芦荟提取液 | 5.0 | 去离子水 | 25.0 |

制备工艺：按比例称取原料，混合后以 200r/min 的转速搅拌 5min，物理消泡后即可。

配方 18：环保洗甲水 1

| 组　　分 | 质量分数/% | 组　　分 | 质量分数/% |
|---|---|---|---|
| 二价酸酯 DBE | 60.0 | 维生素 E | 3.0 |
| 甘油 | 1.0 | 橄榄油 | 5.0 |
| 乙醇 | 15.0 | 胶原蛋白 | 5.0 |
| 香精 | 1.0 | 去离子水 | 10.0 |

制备工艺：按比例称取原料，混合后以 200r/min 的转速搅拌 10min，混合均匀即可。

配方 19：环保洗甲水 2

| 组　　分 | 质量分数/% | 组　　分 | 质量分数/% |
|---|---|---|---|
| 乙醇 | 15.0 | 牛奶香精 | 2.0 |
| 苯乙烯/丙烯酸(酯)类共聚物 | 3.0 | 碳酸丙二醇酯 | 75.0 |
| 丙二醇 | 5.0 | | |

制备工艺：

① 将乙醇和苯乙烯苯乙烯/丙烯酸（酯）类共聚物在 1000r/min 转速下充分搅拌均匀直到没有颗粒，将丙二醇在 1000r/min 转速下加入上述混合物中搅拌均匀；

② 在 500r/min 转速下依次加入牛奶香精与碳酸丙二醇酯，搅拌均匀；

③ 将上述制备好的混合物过 400 目滤网，目测无杂质灌装即可。

配方 20：洗甲水

| 组　分 | 质量分数/% | 组　分 | 质量分数/% |
| --- | --- | --- | --- |
| 正庚烷 | 12.0 | 蒸馏水 | 10.0 |
| 丙二醇甲醚乙酸酯 | 3.0 | 无水乙醇 | 50.0 |
| 乙酯 | 25.0 | | |

制备工艺：

① 将正庚烷、丙二醇甲醚乙酸酯、乙酯、蒸馏水、无水乙醇等组分按上述比例依次加入，充分混合；

② 将混合溶液用滤网过滤，目测无杂质即可。

### 7.2.8 香粉

香粉类化妆品主要涂于面部，可改变面部皮肤颜色，使皮肤光滑，柔和脸部曲线，并具有吸收过多油脂及防止紫外线辐射等作用。香粉应具有遮盖性、滑爽性、黏附性和持久性。

配方 1：轻遮盖力的香粉

| 组　分 | 质量分数/% | 组　分 | 质量分数/% |
| --- | --- | --- | --- |
| 滑石粉 | 80.0 | 米淀粉 | 10.0 |
| 氧化锌 | 5.0 | 色素和香精 | 适量 |
| 硬脂酸锌 | 5.0 | | |

配方 2：中等遮盖力的香粉

| 组　分 | 质量分数/% | 组　分 | 质量分数/% |
| --- | --- | --- | --- |
| 滑石粉 | 50.0 | 米淀粉 | 15.0 |
| 氧化锌 | 15.0 | 沉淀碳酸钙 | 15.0 |
| 硬脂酸锌 | 5.0 | 色素和香精 | 适量 |

配方 3：重遮盖力的香粉

| 组　分 | 质量分数/% | 组　分 | 质量分数/% |
| --- | --- | --- | --- |
| 滑石粉 | 50.0 | 沉淀碳酸钙 | 20.0 |
| 氧化锌 | 24.0 | 色素和香精 | 适量 |
| 硬脂酸锌 | 6.0 | | |

配方 4：珠光香粉 1

| 组　分 | 质量分数/% | 组　分 | 质量分数/% |
| --- | --- | --- | --- |
| 滑石粉 | 50.0 | 二氧化钛 | 3.0 |
| 云母粉 | 47.0 | 色素和香精 | 适量 |

配方 5：珠光香粉 2

| 组　分 | 质量分数/% | 组　分 | 质量分数/% |
|---|---|---|---|
| 滑石粉 | 40.0 | 氧氯化铋 | 10.0 |
| 云母粉 | 40.0 | 色素和香精 | 适量 |
| $TiO_2$-云母粉 | 10.0 | | |

配方 6：珠光香粉 3

| 组　分 | 质量分数/% | 组　分 | 质量分数/% |
|---|---|---|---|
| 滑石粉 | 30.0 | 氧氯化铋 | 8.0 |
| 云母粉 | 60.0 | 色素和香精 | 适量 |
| 二氧化钛 | 2.0 | | |

配方 7：珠光香粉 4

| 组　分 | 质量分数/% | 组　分 | 质量分数/% |
|---|---|---|---|
| 滑石粉 | 10.0 | $TiO_2$-云母粉 | 18.0 |
| 云母粉 | 70.0 | 色素和香精 | 适量 |
| 二氧化钛 | 2.0 | | |

制备工艺：按比例称量各组分，混合搅拌均匀即可。

### 7.2.9 粉饼

粉饼（compact powder）是由散粉压实固化制成，组成和香粉类似。粉饼要求有良好遮盖力和黏着性。粉饼混合物应具有适宜的黏合性，以保证粉饼在压块和使用过程中不易破碎，若黏合性过大，则粉饼易结块，不方便使用。通过添加水溶性和油溶性的黏合剂可增加粉饼的黏合性能。

常用的黏合剂有水溶性聚合物（如黄蓍树胶粉、阿拉伯树胶、羧甲基纤维素等）和油溶性黏合剂（如单甘酯、16/18 醇、羊毛脂及其衍生物、石蜡、地蜡、白矿油等）。

甘油、山梨醇、葡萄糖以及其他滋润剂的加入能使粉饼保持一定水分不致干裂。

常添加防腐剂和抗氧化剂以防止氧化酸败现象的发生。

配方 1：粉饼 1

| 组　分 | 质量分数/% |
|---|---|
| 滑石粉 | 30.0 |
| 聚乙烯粉 | 68.0 |
| 尼龙-12 | 2.0 |

配方 2：粉饼 2

| 组　　分 | 质量分数/% | 组　　分 | 质量分数/% |
|---|---|---|---|
| 云母粉 | 50.0 | HDI/三羟甲基己基内酯交联聚合物 | 34.0 |
| 滑石粉 | 15.0 | 硅石 | 1.0 |

配方 3：粉饼 3

| 组　　分 | 质量分数/% | 组　　分 | 质量分数/% |
|---|---|---|---|
| 滑石粉 | 30.0 | 聚乙烯粉 | 10.0 |
| 高岭土 | 10.0 | 氮化硼 | 1.0 |
| HDI/三羟甲基己基内酯交联聚合物 | 49.0 | | |

配方 4：粉饼 4

| 组　　分 | 质量分数/% | 组　　分 | 质量分数/% |
|---|---|---|---|
| 云母粉 | 20.0 | 硬脂酸镁 | 2.5 |
| HDI/三羟甲基己基内酯交联聚合物 | 73.0 | 硅石 | 2.5 |
| 颜料 | 2.0 | | |

配方 5：粉饼 5

| 组　　分 | 质量分数/% | 组　　分 | 质量分数/% |
|---|---|---|---|
| 滑石粉 | 70.0 | 硬脂酸镁 | 0.25 |
| 聚乙烯粉 | 24.5 | 硬脂酸锌 | 0.25 |
| 颜料 | 5.0 | | |

制备工艺：将配方内原料按比例称量用粉碎机粉碎成均匀粉相，将粉相转移至高速混合机中混合均匀，将混合均匀的粉体用压粉机压制成型即可。

配方 6：粉饼 6

| 组　　分 | 质量分数/% | 组　　分 | 质量分数/% |
|---|---|---|---|
| 滑石粉 | 50.0 | 碳酸镁 | 5.0 |
| 高岭土 | 15.0 | 沉淀碳酸钙 | 10.0 |
| 氧化锌 | 15.0 | 胶黏剂① | 5.0 |
| 硬脂酸锌 | 5.0 | 色素和香精 | 适量 |

① 胶黏剂配方如下：

| 组　　分 | 质量分数/% | 组　　分 | 质量分数/% |
|---|---|---|---|
| 羧甲基纤维素钠 | 1.0 | 乙醇 | 2.5 |
| 海藻酸钠 | 0.5 | 去离子水和防腐剂 | 96.0 |

制备工艺：将胶黏剂和脂肪物与去离子水和滋润剂先调和成所谓胶水，然后与部分粉料一次混合，用 20 目粗筛过筛，再与其余粉料混合后，冲压即可。

配方 7：含玉米粉的粉饼

| 组　　分 | 质量分数/% | 组　　分 | 质量分数/% |
|---|---|---|---|
| 钛白粉 | 3.5 | 十八醇 | 5.94 |
| 玉米粉 | 17.8 | 酒石酸氢钾 | 9.50 |
| 滑石粉 | 35.7 | 甲氧基肉桂酸乙基己酯 | 2.38 |
| 高岭土 | 17.8 | 山茶籽油 | 2.38 |
| 聚硅氧烷 | 3.56 | 尼泊金乙酯 | 0.24 |
| 甘油 | 1.20 | | |

制备工艺：

① 将称好的钛白粉、玉米粉、滑石粉、高岭土加入容器中粉碎；

② 将步骤①所得溶液加入聚硅氧烷中搅拌至完全溶解；

③ 将甘油、十八醇、甲氧基肉桂酸乙基己酯、山茶籽油混合加热溶解；

④ 将步骤②、③溶液混合，加入酒石酸氢钾、尼泊金乙酯充分混合，然后低温处理；

⑤ 将步骤④所得物质冲压即可。

配方 8：含锌白粉的粉饼

| 组　　分 | 质量分数/% | 组　　分 | 质量分数/% |
|---|---|---|---|
| 滑石粉 | 7.3 | 淀粉 | 9.2 |
| 高岭土 | 4.6 | 丙二醇 | 0.9 |
| 锌白粉 | 9.2 | 十六醇 | 1.4 |
| 钛白粉 | 4.5 | 山梨糖醇 | 2.8 |
| 硬脂酸锌 | 3.7 | 色素 | 0.9 |
| 碳酸镁 | 4.6 | 香精 | 4.1 |
| 黄原胶 | 0.9 | 去离子水 | 45.9 |

制备工艺：按比例称取高岭土、锌白粉、钛白粉、硬脂酸锌、碳酸镁、黄原胶、淀粉、丙二醇、十六醇和山梨糖醇进行混合，加入去离子水搅拌均匀，加热至 90℃；然后加入滑石粉和香精继续混合 2h；最后加入色素，搅拌均匀，冲压即可。

配方 9：能延缓衰老的营养防晒粉饼

| 组　　分 | 质量分数/% | 组　　分 | 质量分数/% |
|---|---|---|---|
| 纳米玫瑰粉 | 35.0 | 大豆卵磷脂 | 3.0 |
| 纳米改性淀粉 | 25.0 | 邻氨基苯甲酸薄荷酯 | 1.2 |
| 甲氧肉桂酸辛酯 | 0.7 | 维生素 E | 0.8 |
| 水杨酸辛酯 | 1.3 | 角鲨烷 | 3.0 |
| 纳米珍珠粉：滑石粉(2：1) | 4.0 | 甘油 | 6.0 |
| 纳米丝素粉 | 4.0 | 小麦胚芽油：水貂油：二甲硅油(3：2：2) | 3.0 |
| 硬脂酸 | 3.0 | | |
| 单硬脂酸甘油酯 | 1.0 | 芦荟提取物 | 9.0 |

制备工艺：将纳米玫瑰粉、纳米改性淀粉、甲氧肉桂酸辛酯、水杨酸辛酯、纳米珍珠粉和滑石粉（2：1）混合粉、纳米丝素粉放入混合罐中粉碎，混

合搅拌 120min，然后将硬脂酸、单硬脂酸甘油酯、大豆卵磷脂、邻氨基苯甲酸薄荷酯、维生素 E、角鲨烯、甘油、小麦胚芽油、水貂油和二甲硅油（3：2：2）混合油、芦荟提取物混合，在粉料混合罐搅拌的同时通过喷嘴喷入混合的粉料中，混合 90min。将混合好的粉料进行粉碎、过筛，用粉饼压制机压制成型即可。

配方 10：药物粉饼

| 组　分 | 质量分数/% | 组　分 | 质量分数/% |
|---|---|---|---|
| 滑石粉 | 61.25 | 羊毛脂 | 1.0 |
| 月桂醇硫酸钠 | 0.75 | 甘油 | 7.5 |
| 钛白粉 | 7.5 | 六氯酚 | 0.25 |
| 硬脂酸锌 | 11.25 | 烷基二甲基苄基氯化铵 | 0.2 |
| 无机颜料 | 1.0 | 香精 | 0.12 |
| 液体石蜡 | 4.5 | 尼泊金甲酯 | 0.09 |
| 鲸蜡醇 | 1.5 | 尼泊金乙酯 | 0.09 |
| 鲸蜡 | 3.0 | | |

制备工艺：将上述配方中固体相按比例称量好后混合粉碎搅拌均匀，再将配方中液体相混合搅拌均匀后加入粉体相中，均匀搅拌混合，压制即可。

### 7.2.10 粉底液

粉底液（liquid foundation）是一种液态的粉底，通常通过将颜料和粉料分散在黏性基质中制得。粉体是粉底液常用的原料，常用的粉体有滑石粉、高岭土、氧化锌、二氧化钛、碳酸钙和碳酸镁等。

粉底液具有良好的控油效果，主要适用于中性、混合性和油性皮肤。

粉底液可以阻隔空气中的粉尘进入皮肤，对皮肤起到保护作用，是上妆的第一步，也是护肤的最后一步。具有高效保湿成分的滋润粉底液可以捕获空气中的水分，并锁住皮肤中的水分，使皮肤得到滋润。

配方 1：止痒抗油粉底液

| 组　分 | 质量分数/% | 组　分 | 质量分数/% |
|---|---|---|---|
| 鲸蜡醇 | 1.5 | 尼龙粉末 | 2.4 |
| 肉豆蔻酸异丙酯 | 40.0 | 硬脂酸锌 | 0.3 |
| 乙二醇月桂酸酯 | 3.2 | 聚氨基葡萄糖 | 2.4 |
| 凡士林 | 12.6 | 香料 | 0.8 |
| 甲基纤维素 | 4.0 | 蛇床子 | 8.0 |
| 氧化铁红 | 0.8 | 冰片 | 8.0 |
| 十甲基环五硅氧烷 | 8.0 | 甘草 | 8.0 |

制备工艺：

① 将尼龙粉末、硬脂酸锌与凡士林混合均匀，捏合成粒状后进行分散，分散至细度为 10μm，再与鲸蜡醇、肉豆蔻酸异丙酯、乙二醇月桂酸酯、甲基纤维

素、氧化铁红、十甲基环五硅氧烷混合均匀，备用；

② 将蛇床子、冰片、甘草混合后用水煎煮，第一次用 4 倍水煎煮 2h，第二次用 2 倍水煎煮 1h，然后合并两次煎煮液，浓缩至无溶剂流出，备用；

③ 将①、②所得物质与聚氨基葡萄糖、香料混合均匀即可。

配方 2：精华粉底液

| 组分 | | 质量分数/% |
|---|---|---|
| A组分 | 超细硅处理钛白粉 | 4.0 |
| | 苯基聚三甲基硅氧烷 | 2.0 |
| | PEG-10 聚二甲基硅氧烷 | 2.0 |
| | 硅处理氧化铁黄 | 0.25 |
| | 硅处理氧化铁红 | 0.05 |
| B组分 | 纳米硅处理氧化锌分散浆 | 8.0 |
| | 甲氧基肉桂酸乙基己酯 | 5.0 |
| | 环五聚二甲基硅氧烷 | 48.4 |
| | 乙烯基聚二甲基硅氧烷/聚甲基硅氧烷硅倍半氧烷交联聚合物 | 8.0 |
| | 丙烯酸(酯)类/聚二甲基硅氧烷共聚物/异构十二烷 | 1.0 |
| | 异十二烷 | 4.0 |
| | 苯氧乙醇/乙基己基甘油 | 0.2 |
| | 辛二醇/乙基己基甘油 | 0.1 |
| | 乙醇 | 4.0 |
| C组分 | 二硬脂二甲铵锂蒙脱石 | 1.0 |
| | 聚二甲基硅氧烷 | 12 |

制备工艺：

① 将 A 组分原料混合均匀，过三辊机研磨 2 次；

② 将 B 组分原料依次加入 A 组分混合物中；

③ 将 C 组分原料预分散均匀后加入 A 组分和 B 组分的混合物中，均质 10～15min，搅拌均匀即可。

配方 3：止痒抗油粉底液

| 组分 | | 质量分数/% | 组分 | | 质量分数/% |
|---|---|---|---|---|---|
| A组分 | 纳米级活性珍珠粉 | 6.0 | B组分 | 木瓜提取液 | 5.0 |
| | 滑石粉 | 1.0 | | 1,3-丁二醇 | 4.25 |
| | 钛白粉 | 5.0 | | 卡波姆 941 | 0.3 |
| | 水杨酸辛酯 | 4.0 | C组分 | 三乙醇胺 | 0.3 |
| | 十六十八醇/烷基葡糖苷(1∶1) | 3.0 | | 玫瑰香精 | 0.3 |
| | 辛酸癸酸三甘油酯 | 4.0 | | 苯甲酸甲酯 | 0.3 |
| B组分 | 杜鹃花酸二甘氨酸钾 | 0.3 | | 去离子水 | 加至 100.0 |
| | 印度蛇婆子提取物 | 0.5 | | | |

制备工艺：

① 按照组别称取各组分，然后先将杜鹃花酸二甘氨酸钾、印度蛇婆子提取物、木瓜提取液、1,3-丁二醇、卡波姆 941 升温到 80～85℃溶解于去离子水中，

形成水相，备用；

② 将A组分混合加热至80～85℃，形成油相，备用；

③ 将油相加入水相中，控制温度80～85℃，搅拌，速度保持在60r/min，均质5min后保温消泡；

④ 待消泡完成后开启冷却水，搅拌速度调至40r/min；

⑤ 冷却到45℃，加入三乙醇胺、苯甲酸甲酯、玫瑰香精，搅拌均匀即可。

配方4：抗水透气粉底液

| 组　　分 | 质量分数/% | 组　　分 | 质量分数/% |
|---|---|---|---|
| 烷基丙烯酸酯聚合物 | 5.0 | 硬脂酰乳酸钠 | 4.0 |
| 甲氧基肉桂酸乙基己酯 | 8.0 | 遮瑕粉 | 11.0 |
| 山梨坦倍半油酸酯 | 2.0 | 保湿剂 | 8.0 |
| 小烛树蜡 | 3.0 | 着色剂 | 9.0 |
| 聚二甲氧基硅氧烷 | 10.0 | 超细硅处理钛白粉 | 5.0 |
| 丁二醇 | 7.0 | 玻尿酸 | 5.0 |
| 山药提取物 | 5.0 | 抗氧化剂 | 5.0 |
| 维生素C | 6.0 | 去离子水 | 7.0 |

制备工艺：按比例称量各组分，均质15min，搅拌均匀即可。

配方5：抗皱粉底液

| 组　　分 | 质量分数/% | 组　　分 | 质量分数/% |
|---|---|---|---|
| 单硬脂酸甘油酯 | 8.0 | 氢化卵磷脂 | 6.0 |
| 羊毛脂 | 5.0 | 珍珠水解液脂质体 | 7.0 |
| 鲸鱼醇 | 5.0 | 甘油 | 10 |
| 芦荟 | 3.0 | 丙二醇 | 3.0 |
| 苍术 | 3.0 | 绿茶提取物 | 4.0 |
| 丹参 | 2.0 | 黄瓜提取物 | 8.0 |
| 维生素E | 4.0 | 二氧化钛 | 6.0 |
| 冰片 | 6.0 | 去离子水 | 加至100.0 |

制备工艺：按比例称量各组分，均质10min，搅拌均匀即可。

配方6：保湿润肤粉底液

| 组　　分 | 质量分数/% | 组　　分 | 质量分数/% |
|---|---|---|---|
| 水解胶原蛋白 | 9.0 | 维生素E | 5.0 |
| 透明质酸钠 | 4.0 | 茶多酚 | 6.0 |
| 十八醇 | 8.0 | 珍珠粉 | 5.0 |
| 间苯二酚 | 1.0 | 丹参 | 2.0 |
| 二氧化钛 | 4.0 | 肉豆蔻醇 | 8.0 |
| 三氧化二铁 | 5.0 | 蜂胶 | 9.0 |
| 水杨酸苯酯 | 2.0 | 薰衣草香精 | 7.0 |
| 橄榄油 | 5.0 | 去离子水 | 加至100.0 |

制备工艺：按比例称量各组分，均质12min，搅拌均匀即可。

配方 7：长效粉底液

| 组　　分 | 质量分数/% | 组　　分 | 质量分数/% |
| --- | --- | --- | --- |
| 脂肪醇聚氧乙烯醚 | 11.0 | 珍珠水解液脂质体 | 7.0 |
| 对羟基苯甲酸甲酯 | 10.0 | 山梨坦油酸酯 | 5.0 |
| 肉豆蔻醇 | 15.0 | 透明质酸钠 | 5.0 |
| 羊毛脂 | 7.0 | 三乙醇胺 | 6.0 |
| 蜂胶 | 5.0 | 尿素 | 4.0 |
| 聚乙二醇 | 4.0 | 鱼肝油 | 4.0 |
| 维生素 E 乙酸酯 | 4.0 | 去离子水 | 加至 100.0 |

制备工艺：按比例称量各组分，均质 15min，搅拌均匀即可。

# 8 发用化妆品

发用化妆品是一类用于清洁、护理、美化头发的日用化学品，主要有洗发用品、护发用品、美发用品、育发用品和剃须用品。

## 8.1 毛发的化学组成与性质

毛发是哺乳类动物的特征之一。对动物而言，毛发可起到保暖御寒、防暑、减缓摩擦等保护肌体的作用。对于人类而言，毛发的保护作用已经不是最重要的了。头发是人皮肤表面最直观可见的毛发，生理上主要起防止头皮散热、保护大脑和头颅的作用，但是更多的是美观作用。头发的多少、形状、颜色、光泽等都会给人们带来心理和精神上的影响，在人类的社交活动中，亮泽、柔顺的头发和优美的发型常常能带来特有的魅力。因此，从心理学角度来说，头发对人类是很重要的，特别是女性和青年人。

### 8.1.1 毛发的组成

(1) 结构组成　毛发生长于筒状的毛囊中，露出皮面以上的部分称为毛干，毛囊内的部分为毛根，毛根下端与毛囊下部相连的部分为毛球，毛球下端内凹入部分称为毛乳头。毛乳头中有结缔组织、神经末梢及毛细血管等，对毛发的生长起着至关重要的作用。毛囊的上方连接皮脂腺，所分泌的皮脂对头发和头皮起到滋养作用。

毛干可分为三层：表皮层、皮质层、髓质层。表皮层是一种由角质细胞组成的鳞状物质，围绕在皮质层外部。这种鳞状物质越接近头皮部分越平滑，越远离头皮部分越粗糙。一般毛发的表皮层由6～12层角质鳞状物组成，不同发质的表皮层形状、结实度、耐拉性能均有差异。皮质层是毛发最重要的部分，约占整个发径的45%，是决定毛发水分含量、韧性和强度的关键。髓质层是毛发中心部分，被皮质细胞所围绕，髓质层中间有色素存在。

(2) 化学组成　毛发的主要化学成分是角质蛋白，占头发重量的65%～95%；另外，毛发中还含有脂质、色素、微量元素（如硅、铁、铜、锰等）以及水分等。

① 角质蛋白。毛发的角质蛋白是一种具有阻抗性的不溶性蛋白质，一般含有18种氨基酸，其中以胱氨酸含量最高，与人的皮肤相比，胱氨酸多出40%～50%；其次是组氨酸、赖氨酸、精氨酸，这三种氨基酸的含量比约为1∶3∶10，这种比率是毛发角质蛋白特有的。各种氨基酸组成多肽，并以长链、螺旋、弹簧式的多维结构相互缠绕交联。胱氨酸在蛋白质的三级结构中相互形成二硫键连接，大大增强了角质蛋白的强度和阻抗性能，赋予了毛发独有的刚韧特性。

② 脂质。毛发中的脂质因人而异，约占1%～9%。毛发中的脂质，分为皮脂腺分泌脂质和毛发内部固有脂质，这些脂质在组成上并无差别。脂质的主要成分是游离脂肪酸，同时也含有中性脂肪，如蜡类、甘油三酯、胆固醇和角鲨烯等。

③ 色素。毛发中黑色素含量在3%以下。

④ 微量元素。毛发中含有的金属元素有铜、锌、钙、镁等，除了这些金属微量元素外，还有磷、硅等无机成分，占毛发的0.55%～0.94%。这些微量元素与角质蛋白或脂肪酸形成结合状态。

⑤ 水分。水分是毛发组成中非常重要的部分。头发中水的含量受环境湿度的影响，通常占毛发总重量的6%～15%，最大时可达35%。水的存在可降低角质蛋白链间氢键形成的程度，从而使头发变得柔软润泽。

### 8.1.2 毛发的性质

毛发中的角质蛋白水解后分解为$\alpha$-氨基酸，因此具有氨基酸和角质蛋白的化学性质，一些发用化妆品可利用这些化学性质，来改变毛发的形态和色泽。

(1) 氢键断裂　毛发一般不溶于水，但具有吸水性。如被水润湿后，毛发膨胀变得柔软，干燥后恢复原状，这是由于角质蛋白分子结构中含有大量亲水性极性基团，如—$NH_2$、—COOH、—OH等，均能与水分子形成氢键；同样，水分子进入毛发纤维结构内部后，与蛋白结构中电负性大的原子形成氢键，暂时破坏其内部原有的氢键，使毛发膨胀而变软。干燥失去水分子后，被破坏的氢键恢复，毛发恢复到原来状态。因此，在染发、烫发之前，须将毛发润湿，才能达到预期的效果。

（2）酸碱对离子键的破坏　酸或碱溶液可破坏毛发结构中的离子键，使毛发纤维容易变性。

（3）碱对二硫键的破坏　在碱性较强的条件下，角质蛋白中的二硫键发生断裂，使毛发更易于伸直，也使纤维变得粗糙、无光泽、强度下降、易断裂等。碱对毛发的破坏程度受碱的浓度、溶液 pH 值、温度、作用时间等因素影响，温度越高，pH 值越高，作用时间越长，破坏越严重。因此在发用化妆品的配方设计中需综合考虑毛发的染烫效果和后期维护的可能性。

（4）氧化剂的作用　氧化剂是发用化妆品的常用组分。氧化剂能够将角质蛋白中的二硫键氧化为磺酸基，角质蛋白的高级结构被破坏，致使毛发纤维强度下降，会使毛发缺乏弹性和光泽，易断裂。氧化剂对毛发的损害程度与氧化剂溶液的浓度、温度、pH 值有关。

（5）还原剂的作用　角质蛋白中的二硫键能够被还原剂还原为巯基。这种巯基在酸性条件下相对稳定，在碱性条件下，则容易氧化为二硫键。

## 8.2　毛发化妆品配方实例

### 8.2.1　洗发水（膏）

洗发水（膏）是人们日常生活的必需品，有助于去除头发以及头皮表面的油污和皮屑。目前，洗发用化妆品已经从单纯的清洁化妆品向兼具营养、护理等多功能方向发展。

洗发水（膏）的配方主要由三种成分组成。

（1）主表面活性剂　主表面活性剂主要是提供良好的去污力和丰富的泡沫。常用的主要是阴离子型表面活性剂。

① 脂肪醇硫酸盐（AS）。AS 具有很好的发泡性和去污力，水溶性良好且呈中性，对硬水稳定，包括钾盐、钠盐、铵盐、乙醇胺盐等。但是，该类表面活性剂在水中的溶解度不够高，对皮肤、眼睛具有轻微的刺激。

② 脂肪醇聚氧乙烯醚硫酸盐（AES）。AES 是 AS 与环氧乙烷加成聚合得到的改良表面活性剂，其亲水性增加。AES 性能较 AS 优越，不但具备非离子表面活性剂的特性，而且刺激性低于 AS，水溶性比 AS 好。

③ 烯基磺酸盐（AOS）。这种表面活性剂具有较好的起泡性、生物降解性、皮肤温和性、低 pH 值稳定性等。

（2）辅助表面活性剂　辅助表面活性剂的作用是增强主表面活性剂的发泡性和泡沫稳定性，改善洗涤性和调理性，同时减轻主表面活性剂的刺激性，主要有非离子型和两性表面活性剂两种类型。

① 脂肪酸单甘油酯硫酸盐。月桂酸单甘油酯硫酸铵是较为常用的一种，其洗涤性能类似月桂醇硫酸盐，但比脂肪醇硫酸盐更易溶解。在硬水中性能稳定，有良好的起泡性，能使头发洗后柔软而富有光泽。但是易被水解成脂肪酸皂，因此须保持 pH 在弱酸性或中性。

② 琥珀酸酯磺酸盐。主要有脂肪醇琥珀酸酯磺酸盐、脂肪醇聚氧乙烯醚琥珀酸酯磺酸盐和脂肪酸单乙醇酰胺琥珀酸酯磺酸盐等，这类表面活性剂具有良好的洗涤性和发泡力，对皮肤和眼刺激性小，属于温和型表面活性剂，故常用于柔性洗发水和婴儿洗发水中。

③ 甜菜碱类。这类表面活性剂可与阴离子型表面活性剂配伍，具有增加黏稠度的作用，也可单独使用，主要有烷基甜菜碱、咪唑啉甜菜碱等。

④ 环氧乙烷缩合物。属于非离子型表面活性剂，包括脂肪醇乙氧基化合物、脂肪酸乙氧基化合物、烷基酚乙氧基化合物等。这类表面活性剂具有刺激小、去污力强、耐硬水等特点，但是由于起泡性差，一般不单独使用。

⑤ 长链烃替氨基酸同系列两性表面活性剂。这类表面活性剂在酸、碱性溶液分别生成阳离子、阴离子，因此在合适的酸碱度下能与阴离子型或阳离子型表面活性剂分别配伍。

⑥ 烯基醇酰胺。常用作脂肪醇硫酸盐、醇醚硫酸盐的增泡剂和泡沫稳定剂，并可提高黏稠度，具有增强去污力的作用。

⑦ 氧化脂肪胺类。这是一类非离子型表面活性剂，用作泡沫稳定剂、调理剂和抗静电剂。

⑧ 阳离子型表面活性剂。阳离子型表面活性剂的去污力和发泡力比阴离子型差，通常只用作调理剂。

(3) 添加剂　添加剂的作用是赋予洗发水某种理化特性，常用的有增泡剂、增稠剂、稀释剂、澄清剂和抗头屑剂等。

① 增泡剂。少量即可提高表面活性剂的起泡性，主要有脂肪酸烷基醇酰胺、脂肪酸等。

② 增稠剂。主要有水溶性高分子［如聚乙二醇酯类的聚乙二醇（400）单硬脂酸和聚乙二醇（400～600）二硬脂酸酯等］、亲水胶体（天然树胶和合成树胶）。

③ 增溶剂。常用的有乙醇、丙二醇等。

④ 乳浊剂。常用的有聚苯乙烯、聚乙酸乙烯等。

⑤ 调理剂。使用调理剂能使头发容易梳理，保持柔软，富有光泽。

⑥ 止痒剂。主要有薄荷醇、辣椒酊等。

⑦ 螯合剂。可提高香波的澄清度，有乙二胺四乙酸衍生物、三聚磷酸盐等。

⑧ 紫外线吸收剂。洗发水中常用的是二苯甲酮类防晒剂。

配方 1：洗发水

| 组分 | | 质量分数/% | 组分 | | 质量分数/% |
|---|---|---|---|---|---|
| A组分 | 尼泊金甲酯 | 0.15 | B组分 | 吐温-60 月桂酸二乙醇酰胺 | 10 |
| | 乙二胺四乙酸 | 0.05 | C组分 | 香精 | 0.5 |
| | 去离子水 | 加至100 | | | |
| B组分 | AES | 15 | D组分 | 色料、磷酸、氯化钠 | 适量 |

制备工艺：

① 将A组分置于混合器中搅拌加热至70℃，在搅拌下将组分B依次加入A组分中；

② 当温度降至50℃时加入C组分，然后用磷酸调节pH值至6.5～7.0，用氯化钠调节黏度，用色料调节色度，即得洗发水。

配方2：洗发膏

| 组分 | 质量分数/% | 组分 | 质量分数/% |
|---|---|---|---|
| 十二醇硫酸钠($K_{12}$) | 20 | 甘油 | 3.0 |
| 硬脂酸 | 5.0 | 防腐剂 | 适量 |
| 羊毛脂 | 1.0 | 香精 | 适量 |
| 氢氧化钠 | 1.1 | 色素 | 适量 |
| 三聚磷酸钠 | 5.0 | 去离子水 | 加至100 |

制备工艺：

① 将十二醇硫酸钠、氢氧化钠加入去离子水中，加热到90℃，搅拌使其溶解均匀；

② 再加入熔好的硬脂酸、羊毛脂的混合物，搅拌均匀，然后按不同配方的要求依次加入三聚磷酸钠、甘油、防腐剂、色素，搅拌均匀，冷却至45℃时加入香精搅匀即可得洗发膏。

配方3：W/O/W型复乳状中药发乳

| 组分 | | 质量分数/% | 组分 | | 质量分数/% |
|---|---|---|---|---|---|
| A组分 | 蜂蜡 | 2.2 | B组分 | 浸膏(液) | 40.4 |
| | 药油 | 40.0 | C组分 | 吐温-20 | 2.2 |
| | 司盘-60 | 2.7 | | 丙二醇 | 1.8 |
| | 司盘-80 | 2.7 | | PVP | 0.2 |
| | 氮酮 | 0.9 | | 人参总皂苷液 | 6.9 |

制备工艺：

① 浸膏（液）制备

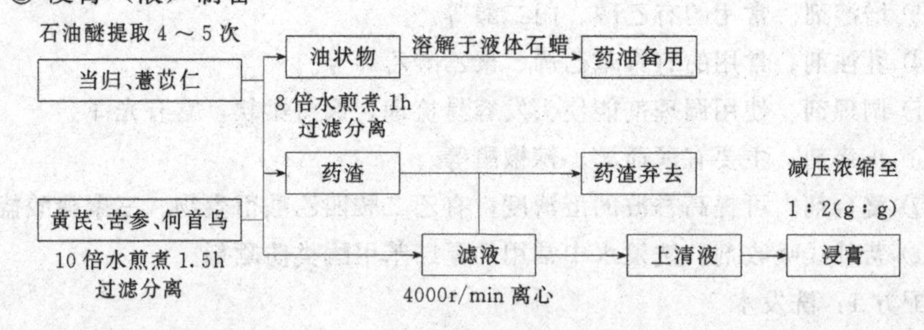

② 取A组分加热至（80±1)℃，高速搅拌（500r/min）中缓缓加入B组分，形成W/O乳液，保温备用；

③ 将B组分制成溶液与C组分在（70 ±1)℃ 条件下混合均匀；

④ 将上述备用的一级乳分散在步骤③所得溶液中，在保温条件下以50r/min搅拌5～6min，均质处理得中药发乳。

配方4：冷配洗发水

| 组分 | 质量分数/% | 组分 | 质量分数/% |
| --- | --- | --- | --- |
| 月桂醇聚醚硫酸铵(AESA) | 10.0 | 甘油 | 2.0 |
| 月桂基硫酸铵($K_{12}$A) | 5.0 | 月桂酰谷氨酸钠 | 1.0 |
| 椰子油二乙醇胺(6501) | 2.0 | 月桂酰肌氨酸钠 | 1.0 |
| 椰油酰胺丙基甜菜碱(CAB-30) | 6.0 | 氯化钠(NaCl) | 1.0 |
| 瓜尔胶羟丙基甜菜碱(C-14S) | 0.2 | 柠檬酸 | 0.3 |
| 乙二胺四乙酸二钠(EDTA-2Na) | 0.1 | 芦荟浓缩酸 | 0.5 |
| 聚季铵盐-7(M550) | 1.0 | 聚乙二醇(6000)双硬脂酸酯(638) | 0.5 |
| 吡啶酮乙醇胺盐(OCT) | 0.5 | DMDM乙内酰脲 | 0.3 |
| 珠光浆 | 2.0 | 卡松(Kathon CG) | 0.2 |
| 泛醇(D-泛醇) | 3.0 | 香精 | 适量 |
| 二甲基环硅氧烷/聚二甲基硅氧烷醇(DC-1501) | 2.0 | 去离子水 | 加至100.0 |

制备工艺：

① 先将增稠剂638和阳离子瓜尔胶C-14S分别用5%的去离子水预溶，溶解时快速搅拌；

② 在剩余的去离子水中依次加入EDTA-2Na、NaCl、柠檬酸，溶解均匀，加入AESA、$K_{12}$A并溶解透明；

③ 加入预先分散好的阳离子瓜尔胶，搅拌5～10min，加入与OCT、CAB-30溶解好的6501，搅拌5～10min；

④ 依次加入珠光浆、硅油DC-1501、甘油，搅拌5～10min；

⑤ 取M550和泛醇用5%的去离子水预溶，加入体系中搅拌至均匀；

⑥ 依次加入芦荟凝缩液、月桂酰基谷氨酸钠、月桂酰基肌氨酸钠并搅拌均匀，加入溶胀好的638，搅拌5～10min；

⑦ 加入防腐剂卡松、DMDM乙内酰脲和香精，搅拌10～30min，出料。

## 8.2.2 护发类化妆品

健康的头发表面上有一层薄的油膜，可保持头发的光泽并维持头发的水油平衡。如果常用脱脂能力较强的洗发剂或频繁染发、烫发等，易使油膜层损坏，导致头发干燥、发脆、枯黄，因此需要适当补充油分和水分，使头发恢复柔软、弹性、光泽。

护发类化妆品的基本原理是将护发成分附着在头发表面，润滑表皮层、减小摩擦力，减少梳理过程中的头发损伤。此外，护发成分形成的保护膜可以减缓因湿度变化而带来的头发内水分含量的降低，防止头发过度干燥。

#### 8.2.2.1 护发化妆品的组成

护发化妆品主要由护发剂和辅助成分组成。

(1) 护发剂　护发剂主要成分为阳离子型表面活性剂、油性成分、胶性成分等。常用的有十八烷基三甲基氯化铵、十二烷基三甲基氯化铵、十二烷基二甲基苄基氯化铵、十八烷基二甲基苄基氯化铵、双十二烷基二甲基氯化铵、聚季铵盐、阳离子瓜尔胶、天然动植物衍生物调理剂（如季铵盐-水解胶原蛋白、季铵盐-水解丝质蛋白、季铵盐-水解大豆蛋白等）等。护发剂的用量一般在3%以下。

(2) 辅助成分　辅助成分有保湿剂、富脂剂和乳化剂，这些成分的加入可以大大提高护发作用和使用性能。

保湿剂有甘油、丙二醇、聚乙二醇、山梨醇等，主要可提高毛发的保水能力，防止头发干枯；富脂剂如白油、植物油、羊毛脂、脂肪酸、高碳醇等，可补充脱脂后头发油分，起到改善梳理性、柔润性和光泽性的作用；乳化剂通常选用脱脂力弱、刺激性小以及和其他原料配伍性好的表面活性剂，最为常用的是非离子表面活性剂，如单硬脂酸酯甘油酯、棕榈酸异丙酯、失水山梨醇脂肪酸酯、聚氧乙烯脂肪醇醚、聚氧乙烯失水山梨醇脂肪酸酯等。

#### 8.2.2.2 配方举例

(1) 护发素　护发素一般是以水作为连续相的一种水包油（O/W）乳化体。在高温的水中，阳离子表面活性剂和直链脂肪醇可形成层状液晶相，冷却时转变为层状晶体胶网，可保证产品具有足够的黏度，从而获得良好的使用感。

配方1：O/W型护发素

| 组分 | | 质量分数/% | 组分 | | 质量分数/% |
|---|---|---|---|---|---|
| A组分 | 硬脂基三甲基氯化铵 | 2.0 | B组分 | 聚氧乙烯失水山梨醇 | 1.0 |
| | 甘油 | 5.0 | | 单硬脂酸甘油酯 | 1.0 |
| | 聚乙烯醇 | 1.0 | C组分 | 防腐剂 | 适量 |
| | 去离子水 | 加至100.0 | | 香精 | 适量 |
| B组分 | 十六醇 | 3.0 | | 色素 | 适量 |

制备工艺：

① 将A组分混合加热至90℃，将B组分加热熔化；

② 在75℃时将水相加入油相中，搅拌乳化；

③ 冷却至45℃时加入香精、色素、防腐剂等其他组分，搅拌均匀冷却至室温即可得O/W型护发素。

配方 2：护发素

| 组分 | | 质量分数/% | 组分 | | 质量分数/% |
|---|---|---|---|---|---|
| A组分 | 大豆胺 | 6.84 | A组分 | 羊毛脂 | 3.43 |
| | 甘油硬脂酸酯和聚乙二醇(100)硬脂酸酯 | 3.82 | | 矿物油 | 2.0 |
| | 乙二胺 | 3.61 | B组分 | 去离子水 | 41.31 |
| | 尼泊金丙酯 | 0.1 | | 尼泊金甲酯 | 0.5 |
| | 尼泊金丁酯 | 0.1 | | 亚硫酸钠 | 0.08 |
| | 聚氧乙烯(20)失水山梨醇棕榈酸酯 | 3.92 | | 苯甲酸钠 | 0.1 |
| | 十八醇 | 1.0 | | 乙二胺四乙酸二钠 | 0.1 |
| | 失水山梨醇棕榈酸酯 | 2.92 | C组分 | 去离子水 | 加至100.0 |
| | | | | 香精、色素 | 0.5 |

制备工艺：

① 将大豆胺加热至80℃，搅拌下加乙二胺，混合均匀后保持温度，加入A组其余组分；

② 在80℃下，将B组分混合均匀；

③ 将A组分加于B组分中，混合均匀，冷却后加入C组分，混合均匀制得护发素。

(2) 发膏　发膏是透明膏体状护发化妆品，主要有无水透明型和乳化型两种类型。无水透明发膏在室温下是透明均匀的膏体，具有涂敷均匀、无黏腻感等优点。其主要原料是油脂和凝胶剂，油脂常采用矿物油，如白油，凝胶剂主要采用脂肪酸皂，如硬脂酸和棕榈酸的铝、镁、锌等的金属皂。另外，加入适量的脂肪酸酯可以改进膏体的脆性、收缩性等，提高使用效果。

乳化型透明发膏是一种易涂布、无油腻感、护发定型效果良好、易清洗的护发用品。该乳状液分散相直径一般小于0.1μm，外观透明，属于微乳状液。其主要原料有油性成分、乳化剂、偶合剂（助乳化剂）等。油性成分最常用的是白油，也可配合酯类、脂肪醇等，一般用量为15%～25%；乳化剂多采用聚氧乙烯脂肪醇醚及其磷酸酯类，用量一般为10%～25%；偶合剂多采用多元醇，如甘油、丙二醇、聚乙二醇等，既起到乳化作用，又可起到保湿作用，一般用量为3%～6%。

配方 3：无水透明发膏

| 组分 | 质量分数/% | 组分 | 质量分数/% |
|---|---|---|---|
| 白油 | 89.0 | 香精 | 适量 |
| 三氧基三硬脂酸铝 | 7.0 | 抗氧剂 | 适量 |
| 异硬脂酸 | 3.0 | 色素 | 适量 |
| 油酸 | 1.0 | | |

制备工艺：将所有原料（香精除外）加热至100～110℃，搅拌混合均匀，冷却至60℃时加入香精，搅拌均匀即可。

配方 4：乳化型透明发膏

| 组分 | | 质量分数/% | 组分 | | 质量分数/% |
|---|---|---|---|---|---|
| A 组分 | 液体石蜡 | 21.0 | B 组分 | 去离子水 | 加至 100.0 |
| | 聚氧乙烯(20)羊毛醇醚 | 15.0 | | 尼泊金甲酯 | 适量 |
| | 聚氧乙烯(20)油醇醚 | 10.0 | | 色素 | 适量 |
| B 组分 | 聚乙二醇(600) | 2.0 | C 组分 | 香精 | 适量 |
| | 2-乙基-1,3-己二醇 | 2.0 | | | |

制备工艺：

① 将 A 组分混合加热至 75～80℃，将 B 组分加热至 90℃；

② 80℃时，在匀速搅拌下将 B 相加入 A 相中，50℃时加入香精，搅拌均匀，至膏体凝结后停止搅拌。

(3) 焗油液（膏） 焗油液（膏）来自于英文 hot oil，意思是热的油，因此通常是通过蒸汽加热促进油分和各种营养成分渗入发质和发根的一类养发、护发制品。焗油化妆品中通常添加渗透性能较强的，油腻性较低的油脂，如霍霍巴油、橄榄油等，以及具有头发渗透作用的硅油衍生物、阳离子型聚合物。此外，一些焗油膏中也通过添加助渗剂，以实现免蒸的目的。总体而言，焗油膏的护发效果优于护发素，加热效果优于免蒸效果。

配方 5：干发焗油

| 组分 | 质量分数/% | 组分 | 质量分数/% |
|---|---|---|---|
| 霍霍巴蜡 | 3.0 | 环状二甲基硅氧烷 | 25.0 |
| 辛酸/癸酸三甘油酯 | 30.0 | 香精 | 0.5 |
| 丙二醇二壬酸酯 | 41.5 | | |

配方 6：免蒸焗油

| 组分 | 质量分数/% | 组分 | 质量分数/% |
|---|---|---|---|
| 二甲基硅油 | 40.0 | 氨基硅油 | 5.0 |
| 硬脂酸异十六醇 | 38.0 | 香精、色素 | 适量 |
| 苯基甲基硅油 | 2.0 | 防腐剂 | 适量 |
| 环甲基硅油/二甲基硅油 | 15.0 | | |

制备工艺：配方 5、配方 6 制备工艺简单，需要将各物料加热溶解，分散均匀，冷却后即可。此外，免蒸焗油膏中加入了助渗剂，不需加热。

## 8.2.3 发油

发油是由动植物和矿物油混合而成的透明油状液体，用来修饰头发使其具有光泽。头发上天然的油脂不足或者被人为去除后，外表显得干枯无光泽。发油的使用可以在头发上留下一层薄且均匀的黏性油脂，对头发的光泽和修饰都能得到较满意的结果。

发油的配方较为简单，主要是动植物油和矿物油，再辅以其他油脂类原料、香精、色素、抗氧剂等，不含乙醇和水。

通常所用的植物油有蓖麻油、橄榄油、花生油、杏仁油等，矿物油主要是白油。为了增加产品的润滑性和黏附性，常用两种或更多的油脂复合。

发油储存过程中容易发生油脂的酸败，因此通常需要加入抗氧剂。发油中还可添加防晒剂以减轻紫外线对头发的损害。

发油的生产工艺主要包括配料、搅拌、过滤和包装等工序。

配方1：植物配方发油

| 组　　分 | 质量分数/% | 组　　分 | 质量分数/% |
|---|---|---|---|
| 白油(11#) | 95.0 | 辣椒提取液 | 1.0 |
| 连翘提取液 | 2.0 | 香精 | 适量 |
| 丹参提取液 | 2.0 | | |

制备工艺：将白油加热至90℃，冷却至70℃时加入三种提取液搅拌，45℃时加入香精搅拌。

该配方中丹参具有促进头发生长的作用；连翘具有抗菌作用，止痒去屑；辣椒具有促进毛发生长、止痒去屑、防止毛囊炎等疾病的作用。本配方对于各种类型的脱发有辅助治疗效果。

配方2：发油

| 组　　分 | 质量分数/% | 组　　分 | 质量分数/% |
|---|---|---|---|
| 橄榄油 | 50.0 | 抗氧剂 | 适量 |
| 杏仁油 | 40.0 | 香精、色素 | 适量 |
| 蓖麻油 | 10.0 | | |

制备工艺：常温下将全部油质原料混合溶解，升温，同时搅拌，加热至40～60℃加入香精、抗氧剂、色素，搅拌使其充分溶解，至发油清晰透明，冷却，过滤，静置，灌装。

### 8.2.4 发蜡

发蜡是一种半固体的油脂和蜡混合制成的不透明蜡状用品。发蜡适合于扭结不顺的头发，能使头发保持整洁，并具有定型效果。发蜡的润滑性较差，仅仅是使头发分布均匀，但对头发修饰的效果却很好。

矿物油和石蜡的混合物是最简单的发蜡配方。但石蜡具有结晶倾向，容易引起分油或脱壳的现象，因此不适合大量使用。为了防止这一现象，通常需要加入凡士林，或者用地蜡和鲸蜡与石蜡混合使用。发蜡中也常用合成油脂和植物油，如乙酰化羊毛脂、聚氧乙烯十六醇醚、蓖麻油、杏仁油等。发蜡中的油脂成分同样具有酸败的问题，因此抗氧剂是必不可少的成分。

配方1：发蜡

| 组　　分 | 质量分数/% | 组　　分 | 质量分数/% |
|---|---|---|---|
| 矿物油 | 50.0 | 色素 | 适量 |
| 石蜡 | 20.0 | 香精 | 适量 |
| 凡士林 | 30.0 | | |

制备工艺：将凡士林预热后加入矿物油、石蜡和油溶性色素，冷却至60～70℃，加入香精，搅拌均匀，过滤，趁热包装。

配方2：植物油发蜡1

| 组　　分 | 质量分数/% | 组　　分 | 质量分数/% |
|---|---|---|---|
| 蓖麻油 | 加至100.0 | 抗氧剂 | 适量 |
| 蜂蜡 | 10.0 | 色素 | 适量 |
| 地蜡 | 2.0 | 香精 | 适量 |

制备工艺：将蓖麻油、蜂蜡、地蜡、抗氧剂混合加热溶解，再加色素、香精搅拌均匀，注入金属容器中，趁热在未凝固前，静置于水上急剧冷却凝固。

配方3：矿物性发蜡

| 组　　分 | 质量分数/% | 组　　分 | 质量分数/% |
|---|---|---|---|
| 月见草油 | 20.0 | 固体石蜡 | 9.0 |
| 白凡士林 | 50.0 | 抗氧化剂 | 1.0 |
| 橄榄油 | 10.0 | 色素 | 适量 |
| 白油 | 10.0 | 香精 | 适量 |

制备工艺：将月见草油、白凡士林、橄榄油、白油、固体石蜡和色素置于容器内，加热熔化，搅拌均匀后趁热滤去杂质，然后加入香精、抗氧化剂，混匀即可。

配方4：植物油发蜡2

<table>
<tr><th colspan="2">组　　分</th><th>质量分数/%</th><th colspan="2">组　　分</th><th>质量分数/%</th></tr>
<tr><td rowspan="4">A组分</td><td>橄榄油</td><td>7.0</td><td rowspan="4">B组分</td><td>常春藤提取物</td><td>5.0</td></tr>
<tr><td>油醇</td><td>5.0</td><td>色素</td><td>适量</td></tr>
<tr><td>液体石蜡</td><td>3.0</td><td>抗氧化剂</td><td>适量</td></tr>
<tr><td>聚氧乙烯十六醇醚</td><td>30.0</td><td>防腐剂</td><td>适量</td></tr>
<tr><td>B组分</td><td>去离子水</td><td>加至100.0</td><td>C组分</td><td>香精</td><td>适量</td></tr>
</table>

制备工艺：

① 将A组分原料充分混合，加热溶解，并保持80℃待用；

② B组分原料混合加热溶解，保持90℃；

③ 将B组分溶液缓缓加入A组分溶液中，不断搅拌，使之充分乳化；

④ 冷却至50℃时加入C组分原料，继续搅拌，冷却至30℃时停止搅拌。

## 8.2.5 发乳

发乳是一种稠度适宜、洁白乳化型护发化妆品，其主要作用是补充油脂和水分，使头发柔软、润滑、光泽性好，并有适度的整发效果。发乳具有良好的流动性，使用时容易均匀分布，当其中的水分挥发或被吸收后，油相部分就附着于头发表面形成薄膜，起到护发作用，使头发油润、光亮、易于梳理，并具有定型效果。此外，还有去头屑、止痒、防止脱发的药效发乳。

发乳的乳化类型有 O/W 型和 W/O 型两种，尤其 O/W 型发乳用后感觉滑爽、无黏腻感。

发乳的成分主要有油脂、水、乳化剂和防腐剂等。油脂以白油、凡士林等矿物油脂为主，有时为了提高发乳的稠度、乳化体的稳定性及光泽性，需要加入高碳醇、蜡类和羊毛脂及其衍生物等。为了制得膏体细腻、稳定性好的发乳，选择适当的乳化剂十分重要，常用的乳化剂有脂肪酸皂、脂肪醇硫酸盐、脂肪酸酯、聚氧乙烯衍生物等。

配方 1：发乳

| 组分 | | 质量分数/% | 组分 | | 质量分数/% |
|---|---|---|---|---|---|
| A组分 | 16/18醇 | 2.0 | B组分 | 十八醇聚氧乙烯醚 | 2.0 |
| | 凡士林 | 8.0 | | 吐温-60 | 2.0 |
| | 乙酰化羊毛脂 | 2.0 | | 去离子水 | 加至100.0 |
| | 白油 | 24.0 | C组分 | 防腐剂 | 适量 |
| | 单硬脂酸甘油酯 | 4.0 | | 香精 | 适量 |
| B组分 | 甘油 | 3.0 | | | |

制备工艺：将 A 组分与 B 组分分别加热至 70～75℃，将 B 组分缓缓加入 A 组分中均质搅拌乳化，继续搅拌至 45℃时加入香精和防腐剂，冷却至 40℃以下，灌装。

配方 2：水包油型发乳

| 组分 | | 质量分数/% | 组分 | | 质量分数/% |
|---|---|---|---|---|---|
| A组分 | 白油(18#) | 30.0 | B组分 | 去离子水 | 加至100.0 |
| | 凡士林 | 10.0 | | 何首乌提取液 | 1.5 |
| | 单硬脂酸甘油酯 | 5.0 | | 丹参提取液 | 1.0 |
| | 乙酰化羊毛脂 | 3.0 | | 蒲公英提取液 | 1.0 |
| B组分 | 十二醇硫酸钠 | 0.8 | C组分 | 香精 | 适量 |

制备工艺：将 A 组分和 B 组分分别加热至 90℃，然后在搅拌下将 A 组分缓缓加入 B 组分中，使其乳化，冷却至 45℃时加入香精，搅拌均匀后由泵送至均质机，使乳化颗粒更小。

### 8.2.6 发胶

发胶的作用主要是使头发在梳理后保持较好的整洁，具有一定的定型作用。这类产品不像发油能使头发光亮，因此发胶也不会给头发带来油腻的感觉。

发胶配方中通常含有醇溶性的成膜剂，如聚氧乙烯吡咯烷酮、聚氧乙烯吡咯烷酮和乙酸乙烯酯共聚物、聚丙烯酸树脂烷基醇胺等，这些组分能够在头发表面形成稳定的薄膜结构，起到保持发型的作用。近年来，一些水溶性或天然来源的物质也被用于发胶的配方设计，如蛋白质、天然胶质等。

配方 1：定型发胶 1

| 组　分 | 质量分数/% | 组　分 | 质量分数/% |
|---|---|---|---|
| 聚维酮 | 2.0 | 香精 | 适量 |
| 聚氧乙烯(24)胆固醇醚 | 1.0 | 色素 | 适量 |
| 甘油 | 3.0 | 防腐剂 | 适量 |
| 乙醇(75%) | 30.0 | 去离子水 | 加至 100.0 |
| 百草虫、白及、白木耳提取物 | 15.0 | | |

制备工艺：将乙醇放入搅拌锅中，然后加入其他组分搅拌均匀，灌装即可。

配方 2：定型发胶 2

| 组　分 | 质量分数/% | 组　分 | 质量分数/% |
|---|---|---|---|
| PVP(聚乙烯吡咯烷酮) | 2.5 | 壬基酚聚氧乙烯醚 | 0.1 |
| 二甲基硅酮/乙二醇共聚物 | 0.4 | 氟里昂 12 | 16.5 |
| 无水乙醇 | 加至 100.0 | 氟里昂 11 | 48.5 |

制备工艺：将 PVP 加入乙醇中，搅拌加热溶解，加入二甲基硅酮乙二醇共聚物和壬基酚聚氧乙烯醚，最后同喷射剂（氟里昂）加压灌装。

配方 3：定型发胶 3

| 组　分 | 质量分数/% | 组　分 | 质量分数/% |
|---|---|---|---|
| 聚乙烯甲醚/马来酸酐共聚物乙酯 | 3.0 | 变性乙醇 | 加至 100 |
| 二羟基丙基对氨基苯甲酸乙酯(防晒剂) | 0.5 | 香精 | 0.2 |
| 甲基葡萄糖聚乙二醇醚 | 0.2 | 喷射剂 A-46 | 20.0 |
| 氨基甲基丙醇 | 0.066 | | |

制备工艺：将氨基甲基丙醇溶于变性乙醇后，依次加入溶解聚乙烯甲醚/马来酸酐共聚物乙酯、甲基葡萄糖聚乙二醇醚、防晒剂、香精，最后装入气雾剂瓶，压入喷射剂。

## 8.2.7 染发液

染发化妆品是通过改变头发的颜色美化头发的一类化妆品。传统的染发剂通常是植物性色素或金属化合物以及两者的混合物。直到 1856 年英国的泊金发现并合成出了苯胺类染料，1883 年法国巴黎梦内脱公司首创了对苯二胺类氧化染发剂，染发剂的发展才从天然染发剂步入化学染发剂时代。

按染发色泽的持续时间长短，染发用品可分为暂时性、半永久性和永久性三类。

### 8.2.7.1 暂时性染发剂

暂时性染发剂色牢固度差，不耐洗涤，是暂时黏附在头发表面的一次性修饰。

暂时性染发剂一般采用水溶性酸性染料，通过染料与阳离子表面活性剂络合生成细小色素颗粒，实现染发的目的。这些颗粒只与头发表面的最外层接触，只提供界面的吸附和润湿作用，因此与头发的相互作用不强，易去除，较为安全。

暂时性染发剂一般包括着色剂、溶剂（如乙醇、异丙醇、苯甲醇、水、油脂、蜡等）、增稠剂（阿拉伯树胶、纤维素类、树脂等）以及乳化剂、保湿剂、螯合剂、香精、防腐剂等。着色剂主要有天然染料和合成颜料，如炭黑、酸性染料、矿物性颜料、植物性颜料（三沫花、焦蓓酚、苏木精等）等。

暂时性染发剂的基质也是决定其染色效果的关键，采用油脂基质时，主要是利用油脂的黏附力实现染发，而水性基质则需要采用水凝胶的吸附力进行染发，此外部分产品也利用聚合物将颜料黏附于头发上。

目前比较常见的剂型有膏状染发剂、凝胶型染发剂、喷雾染发剂等。

配方 1：暂时性染发喷剂

| 组　　分 | 质量分数/% | 组　　分 | 质量分数/% |
|---|---|---|---|
| 丙烯酸树脂烷醇胺液(50%) | 6.0 | 颜料 | 2.0 |
| 聚二甲基硅氧烷 | 1.0 | 香精 | 适量 |
| 乙醇 | 加至 100.0 | 喷射剂 | 30.0 |

制备工艺：与喷雾发胶的工艺类似，将物料溶解于乙醇后用喷射剂压罐即可。

配方 2：暂时性染发液

| 组　　分 | 质量分数/% | 组　　分 | 质量分数/% |
|---|---|---|---|
| 聚乙烯醇吡咯烷酮 | 3.0 | 珠光剂 | 4.0 |
| 甘油 | 5.0 | 溶剂 | 6.5 |
| 吐温-60 | 0.5 | 乙醇 | 58.5 |
| 氧化铁红 | 20.0 | 香料 | 适量 |
| 其他颜料 | 2.5 | | |

制备工艺：

① 将聚乙烯吡咯烷酮溶解于乙醇中，然后将配方量的甘油、吐温-60 等助剂加入并使其溶解；

② 在高速搅拌下将颜料按颜色由浅到深的次序慢慢地加入反应系统中，并进行高速分散；

③ 将物料加入胶体磨中研磨至 25～40μm，其后将珠光剂及适量的香料加入系统混合均匀，经过滤送入灌装机灌装充气、包装。

### 8.2.7.2　半永久性染发剂

半永久性染发剂的染色牢度较暂时性染发剂高，一般能够耐 6～12 次洗发水的洗涤。半永久性染发剂与永久性染发剂最大的差异是不对毛发进行氧化作用，直接进行染发。其采用的染料一般结构较小，能穿透头发的角质层并沉积于皮质，但由于染料透入层较浅，在洗涤的过程中易扩散而被去除。

半永久性染发剂的剂型一般有液状、乳液状、凝胶状和膏霜状。其配方主要由染料、碱性剂（烷基醇胺等）、表面活性剂［十二烷基硫酸钠、聚氧乙烯（9）烷基苯酚醚］增稠剂（羟乙基纤维素、聚丙烯酸酯共聚物）以及香精、去离子水等组成。

常用的染料通常有酸性染料和金属盐染料。酸性染料如偶氮类酸性染料，配合的溶剂有苄醇、*N*-甲基吡咯酮等，需要将配方调节为酸性才容易着色；金属盐染料又称为渐进染色剂，该类染料是通过光与氧气的作用，使得角质层中的含硫化合物与染料反应逐渐生成金属硫化物或氧化物，并沉积形成颜色。

碱性剂的加入则是为了使毛发结构膨胀疏松，易于着色。

配方 3：矿物金属盐染发膏

| 组分 | | 质量分数/% | 组分 | | 质量分数/% |
|---|---|---|---|---|---|
| A组分 | 单硬脂酸甘油酯 | 4.5 | A组分 | 十四酸异丙酯 | 4.5 |
| | 单硬脂酸乙二醇酯 | 3.5 | B组分 | 十六烷基硫酸钠 | 1.5 |
| | 聚氧乙烯失水山梨糖醇硬脂酸酯 | 1.0 | | 没食子酸 | 1.0 |
| | | | | 硫酸亚铁(染色剂) | 1.0 |
| | 石蜡 | 3.0 | | 香精 | 0.5 |
| | 液体石蜡 | 25.0 | | 还原剂 | 适量 |
| | 凡士林 | 5.0 | | 去离子水 | 加至100.0 |
| | 纯地蜡 | 2.0 | | | |

制备工艺：与膏霜类化妆品的配制类似，油相A组分和水相分B组分别加热至80℃，染料溶于水相中，在搅拌下缓慢加入油相中，均质化后，冷却即得成品。

#### 8.2.7.3 永久性染发剂

永久性染发剂指着色鲜明、色泽自然、固着性较强、不易褪色的发用化妆品，也是我们生活中最为常用的染发产品。永久性染发剂通常是由显色剂和偶合组分通过氧化还原反应生成染料中间体，并通过进一步的偶合反应或缩合反应生成稳定的有色物质实现染发，因此这种染发剂又被称为氧化染发剂。

在这一过程中染发剂从毛发表皮最外层的接触润湿、吸附等界面反应开始，通过细胞膜的复合体到达毛发上皮和头发髓质，并伴随着浸透和扩散现象。因此，生成的染料不仅遮盖头发表面，染料中间体能渗入头发内层，在毛发内部形成有色大分子。该类生成的染料为大分子物质，不易扩散，因此不易去除，其染色效果可保持1～3个月，甚至更长的时间。

永久性染发制品常见的为二剂型。染发Ⅰ剂主要为氧化染料，对苯二胺是使用最广的主染料，通常还含有适量的色调修正剂、碱性剂（氨水）和其他提高染色效果保护头发的原料；染发Ⅱ剂又称发色剂或显色剂，可使头发漂白脱色或使主染剂中的氧化染料聚合显色，最常用的是双氧水，有时也用过氧化尿素。这种氧化染发剂，在头发上发生氧化漂白头发和氧化染料显色两种作用。

配方 4：二剂型黑色染发膏

| 组分 | 质量分数/% | 组分 | 质量分数/% |
|---|---|---|---|
| 还原组分 | | | |
| 对苯二胺 | 3.0 | 螯合剂 | 适量 |
| 2,4-二氨基甲氧基苯 | 1.0 | 去离子水 | 加至 100.0 |
| 间苯二酚 | 0.2 | 油酸 | 20.0 |
| 油醇聚氧乙烯(10)醚 | 15.0 | 异丙醇 | 10.0 |
| 氨水(28%) | 10.0 | 抗氧剂 | 适量 |
| 氧化组分 | | | |
| 双氧水(30%) | 20.0 | 稳定剂、增稠剂 | 适量 |
| 去离子水 | 加至 100.0 | pH 调节剂 | 适量 |

制备工艺：

① 还原组分（Ⅰ剂）。配制中先将染料中间体溶解于异丙醇中，另将螯合剂及其他水溶性原料溶于水和氨水中形成水相，油酸等油溶性原料加热熔化形成油相。将水相和油相混合后再将染料液加入，混合均匀，用少量氨水调节 pH 值至 9～10，即可。

② 氧化组分。双氧水与去离子水混合后调节 pH 值至 3～4，即可。

配方 5 ：单剂型染发剂

| 组　分 | | 质量分数/% | 组　分 | | 质量分数/% |
|---|---|---|---|---|---|
| A 组分 | 去离子水 | 37.4 | B 组分 | 安息香 | 2.1 |
| | 乙二醇 | 10.0 | | 乙酸钠 | 0.8 |
| | 2,5-甲苯二胺 | 2.6 | | 直链烷基苯磺酸钠 | 1.2 |
| B 组分 | 乙醇(95%) | 5.0 | | 香精 | 0.3 |
| | 去离子水 | 加至 100.0 | | | |

制备工艺：将 A 组分在 50℃溶解完全，加入事先已溶解好（溶解温度为 55℃）的 B 组分（香精除外）中，充分搅拌，混合均匀，冷却至室温，加入香精摇匀，即得已制备好的染发剂。

### 8.2.7.4 植物染发剂

理想的染发剂应具备如下特性：在头发上有足够的物理和化学稳定性，所产生的颜色对空气、光、摩擦和出汗稳定；不受其他发用化妆品（烫发剂、香波、头发定型剂）的影响；不会使头皮染色；染发所需时间短，使用方便；安全无毒无害；原料来源丰富。

随着人们健康意识的逐步增强，市场对天然的植物性染发剂的需求逐渐增加。各个国家的化妆品生产企业开始转向研制毒性小、无污染的植物性染发剂。化学类染发剂和天然植物类染发剂的性能比较如表 8-1 所示，目前植物性染料的种类和特点见表8-2。

**表 8-1　化学类染发剂和天然植物类染发剂的差异**

| 类型 | 主要成分 | 原理 | 优点 | 缺点 |
|---|---|---|---|---|
| 化学类 | 芳胺类氧化剂和多元酚类偶合剂 | 染料中间体和偶合剂渗透进入毛发，形成大分子染料分子 | 着色牢固，颜色变化多样，价格便宜 | 刺激性大，毒性大，容易引起不良反应 |
| 天然植物类 | 多元酚类天然植物性染料活性成分 | ① 植物性染料与阳离子表面活性剂络合形成细小色素颗粒<br>② 植物活性成分与金属盐形成有色络合物，渗透进入头发表皮或进入头发皮质 | 无刺激性，毒性小，色彩自然 | 色素提取工艺复杂，着色效果差，价格贵 |

**表 8-2　天然植物在染色剂中的应用**

| 色素 | 植物 | 主要特性 |
|---|---|---|
| 散沫花素 | 散沫花 | 本身黑色燃料，可与金属生成多种颜色 |
| 苏木红或苏木精 | 苏木 | 金属离子作用下，可呈多种颜色 |
| 金缕梅鞣质 | 金缕梅 | 与银盐配合可作为头发或睫毛的染色剂 |
| 甘菊兰 | 愈创木、甘菊 | 染色时为蓝色，不溶于水，溶于油相 |
| 番红花苷 | 番红花 | 染色为鲜红色 |
| 小檗碱色素 | 黄檗、黄连、非洲防己根 | 染色为黄色，与铁盐作用可染成黄褐色 |
| 高粱红色素 | 高粱 | 金属离子作用下，染红色系列及黑色 |
| 姜黄素 | 姜黄 | 碱性下染色为鲜红色，酸性时为黄色，生成铁盐时为褐色 |
| 桃叶珊瑚苷 | 茜草科、鹿蹄草科、水晶兰科 | 可生成棕黑色到黑色的树脂状聚合物，与发纤维附着性强 |
| 京尼平 | 栀子 | 在弱酸性介质中水解成伊蚁二醛，自然聚合为蓝色物质，在氨基酸或蛋白质存在的条件下聚合为黑色物质 |
| 日柏醇 | 日柏 | 在铁盐作用下为红褐色 |
| 槟榔色素 | 槟榔种子 | 在铁盐作用下为黑色、蓝黑色或红黑色 |
| 芦丁 | 槐米 | 与铁盐作用为黑褐色 |
| 甜辣椒色素 | 辣椒 | 与铁盐作用下生成褐色，溶于油相 |
| 可可色素 | 可可子 | 与铁盐作用下，染成褐色 |

配方 6：单宁发色剂组合物

| 组　分 | | 质量分数/% | 组　分 | | 质量分数/% |
|---|---|---|---|---|---|
| A组分 | 二硬酯酰二甲基氯化铵 | 4.0 | B组分 | 单宁酯 | 1.6 |
| | 聚氧乙烯十六烷基醚 | 1.5 | | 去离子水 | 加至100.0 |
| | 羊毛脂 | 2.0 | C组分 | 香料 | 0.3 |

制备工艺：将A组分混合，80℃溶解，搅拌下加入B组分，冷却至60℃后加入C组分，冷却后调节pH值至3.8左右即可。

## 8.2.8　烫发液

烫发化妆品是改变头发弯曲度、美化发型的一类化妆品。烫发是一种化妆艺术，有的人希望将直发改变为卷发，也有的人则希望将卷发改变为直发。

头发的主要成分是角质蛋白，其结构由五种连接形式支撑：① 离子键（—$NH_2$—OOC—）：主要是赖氨酸和精氨酸残基上的氨基和天冬氨酸残基上的羧酸相互以静电力结合，在pH值为4.5～5.5（等电点）时结合力最大，这种键很容易被酸和碱破坏；②肽键（—CO—NH—）；主要是谷氨酸残基上的—COOH和赖氨酸残基的—$NH_2$脱水形成，是最强的结合方式；③二硫键（—$CH_2S$—$SCH_2$）；这种结合是角质蛋白特有的连接方式；④氢键，氨基和邻近的羰基之间的分子间作用形成氢键；⑤范德华力。

烫发的实际过程分为软化发质、人工卷曲或拉直、固定发型三个步骤。烫发对头发的作用机制是头发角质蛋白中二硫键的断裂、再排列以及在新的位置上的再结合。根据烫发过程中的温度要求分为热烫和冷烫。

热烫指需要加热辅助打开二硫键的烫发过程。最早的热烫卷发剂是以固碱和亚硫酸盐等配制而成。目前，含有亚硫酸盐和挥发性碱如稀氨溶液的制品已相当普遍，其优点是加热时间短，不会使头发变黄且能形成较好的卷曲度。

利用化学药物在常温下打开二硫键的方法称为冷烫，所使用的化学药物称为冷烫剂。目前，卷发过程中广泛使用冷烫卷发剂。冷烫卷发剂分为两剂，1号冷烫剂是还原剂，也称软化剂，能将头发软化，利于卷曲造型；2号烫剂是中和剂，即氧化剂，能使烫卷的发型固定下来。有的是三剂型，除软化剂和中和剂外，还有护发剂。

#### 8.2.8.1 烫发液第1剂（卷发剂）

烫发液第1剂以能切断二硫键的还原剂为主要成分，通常还配有碱性剂、稳定剂、表面活性剂、润湿剂、油脂等。常用的还原剂有巯基乙酸胺盐和钠盐、单乙醇胺盐。其中，巯基乙酸盐还原作用比较强，通常用量为5%～14%。但巯基乙酸及其盐不稳定，易氧化，用其制成的冷烫液在储存过程中常常会产生分离、变色、pH值下降和浓度降低等问题。硫代硫酸钠是近年来使用比较多的还原剂，还原作用与巯基乙酸及其盐类相当，但稳定性较好且价格便宜。半胱氨酸也是可在常温下使用的还原剂，但也存在稳定性较差的问题。

碱性剂的使用主要是使角质蛋白膨胀，有利于烫发剂的渗入，从而缩短烫发操作时间。常用的碱性剂有氨水、一乙醇胺、碳酸氢铵、磷酸氢二铵、NaOH、KOH等。由于氨水在使用过程中不断挥发，可降低头发表面的pH值，减弱碱对头发的过度损伤，因而被广泛应用。

为了增加冷烫液的稠度，避免在卷发操作时流失、污染皮肤和衣服，通常加入适度的羧甲基纤维素、高分子量的聚乙二醇等调节制品的黏稠度，为防止或减轻头发由于化学处理所引起的损伤，还可添加油性成分、润湿剂等，如甘油、脂肪醇、羊毛脂、矿物油等；一些具有修复损伤发质的氨基酸类添加剂也常被使用，如半胱氨酸盐酸盐、水解胶原等。

配方 1：卷发剂

| 组　分 | 质量分数/% | 组　分 | 质量分数/% |
|---|---|---|---|
| 巯基乙酸铵(60%) | 11.35 | 乳化剂 K-700 | 1.0 |
| 乙二胺四乙酸三钠 | 0.2 | 香精 | 0.15 |
| 氨水(28%) | 4.14 | 去离子水 | 加至 100.0 |
| 十二烷基吡咯烷酮 | 2.0 | | |

制备工艺：将去离子水加入容器内，在连续搅拌下加入乙二胺四乙酸三钠和巯基乙酸铵，加入氨水调节 pH 值至 9.2～9.4，恒速搅拌下，将乳化剂 K-700 和 14%的水混合，然后缓慢加入容器内，连续搅拌下加入十二烷基吡咯烷酮和香精。

#### 8.2.8.2 烫发液第 2 剂（中和剂）

中和剂的主要作用是从头发上移除卷发剂，使头发复原、形成持久的形态。在卷发过程中，中和剂主要起氧化作用，所以又被称为氧化剂。

中和剂的主要组成是氧化剂、pH 值调节剂、稳定剂、润湿剂、调理剂、螯合剂、珠光剂等（表 8-3）。

**表 8-3　冷烫液用中和剂配方组成**

| 成分 | 主要功能 | 代表性物质 | 质量分数/% |
|---|---|---|---|
| 氧化剂 | 使被破坏的二硫键重新形成 | 过氧化氢(按 100%计)、过硼酸钠、溴酸钠 | <2.56～10.0 |
| pH 调节剂 | 保持 pH 值 | 柠檬酸、乙酸、乳酸、酒石酸、磷酸 | |
| 稳定剂 | 防止过氧化氢分解 | 六偏硫酸钠、锡酸钠 | 适量 |
| 润湿剂 | 充分润湿头发 | 脂肪醇醚、吐温、月桂醇硫酸酯铵 | 1.0～4.0 |
| 调理剂 | 调理作用 | 水解蛋白、脂肪醇、季铵盐、保湿剂 | 适量 |
| 螯合剂 | 螯合重金属离子，提高稳定性 | 乙二胺四乙酸 | 0.1～0.5 |
| 珠光剂 | 赋予珠光效果 | 聚丙烯酸酯、聚苯乙烯乳液 | 适量 |

配方 2：中和剂 1

| 组　分 | 质量分数/% | 组　分 | 质量分数/% |
|---|---|---|---|
| 巯基乙酸 | 7.0 | 尿素 | 1.5 |
| 亚硫酸钠 | 1.5 | 甘油 | 3.0 |
| 聚氧乙烯(30)油醇醚 | 0.5 | 去离子水 | 加至 100.0 |
| 氨水(28%) | 4.8 | | |

制备工艺：将去离子水盛入适当的容器内，在连续搅拌下混合除氨水以外的其他物质，搅拌均匀后加入氨水调节 pH 值至 9.2～9.4。

配方 3：中和剂 2

| 组　分 | 质量分数/% | 组　分 | 质量分数/% |
| --- | --- | --- | --- |
| 去离子水 | 90 | 椰油酰胺丙基甜菜碱 | 1.0 |
| 溴酸钠 | 9.0 | | |

制备工艺：混合均匀即可。

## 8.2.9 生发液

生发液是在乙醇溶液中添加各种生发、养发成分及各种杀菌剂而制得的液体制品。乙醇溶液具有杀菌消毒作用，浓度太低会导致制品浑浊、沉淀析出而影响制品的外观、使用性能和效果，浓度太高会产生脱水作用，使头发干燥发脆；乙醇能从皮肤和头发中溶出油脂，因此生发液中要加入一些脂类物质如蓖麻油、油醇、乙酸化羊毛脂、胆固醇、卵磷脂等。

生发液的主要原料有保湿剂、杀菌剂、刺激剂、营养剂、清凉剂、赋香剂等。

保湿剂如甘油、丙二醇等的加入具有缓和头皮炎症的效果。

刺激剂具有刺激头皮，改善血液循环，止痒，增进组织细胞活力，防止脱发，促进毛发再生等作用，常用的刺激剂有金鸡纳酊（0.1%～1.0%）、水合三氯乙醚（2%～4%）、斑蝥酊（1%～5%）、辣椒酊（1%～5%）、间苯二酚、水杨酸、激素、维生素等。其中，激素类如卵胞激素、肾上腺激素等，具有抑制表皮的生长，减少皮脂腺分泌，防止脱发，促进生发的作用；维生素如维生素 E、维生素 $B_2$、维生素 $B_6$、维生素 H、肌醇、泛酸及泛醇等，具有扩张末梢血管，促进血液循环，提高皮肤的生理机能，防止脱发，促进生发的作用。

杀菌剂除上述的金鸡纳酊、水杨酸、乙醇等，还有苯酚衍生物如对氯间甲酚、对氯间二甲酚、邻苯基酚、邻氯邻苯基酚、对戊基苯酚、氯麝香草酚、间苯二酚和 $\beta$-萘酚等，甘草酸、乳酸、季铵盐等也是常用的杀菌剂。

育发类常用添加剂见表 8-4。

**表 8-4　育发类化妆品常用添加剂**

| 主要作用 | 组分 | 生发添加剂 | |
| --- | --- | --- | --- |
| | | 合成型 | 天然型 |
| 杀菌 | 抗炎杀菌剂 | 4-异丙基环庚二烯酚酮、水杨酸、新洁尔灭等阳离子表面活性剂，维生素 E 乙酸盐、间苯二酚 | 樟脑、春黄菊、当归、甘草 |
| 杀菌 | 去屑止痒剂 | 甘宝素、二硫化硒 | 薄荷脑、蜂王浆 |
| 补充 | 油分 | 羊毛脂衍生物、液体石蜡、脂肪酸酯、硅油、高级醇 | 蓖麻油、橄榄油、角鲨烷 |
| 补充 | 保湿剂 | HA、甘油、丙二醇、山梨醇 | 冬虫夏草提取液 |

续表

| 主要作用 | 组分 | 生发添加剂 | |
|---|---|---|---|
| | | 合成型 | 天然型 |
| 滋养 | 营养剂 | 胱氨酸、维生素 $B_6$、维生素 $A_2$ 酸盐、卵磷脂 | 水解蛋白、人参、丹参、黄芪、当归 |
| | 细胞赋活剂 | 泛酰乙基醚、长压锭可乐定、谷维素、激素 | 芍药、当归、苦参、银杏、红花、桃仁、海狗肉萃取物 |
| | 局部刺激剂 | 蚁酸酊、奎宁及其盐类、烟酸苄酯、新药920、水合氯醛、壬酸香草酰胺 | 生姜酊、辣椒酊、斑蝥酊、薄荷脑、大蒜、金鸡纳碱 |
| 抑制 | 阻碍剂 | 甘草亭酸、安体舒通、维生素 H | |
| | 毛根赋活剂 | 尿囊素、感光素、泛酸及其衍生物、胆固醇 | 胎盘提取液、茜草科生物碱 |
| 促进 | 促渗剂 | 氮酮、二甲基亚砜、乙醇 | 甘草提取液 |
| | 生长促进剂 | 鞣质、二氧化锗、十五烷酸甘油酯、泛酸 | 脑肽素、首乌、女贞子、白藓皮、白及、高丽参 |
| 其他 | 溶剂(乙醇、异丙醇、水)、香精、色素、增稠剂、抗氧剂 | | |

配方 1：植物生发水

| 组　分 | 质量分数/% | 组　分 | 质量分数/% |
|---|---|---|---|
| 乙醇(95%) | 30.0 | 水杨酸酯硅烷醇 | 2.0 |
| 1,3-丁二醇 | 8.0 | 人参、生姜、山椒提取物 | 20.0 |
| 薄荷醇 | 2.0 | 香精 | 适量 |
| 泛酸钙 | 5.0 | 去离子水 | 加至 100.0 |

制备工艺：将 1,3-丁二醇、薄荷醇、泛酸钙、水杨酸酯硅烷醇、人参、生姜、山椒提取物等加入乙醇和去离子水中混合均匀，加入香精即可。

配方 2：维生素生发水

| 组　分 | 质量分数/% | 组　分 | 质量分数/% |
|---|---|---|---|
| 乙醇 | 加至 100.0 | 维生素 $B_2$ | 0.05 |
| 薄荷醇 | 0.2 | 维生素 E | 0.05 |
| 间苯二酚 | 0.1 | 胶原蛋白 | 0.1 |
| 丙二醇 | 0.3 | 香精 | 0.5 |
| 去离子水 | 26.0 | | |

制备工艺：将薄荷醇、间苯二酚溶于乙醇中，混合均匀；将丙二醇溶于去离子水中，混合均匀后加入乙醇溶液中，搅拌均匀后加入维生素 $B_2$、维生素 E、胶原蛋白和香精，混合均匀后分装。

配方 3：何首乌生发水

| 组　分 | 质量分数/% | 组　分 | 质量分数/% |
|---|---|---|---|
| 乙醇 | 8.0 | 苯甲酸钠 | 0.3 |
| 何首乌、马鞭草 | 5.0 | 蛋白 | 0.1 |
| 桂枝、百部 | 5.0 | L-蛋氨酸 | 0.05 |
| 去离子水 | 加至 100 | 香精 | 0.35 |

制备工艺：将何首乌、马鞭草、桂枝、百部溶于乙醇中，混合均匀，放置一周后过滤，再将剩余组分加入滤液中，混合均匀即可。

### 8.2.10 脱毛膏

脱毛化妆品指利用化学作用使腋下、腿上或其他部位长的毛发在较短时间内软化脱除的产品。毛发结构的稳定性主要是由二硫键来保证的，如果毛发肽键特别是二硫键被破坏，那么毛发的机械强度将降低，容易被折断并被除去。脱毛剂就是使毛发角质蛋白胱氨酸中的二硫键受到破坏，使毛发的渗透压力增加，膨胀并变得柔软，从而切断毛发纤维，使毛发脱除。其脱毛机理就是在碱性条件下（pH 值为 11～13），利用还原剂将构成体毛的主要成分角质蛋白胱氨酸链段中的二硫键还原成半胱氨酸，从而切断体毛，达到脱毛目的。这种脱毛方法是从毛孔中去除毛发，因此不仅毛发以后生长缓慢，而且脱毛后的皮肤光滑。

脱毛化妆品的原料主要是还原剂，除此之外，还要添加碱类、润湿剂、乳化剂、香精等。

① 还原剂。主要是有机类的巯基乙酸盐，以及与巯基乙酸类似的硫甘醇，还有碱金属和碱土金属硫化物。巯基乙酸盐用量为 2.5%～4%，一般 pH 值在 10～14 可脱毛。

② 碱类。碱性可使角质蛋白溶胀，有利于脱毛剂的渗入，提高脱毛效果。脱毛剂的 pH 值通常控制在 10～12.5 之间。pH 值低于 10 时脱毛速度太慢，高于 12 时对皮肤刺激性大。常用的碱类物质是氢氧化钙，其溶解度小，过量部分不致使溶液的碱性过大。为了提高脱毛效果，可加入尿素等有机氨类，使毛发角质蛋白溶胀变性，做到短时间脱毛。

③ 润湿剂、乳化剂。阴离子表面活性剂如脂肪醇硫酸盐、烷基苯磺酸盐和非离子表面活性剂如聚氧乙烯失水山梨醇酯、聚氧乙烯棕榈酸异丙酯等可以作为脱毛剂的润湿剂和乳化剂。用氢氧化钙制成的膏体很难从皮肤上去除，而加入碳酸钙、氧化镁、陶土或滑石粉作为填充剂，既可使膏体易于去除，又能减少对皮肤的刺激。加入羊毛脂、鲸蜡醇等脂肪物以赋予产品一定的滋润作用，也可以在配方中加入甘油、丙二醇等作为保湿剂，但不宜过多，过多会影响脱毛的速度。

④ 溶胀剂。有助于加快巯基化合物脱毛剂脱毛的速度，从而减少对皮肤的刺激，如三聚氰胺、二氰基二酰胺或两者的混合物、硫脲、硫氰酸钾、硫氰酸胍和 PVP 共聚物。

⑤ 填充剂。惰性填充剂在制品中使浆状制品易于在皮肤上涂敷。

脱毛剂主要是指化学脱毛剂。可分为以下四类：

① 无机脱毛剂。包括碱土金属的硫化物，具有较好的脱毛效果，缺点是有臭味，不稳定。在配制时必须加入稳定剂，如硫化钠、硫化钾、氯化钙、碳酸钙、氢氧化钙等。

② 有机脱毛剂。巯基乙酸盐类具有脱毛速度快，对皮肤刺激性小的优点。常用的有巯基乙酸钙、巯基乙酸镁、巯基乙酸钠、巯基乙酸锶等。

③ 天然脱毛剂。天然脱毛剂有生姜粉、姜油酮、腊菊类和金盏花属提取物等。

④ 脱毛辅助剂。为促进脱毛剂的效果，配方中常添加尿素、碳酸胍之类有机氨使毛发角质蛋白溶胀变性，从而使胱氨酸分子中的二硫键与脱毛剂得以充分接触，促进二硫键的切断，达到毛发容易脱除的目的。

配方 1：脱毛膏 1

| 组　分 | 质量分数/% | 组　分 | 质量分数/% |
|---|---|---|---|
| 硫代乙醇酸钙 | 6.0 | 鲸蜡醇 | 4.5 |
| 碳酸钙 | 21.0 | 决明子提取物 | 1.0 |
| 氢氧化钙 | 16.5 | 去离子水 | 加至 100.0 |
| 月桂醇硫酸钠 | 0.5 | 香精 | 1.0 |
| 硅酸钠溶液(33%) | 3.5 | 氨水 | 适量 |

制备工艺：先将月桂醇硫酸钠溶于适量去离子水中，加入硅酸钠溶液调和均匀，再加入熔融的鲸蜡醇，搅拌至冷却使成乳化体。另外，将硫代乙醇酸钙、氢氧化钙、碳酸钙等和去离子水、决明子提取物调成浆状，加入乳化体中，搅拌均匀后加入香精，继续搅拌半小时即可。

配方 2：脱毛膏 2

| 组　分 | | 质量分数/% | 组　分 | | 质量分数/% |
|---|---|---|---|---|---|
| A组分 | 白凡士林 | 15.0 | A组分 | 防腐剂 | 适量 |
| | 液体石蜡 | 10.0 | B组分 | 巯基乙酸钙 | 5.0 |
| | 十六醇 | 3.0 | | 去离子水 | 加至 100.0 |
| | 十八醇 | 3.0 | C组分 | 甘油 | 5.0 |
| | 聚氧乙烯(50)油醇醚 | 4.0 | | 钛白粉 | 1.0 |
| | 聚氧乙烯(8)硬质醇醚 | 1.7 | D组分 | 香精 | 适量 |
| | 抗氧化剂 | 适量 | | 氨水(28%) | 适量 |

制备工艺：

① 将 A 组分混合、搅拌、加热至 90℃，将 B 组分中巯基乙酸钙分散于去离子水中加热至 90℃，搅拌下缓慢将 B 组分加入 A 组分中，混合乳化；

② 搅拌冷却至 75℃，加入预先研磨混合好的甘油钛白粉糊状液，搅拌、冷却至 55℃时加入香精，直至膏体形成后停止搅拌；

③ 待膏体冷却至室温后，用 28%氨水调节 pH 值为 12.7，搅拌均匀，即得产品。

配方 3：脱毛乳液 1

| 组　　分 | 质量分数/% | 组　　分 | 质量分数/% |
|---|---|---|---|
| 硫化钾 | 10 | 薄荷脑 | 0.2 |
| 甘油 | 10 | 香精 | 1.0 |
| 羧甲基纤维素 | 0.2 | 去离子水 | 加至100 |
| 乙醇 | 5.0 | | |

制备工艺：

① 将羧甲基纤维素用乙醇润湿，加入少量的硫化钾使之成为均匀的液体，溶解硫化钾于剩余的去离子水中，加入后成胶质溶液，再加入甘油搅拌均匀；

② 加入薄荷脑、香精，搅拌 1h，然后灌装于棕色瓶中。

配方 4：脱毛乳液 2

| 组　　分 | | 质量分数/% | 组　　分 | | 质量分数/% |
|---|---|---|---|---|---|
| A组分 | 硅铝酸镁 | 1.0 | C组分 | 巯基乙酸钙 | 3.0 |
| | 去离子水 | 加至100.0 | D组分 | 氢氧化钙 | 3.2 |
| B组分 | 甘油 | 5.0 | | 去离子水 | 18.1 |
| | 去离子水 | 33.0 | | 防腐剂、香精 | 适量 |
| | 羟丙基甲基纤维素醚 | 1.25 | | | |

制备工艺：

① 将硅铝酸镁缓慢加入去离子水中，连续搅拌均匀；

② 将组分 B 中的甘油和 1/3 的去离子水加热到 90℃，加入羟丙基甲基纤维素醚，混合 10 min，再加入剩余的去离子水使之完全混合；

③ 然后将溶液冷却至 65℃，将 A 组分加到 B 组分中混合均匀，再分别加入组分 C 和 D，混合均匀后即得到脱毛乳液。

配方 5：脱毛喷剂

| 组　　分 | 质量分数/% | 组　　分 | 质量分数/% |
|---|---|---|---|
| 硬脂醇醚 | 3.6 | LPG 推进剂 | 10.0 |
| 巯基乙酸钙 | 4.5 | 氢氧化钠 | 适量(调节 pH 值至 12.0～12.5) |
| 巯基乙酸 | 4.5 | 去离子水 | 加至 100.0 |

制备工艺：

① 将巯基乙酸钙分散于去离子水中，加热至 90℃，然后加入硬脂醇醚、巯基乙酸，混合均匀后，冷却至室温；

② 加入氢氧化钠调节 pH 值至 12.0～12.5，搅拌均匀后灌装；

③ 灌装时按上述液剂 90%、LPG 推进剂 10%的比例装入气雾罐。

配方 6：粉状无机脱毛剂

| 组　　分 | 质量分数/% | 组　　分 | 质量分数/% |
|---|---|---|---|
| 硫化钡 | 15.0 | 月桂醇硫酸钠 | 5.0 |
| 硫化锶 | 20.0 | 薄荷脑 | 0.2 |
| 淀粉 | 38.7 | 麝香草酚 | 0.1 |
| 滑石粉 | 10.0 | 香精 | 1.0 |
| 二氧化钛 | 10.0 | | |

制备工艺：将香精、薄荷脑和麝香草酚与部分淀粉混合均匀，过筛后与其他组分混合均匀即可，使用时可以用水调成糊状。

# 9 功能化妆品新配方

## 9.1 美乳化妆品

美乳化妆品是指有助于乳房健美的化妆品，胸部的健美是女性美的重要标志，丰满而健美的乳房也是人体发育良好的表现。乳房的发育主要与脑垂体和性腺有关，脑垂体分泌促性腺激素控制卵巢的内分泌活动，卵巢分泌雌性激素和孕激素，两者一起作用促使乳房发育。如果脑垂体与卵巢腺体激素分泌失调，则出现雌性激素水平降低，导致乳房发育不正常，呈现平乳、微乳、松弛、萎缩或下垂等症状。

美乳化妆品是一种治疗女性乳房发育不良的特殊用途化妆品，其配方主要是通过在普通膏霜基质中添加相关的活性成分。该类化妆品能适度刺激胸部结缔组织，帮助弹性纤维恢复，添加的营养成分能增加脂肪，适度诱发腺体分泌，使乳房结实丰满。

### 9.1.1 美乳化妆品的活性成分

美乳化妆品由营养剂、基质及美乳添加剂三部分组成。美乳添加剂指能够改善乳房组织的微血管循环，增强细胞活力，产生胶原蛋白和弹性硬蛋白，活化和重组结缔组织，增强组织纤维韧性，以达滋润并丰满乳房的一类物质。这些添加剂多为天然动植物提取物和合成类活性物质。

(1) 天然动植物提取物　草药和生物性原料可间接提供类雌激素、各种维生素、微量元素、蛋白质、氨基酸等营养成分（表 9-1），因此是美乳化妆品中较为常用的功能性添加剂。

表 9-1　天然动植物提取物

| 类别 | 名　　称 | 来　　源 | 主要成分 | 功　　能 |
| --- | --- | --- | --- | --- |
| 化学药 | 维生素 E(生育酚) | 米、花生、麦胚芽、蛋黄、牛乳、牛肝脏、蔬菜等 | α-维生素 E(油溶) | 参与体内重要的生化反应,提高性机能和用于不育症,对垂体、肾上腺、性腺机能均有一定促进作用,对于女性能增强卵巢质量并促其功能,可使成熟卵泡增加,黄体细胞增大,故可用于治疗平乳、微乳症 |
| 草药 | 人参 | 人参宿根草本 | 人参皂苷、人参烯、人参酸糖类、多种维生素、多种氨基酸等 | 调节机体的新陈代谢,促进细胞繁殖,延缓细胞衰老,增强机体免疫功能,提高造血功能,称为植物激素 |
|  | 花粉 | 蜜蜂采集到的蜜源花粉 | 花粉蛋白质中含有21种氨基酸、14种维生素和50多种微量元素,还含有许多植物激素黄酮类、核酸、抗生素等物质 | 促进血液循环细胞的新陈代谢,改善机体的内分泌状况,增强机体免疫功能,对人体具有独特的保健、抗衰功能,能使干燥、皱裂、松弛、萎缩的皮肤变得柔润,富有活力和弹性 |
|  | 海藻 | 海藻植物 | 藻原蛋白中含有10种氨基酸、6种维生素、糖类和多种微量元素 | 保湿、营养、除皱、减肥、丰乳、预防乳癌,尚可从中提取 SOD 抗衰老物质 |
|  | 蜂王浆 | 蜜蜂自身腺体的分泌物 | 含有极丰富的蛋白质、多种氨基酸和维生素、糖类、脂质、激素、酶类、微量元素及多种生物活性物质,具有特殊功能的生物产品 | 促进细胞新陈代谢,滋润、营养皮肤,除皱、祛斑,推迟和延缓皮肤衰老,所含激素和维生素E具有丰乳和增强皮肤弹性的作用 |
| 生化药 | 胎盘 | 人或动物胎盘 | 胎盘蛋白含有16种氨基酸、10种维生素和10多种微量元素、脂肪、糖类、激素、碱性磷酸酶及脱氧核糖核酸等 | 促进细胞新陈代谢,有赋活作用,防皱延衰,营养并增强皮肤弹性,促进乳房发育,有丰乳功能 |
|  | 鹿茸 | 雄鹿未骨化未生成绒毛的幼角 | 富含SOD抗衰老生化物质,含鹿茸总脂、胶原蛋白、HA、18种氨基酸、26种微量元素、激素类似物等 | 增强皮肤细胞活力,促进其生长,清除皮肤有害物质,促进表皮组织的再生,具有增加皮肤营养、美容、祛斑、抗皱延衰、平疤作用 |

(2) 合成类活性物质

① 乳酸钠硅烷醇。乳酸钠硅烷醇主要是通过刺激乳房皮肤下成纤维细胞和改善表层皮肤的水分，增加皮肤组织的再生能力，重新建立生理平衡，从而达到丰胸目的。

② 硅烷醇透明质酸酯。硅烷醇透明质酸酯结合了 HA 的保湿特性与硅烷醇的特性，也是合成和构造皮肤缔结组织（胶原蛋白、弹性蛋白）的一个组分；同

时，它能辅助保持皮肤糖胺聚糖的完整性，具有维护弹性纤维的作用。

③ 水杨酸酯硅烷醇。水杨酸酯硅烷醇具有抗炎症、抗浮肿、重组细胞膜和抵抗细胞膜中自由基产生的脂肪过氧化的作用，促使乳房坚挺。

(3) 激素　激素的丰胸作用是最为显著的。比如催乳激素能促进乳腺生长、促进泌乳；胸腺素能促使胸腺中原始的干细胞或未成熟的T-淋巴细胞分化为成熟的、引起细胞免疫作用的T-淋巴细胞；雌激素能增加生殖器官的有丝分裂并促进其生长发育，可软化组织，增加弹性，降低毛细血管脆性，且易被皮肤吸收。

但是，激素对部分人体存在不良反应，在许多国家已被禁用，我国也不允许在美乳化妆品中添加雌性激素。

## 9.1.2 配方实例

配方1：维生素E美乳化妆品

| 组　分 | 质量分数/% | 组　分 | 质量分数/% |
|---|---|---|---|
| 鲸蜡 | 2.5 | 角鲨烷 | 4.0 |
| 鲸蜡醇 | 1.0 | 硬脂酸 | 1.0 |
| 聚乙二醇(25)单硬脂酸酯 | 2.2 | 1,3-丁二醇 | 3.0 |
| 单甘酯 | 0.5 | 丙二醇 | 7.0 |
| 尼泊金丁酯 | 0.1 | 胎盘蛋白 | 1.0 |
| 维生素E | 0.05 | 益母草萃取液 | 0.5 |
| BHT | 0.01 | 去离子水 | 加至100.0 |

制备工艺：

① 将除了维生素E、胎盘蛋白、益母草萃取液的其他组分混合均匀，在搅拌下溶解于去离子水中，加热至80℃，使之混合均匀；

② 冷却到40℃，加入维生素E、胎盘蛋白、益母草萃取液，继续搅拌使之混合均匀，冷却到室温后包装。

配方2：红花粉美乳化妆品

| 组　分 | 质量分数/% | 组　分 | 质量分数/% |
|---|---|---|---|
| 天然番茄红素 | 2.5 | 角鲨烷 | 4.0 |
| 红花粉 | 5.0 | 可可巴酯 | 1.0 |
| 螺旋藻 | 3.0 | 乳木果油 | 3.0 |
| 海藻多糖 | 0.5 | 芦芭油 | 7.0 |
| 冰晶素VC | 0.1 | 芦芭胶 | 1.0 |
| 复合氨基酸 | 0.05 | 去离子水 | 加至100.0 |
| HA | 0.01 | | |

制备工艺：将所有组分混合在一起，搅拌使之混合均匀，包装。

配方3：胎盘素美乳霜

| 组　分 | 质量分数/% | 组　分 | 质量分数/% |
| --- | --- | --- | --- |
| 硬脂酸 | 3.0 | 丙二醇 | 4.0 |
| 十六醇 | 2.0 | 水解弹性蛋白 | 2.0 |
| 单硬脂酸甘油酯 | 0.5 | 胎盘素 | 0.5 |
| 角鲨烷 | 8.5 | 防腐剂 | 适量 |
| 二甲基硅氧烷 | 2.5 | 香精 | 适量 |
| 植物(舌麻、马尾草)提取液 | 2.0 | 去离子水 | 加至100.0 |

制备工艺：

① 将硬脂酸、十六醇、单硬脂酸甘油酯、角鲨烷、二甲基硅氧烷、丙二醇组分溶解于去离子水中，搅拌，加热到80℃，混合均匀；

② 降温到40℃，加入植物提取液、水解弹性蛋白、胎盘素以及香精、防腐剂等，搅拌使之混合均匀，冷却至室温后包装。

配方4：人参美乳霜

| 组　分 | | 质量分数/% | 组　分 | | 质量分数/% |
| --- | --- | --- | --- | --- | --- |
| A组分 | 白油 | 18.0 | B组分 | 防腐剂、渗透剂 | 适量 |
| | 白凡士林 | 10.0 | | 三乙醇胺 | 0.4 |
| | 石蜡 | 5.0 | | 聚乙二醇(400) | 6.0 |
| | 棕榈酸异丙酯 | 8.0 | | 聚乙二醇-羧乙烯基聚合物 | 0.4 |
| | 羊毛脂 | 2.0 | | 人参浸膏 | 0.2 |
| | 吐温-60 | 5.0 | | 去离子水 | 加至100.0 |
| | 维生素E | 适量 | C组分 | 胎盘提取液 | 1.0 |

制作工艺：

① 将A组分和B组分分别加热至70～80℃，搅拌将B组分徐徐加入A组分使之混合乳化；

② 搅拌至温度降至50℃时加入C相，搅拌均匀，45℃时停止搅拌，冷至室温时进行灌装为成品。

配方5：复合美乳霜

| 组　分 | | 质量分数/% | 组　分 | | 质量分数/% |
| --- | --- | --- | --- | --- | --- |
| A组分 | 白油 | 10.0 | B组分 | 三乙醇胺 | 0.4 |
| | 凡士林 | 8.0 | | 聚乙二醇(400) | 6.0 |
| | 棕榈酸异内酯 | 2.0 | | 聚乙二醇-羟乙烯基聚合物 | 0.4 |
| | 羊毛脂 | 10 | | 人参浸膏 | 0.2 |
| | 吐温-60 | 5.0 | | 去离子水 | 加至100.0 |
| | 维生素E | 适量 | C组分 | 胎盘提取液 | 适量 |
| | 防腐剂、渗透剂 | 适量 | | 香精 | 适量 |

制备工艺：

① 将A组分和B组分分别加热至70～80℃，搅拌A组分，将B组分徐徐加入A组分中使之乳化，继续搅拌；

② 当温度降至50℃时加入C组分，搅拌均匀，45℃时停止搅拌，冷至室温

时进行灌装为成品。

配方 6：通用型中药美乳乳液

| 组分 | | 质量分数/% | 组分 | | 质量分数/% |
|---|---|---|---|---|---|
| A组分 | 鲸蜡醇 | 1.0 | B组分 | 甘油 | 4.0 |
| | 蜂蜡 | 0.5 | | 1,3-丁二醇 | 4.0 |
| | 凡士林 | 2.0 | | 去离子水 | 加至100 |
| | 角鲨烷 | 6.0 | C组分 | 中药提取液(5%水溶液) | 20 |
| | 二甲基聚硅氧烷 | 2.0 | | 乙醇 | 5.0 |
| | POE(10)单油酸酯 | 1.0 | D组分 | 防腐剂、染料、香精 | 适量 |
| | 单硬脂酸甘油酯 | 1.0 | | | |

制备工艺：

① 将A组分和B组分分别加热至70℃溶解；

② 将A组分加入B组分中进行乳化，然后加入中药提取液、乙醇、防腐剂、染料、香精，搅拌；

③ 均质均一后，脱气、过滤、冷却即得成品。

# 9.2 抑汗除臭化妆品

人的皮肤布满汗腺，不时地分泌汗液，以保持皮肤表面的湿润，实现废弃物的排泄。汗腺分泌液有特殊的气味，同时汗液被细菌（主要是葡萄球菌）分解后，也产生气味。体臭是由于分泌物中的油脂、蛋白质等被皮肤表面的细菌催化降解成有特殊气味的小分子物质形成的，腋臭是由顶泌汗腺分泌物中的有机物经各种细菌作用后产生不饱和脂肪酸所致。汗臭主要由两种物质产生，一种是异戊酸类，另一种是挥发性的类甾醇类。

抑汗除臭化妆品是用来去除或减轻汗液分泌物的臭味或防止这种臭味产生的一类化妆品。为了消除或减轻汗臭，通常从几方面着手：①抑汗，抑制汗液的过量排出，可间接防止体臭；②化学除臭，利用化学物质与引起臭味的物质反应达到除臭目的，通常使用的是对人体无害的碱性物质，可去除异戊酸类，常用的除臭物质有碳酸氢钠、碳酸氢钾、甘氨酸锌、$Zn(OH)_2$、ZnO等；③物理除臭，利用吸附剂可吸附产生臭味的物质，实现抑制气味的目的，常用的吸附剂有阳离子交换树脂、阴离子交换树脂、硫酸铝钾、2-萘酚酸二丁酰胺、异壬酰基-2-甲基-$\gamma$-氨基丁酸酐、聚羧酸锌、聚羧酸镁、分子筛等；④抑菌，利用杀菌剂抑制细菌繁殖，可减少汗液中有机物的分解，达到除臭的目的，常用的杀菌剂有二硫化四甲基秋兰姆、六氯二羟基二苯甲烷、3-三氟甲基-4，4′-二氯-*N*-碳酰苯胺，以及具有杀菌功效的阳离子表面活性剂如十二烷基二甲基苄基氯化铵、十六烷基三甲基溴化铵、十二烷基三甲基溴化铵等；⑤掩蔽，利用香精掩盖汗臭，达到改善气味的目的。

## 9.2.1 抑汗型化妆品

### 9.2.1.1 抑汗剂的作用机理

出汗是小汗腺和大汗腺分泌作用的总体表现。一些化学品能抑制汗液的分泌，如金属盐、抗副交感神经药物、肾上腺素抑制剂、醇、醛、单宁等都具有不同程度的抑汗作用，但因不良反应和法规限制，只有少数几种铝盐、锆盐以及生物制剂较为常用。

抑汗剂的作用主要有如下几种机理：①角质蛋白栓塞理论，铝和锆离子与角质蛋白的—COOH结合成环状大分子化合物，封闭汗腺导管，抑制汗液分泌；②渗透袜筒理论，金属盐可促进水在汗腺导管内的渗透，使得汗液不及内皮肤表面，直接渗透至真皮组织，被称为渗透袜筒理论；③神经学理论，金属离子能抑制汗腺神经信号，使出汗减少；④电势理论，金属离子的正电性可改变汗腺导管的极性，进而促使汗液的皮肤吸收；⑤收敛作用，通过收敛剂的使用让皮肤表面的蛋白质凝结，使汗腺膨胀而阻塞汗腺导管，从而产生抑制或降低汗液分泌量的作用。

### 9.2.1.2 抑汗化妆品的配方组成

抑汗化妆品的主要作用在于抑制汗液的过多分泌，吸收分泌的汗液。因此，出于安全因素，收敛剂是最为常用的抑汗剂。收敛剂的品种很多，一般分为两类：一类是金属盐类，如苯酚磺酸锌、硫酸锌、硫酸铝、氯化锌、氯化铝、明矾等；另一类是有机酸类，如单宁酸、柠檬酸、乳酸、酒石酸、琥珀酸等。绝大部分有收敛作用的盐类，其pH值较低，这些化合物电解后呈酸性，对皮肤有刺激作用。如果pH值较低而又含有表面活性剂，会使刺激作用增加，可加入少量的氧化锌、氧化镁、氢氧化铝或三乙醇胺等进行酸度调整，从而减小对皮肤的刺激。

收敛剂用量一般为15%～20%，因其具有酸性，所选乳化剂必须具有耐酸性，并与收敛剂具有良好的配伍性。常用的乳化剂主要有非离子型表面活性剂如脂肪酸甘油酯、聚氧乙烯脂肪酸酯等，阴离子型表面活性剂如烷基硫酸盐、烷基苯硫酸盐等都可作为乳化剂。乳液的基质中油蜡用量一般为15%～20%，多为多元醇的脂肪酸酯和鲸蜡等。常用碱性物质作为pH调节剂，一般用量为5%～10%。为了达到增白效果，常添加钛白粉等白色粉质原料，用量为0.5%～1.0%。

### 9.2.1.3 抑汗剂的种类和配方举例

抑汗化妆品可以制成液状、膏霜状、气雾型、棒柱状等种类。

(1) 液体抑汗化妆品　液体抑汗化妆品配方最为简单，通常由收敛剂、乙醇、去离子水、保湿剂、增溶剂和香精等组成，必要时可加入祛臭剂和缓冲剂。采用硫酸铝或氯化铝为收敛剂时，刺激较大，必须加入缓冲剂。祛臭剂的加入则必须考虑溶解性，液体抑汗化妆品中，常用的祛臭剂有六氯二苯酚基甲烷、2，2′-硫代双（4，6-二氯苯酚）、季铵类表面活性剂以及叶绿素等。乙醇的加入，有利于收敛剂、香精等的溶解，同时使用时乙醇的挥发引起皮肤表面暂时降温，具有收敛作用。抑汗剂呈酸性，因此选用的香精应在酸性条件下稳定。

配方 1：液体抑汗剂 1

| 组　分 | 质量分数/% | 组　分 | 质量分数/% |
|---|---|---|---|
| 碱式氯化铝 | 15.0 | 乙醇 | 50.0 |
| 六氯二羟基二苯甲烷 | 0.1 | 去离子水 | 29.65 |
| 丙二醇 | 5.0 | 香精 | 0.25 |

制备工艺：将祛臭剂六氯二羟基二苯甲烷和香精溶解于乙醇和丙二醇中，将碱式氯化铝分散于去离子水中，再将后者缓缓地拌入前者中，搅匀，静置 2 天后，即可过滤灌装。

配方 2：液体抑汗剂 2

| 组　分 | 质量分数/% | 组　分 | 质量分数/% |
|---|---|---|---|
| 碱式氯化铝 | 16.0 | 乙醇 | 42.0 |
| 鲸蜡基吡啶氯盐 | 0.5 | 香精 | 0.25 |
| 丙二醇 | 5.0 | 去离子水 | 加至100.0 |

制备工艺：将去离子水、丙二醇和乙醇在同一容器内搅拌混合，缓慢加入表面活性剂鲸蜡基吡啶氯盐和碱式氯化铝直至成为透明澄清的溶液，然后加入香精即可。

(2) 膏霜型抑汗化妆品　膏霜型抑汗化妆品携带和使用较为方便，最受消费者喜欢。它是在膏霜的基础上加入收敛剂配制而成，通常制成 O/W 型，收敛剂是水溶性的，溶解于连续相中，因此具有较好的抑汗效果。

选用的乳化剂必须在酸性介质中稳定，且与收敛剂配伍性好，如非离子型表面活性剂中的单甘酯、司盘、吐温；阴离子型表面活性剂中的十二醇硫酸钠、十六烷基硫酸钠、烷基苯磺酸钠等。采用阳离子型或非离子型乳化剂制成的膏体较采用阴离子型乳化剂制成的膏体软，通常非离子型乳化剂与阴离子型或阳离子型乳化剂复配使用，以获得稠度适宜的产品。

常用的保湿剂有甘油、丙二醇、山梨醇和聚乙二醇等，用量一般为 3%～10%，用量太大会使皮肤有潮湿感。

配方中常添加尿素，以抑制铝盐、锌盐的腐蚀，用量一般为 5%～10%。

钛白粉常用作膏体的乳浊剂和增白剂，用量为 0.5%～1.0%。

配方 3：抑汗膏

| 组分 | | 质量分数/% | 组分 | | 质量分数/% |
|---|---|---|---|---|---|
| 收敛剂 | 硫酸铝 | 16.0 | B组分 | 甘油 | 5.0 |
| A组分 | 蜂蜡 | 5.0 | | 去离子水 | 加至 100.0 |
| | 单甘酯 | 15.0 | C组分 | 香精 | 适量 |
| | 十二烷基硫酸钠 | 1.0 | | 钛白粉 | 0.6 |
| | 吐温-80 | 3.0 | | 尿素 | 6.0 |

制备工艺：

① B组分和A组分分别加热到80～85℃，然后在搅拌下将B组分加入A组分中，而后再加入钛白粉与甘油的混合物；

② 在40℃时加入收敛剂和香精，冷至室温时加入尿素，可再经研磨使膏体更加细致。

配方 4：粉质抑汗膏

| 组分 | 质量分数/% | 组分 | 质量分数/% |
|---|---|---|---|
| 液体石蜡 | 22.0 | 氧化锌 | 15.0 |
| 矿油 | 10 | 硬脂酸锌 | 10.0 |
| 蜂蜡 | 5.0 | 硫酸镁 | 0.15 |
| 羊毛脂 | 2.0 | 去离子水 | 加至 100.0 |
| 失水山梨醇倍半油酸酯 | 4.0 | 香精 | 1.0 |
| 苯酚磺酸铝 | 10.0 | | |

制备工艺：

① 将液体石蜡、矿油、蜂蜡、羊毛脂、失水山梨醇倍半油酸酯加热至80℃，将硫酸镁溶解于水中加热至同一温度，然后两者混合；

② 搅拌冷至50℃时缓缓加入氧化锌和硬脂酸锌，并拌和均匀；

③ 温度降至40℃左右时缓缓加入苯酚磺酸铝，加入香精，搅拌至室温，再经胶体研磨可得到细腻的粉质抑汗膏。

(3) 气雾型抑汗剂　气雾型抑汗剂要求雾化分散，一般要求90%以上的颗粒为10 μm左右。其组成主要包括抑汗剂、增稠剂、润滑剂、溶剂、调理剂、推进剂等。

配方 5：气雾型抑汗剂

| 组分 | 质量分数/% | 组分 | 质量分数/% |
|---|---|---|---|
| 碱式氯化铝 | 10 | 无水乙醇 | 74 |
| 3-三氯甲基-4，4′-二氯碳酰苯胺 | 1.0 | 香精 | 适量 |
| 肉豆蔻酸异丙酯 | 2.0 | 氟里昂 | 适量 |
| 碳酸三油醇酯 | 3.0 | DME 推进剂 | 10 |

制备工艺：将碱式氯化铝溶于无水乙醇中，然后加入其余组分，搅拌、溶解、过滤、灌装。灌装时按上述液剂90%、DME推进剂10%的比例装入气雾罐。

配方 6：气溶胶型祛臭液

| 组分 | 质量分数/% | 组分 | 质量分数/% |
|---|---|---|---|
| 原液配方 | | 填充配方 | |
| 无水乙醇 | 84.9 | 原液 | 35.0 |
| 羟基氯化铝 | 10.0 | 氟里昂 12 | 43.0 |
| 3-三氯甲基-4,4′-二氯碳酰苯胺 | 0.1 | 氟里昂 11 | 22.0 |
| 豆蔻酸异丙酯 | 2.0 | | |
| 磷酸三油醇酯 | 3.0 | | |
| 香料 | 适量 | | |

制备工艺：将羟基氯化铝溶解于无水乙醇中，然后加入其他原料混合均匀后过滤，并按照填充配方比加入喷雾器中，装好喷雾嘴，然后压进氟里昂即成。

(4) 抑汗棒　抑汗棒是国外市场上较流行的一种抑汗化妆品，由蜡状基质和抑汗剂组成。

配方 7：抑汗棒 1

| 组　分 | 质量分数/% | 组　分 | 质量分数/% |
|---|---|---|---|
| 聚氧乙烯(20)醚二硬脂酸甲基葡糖苷酯 | 5.0 | 油醇醚-20 | 3.0 |
| 水合氯化铝 | 20.0 | 硬脂醇 | 21.0 |
| 环状聚二甲基硅氧烷 | 51.0 | 香料 | 适量 |

制备工艺：

① 将所有组分（除水合氯化铝外）65℃加热混合均匀；

② 恒温、搅拌下缓慢加入水合氯化铝，混合至均匀，于56℃加入模具成型、包装。

配方 8：抑汗棒 2

| 组　分 | 质量分数/% | 组　分 | 质量分数/% |
|---|---|---|---|
| 硬脂醇聚氧乙烯醚 | 30.0 | 肉豆蔻酸异丙酯 | 20.0 |
| 鲸蜡醇 | 15.0 | 硅酮 | 12.0 |
| 异丙基羊毛脂 | 3.0 | 水合氯化铝 | 20.0 |

制备工艺：除水合氯化铝外，将其余组分混合、加热至70℃熔化，缓慢搅拌、冷却至60℃，加入水合氯化铝，继续搅拌直至成流动的黏稠液，注入预先加热的棒形模具成型。

## 9.2.2 抗菌除臭型化妆品

### 9.2.2.1 抑菌剂

抗菌除臭型化妆品中起关键作用的是抑菌剂。

常用的有机抑菌剂有三氯均二苯脲、苯扎氯铵（烷基二甲基苄基氯化铵）、吡啶硫铜锌等，其中多数有浓度限制，如苯扎氯铵的限用量为3%。

无机抑菌剂有银离子类抑菌剂、氧化锌、氧化铜、磷酸二氢铵、碳酸锂等，尤其是氧化锌和碱性的锌盐能够与脂肪酸反应生成盐，因此具有去除臭味的效果。

季铵盐类表面活性剂如鲸蜡基吡啶氯盐、烷基三甲基氯化铵等，是较为常用的表面活性剂类抑菌剂，这类物质安全性较高，对皮肤刺激小，但是由于结构中含有氯离子，因此不可与含银离子的组分混用。

中药抑菌剂也是近年来使用较为广泛的抑菌剂，其中较为常用的有丁香、广木香、茶叶、藿香等。尤其是茶叶中的茶多酚和黄酮类物质具有较强的吸附作用，因此是植物提取物中最为常用的两种类型。

#### 9.2.2.2 配方组成

抗菌除臭型化妆品的配方除了抑菌剂、除臭剂外，还包含胶凝剂如硬脂酸钠、单硬脂酸甘油酯、硬脂醇、十六醇、氢化蓖麻油、月桂酰胺 DEA、羟乙基纤维素等；保湿剂如丙二醇、甘油、山梨醇、1,3-丁二醇等；润滑剂如肉豆蔻酸异丙酯、二甲基硅氧烷-聚醚等；以及螯合剂、中和剂、增溶剂、收敛剂、愈合剂、香精等，如表 9-2 所示。

表 9-2 抗菌除臭型化妆品的配方组成

| 成分 | 主要功能 | 代表性原料 |
|---|---|---|
| 抑菌剂 | 杀菌、抑菌 | 三氯二苯脲、二氯苯氧氯酚、吡啶硫酮锌、卤化水杨酰苯胺类、四甲基秋兰姆二硫化物、苯扎氯铵 |
| 化学除臭剂 | 使臭味分子转变成无臭或低臭物质 | 氧化锌、ZnO-尼龙粉、蓖麻酸锌 |
| 吸附除臭剂 | 吸附臭气 | 分子筛 |
| 植物提取物除臭剂 | 除臭 | 地衣、龙胆、山金车花、滇荆芥、茶树油、鼠尾草、百里香 |
| 胶凝剂 | 胶凝、增稠 | 硬脂酸钠、硬脂酸甘油酯、硬脂醇醚-100、异硬脂醇醚-2、硬脂酸、硬脂醇、十六醇、氢化蓖麻油、月桂酰胺 DEA、羟乙基纤维素 |
| 保湿剂 | 保湿 | 丙二醇、甘油、山梨醇、1,3-丁二醇、1,2,6-己三醇、己二醇、二聚丙二醇 |
| 润滑剂 | 润滑 | 肉豆蔻酸异丙酯、二甲基硅氧烷-聚醚、PPG-3 肉豆蔻酸醚 |
| 螯合剂 | 螯合重金属 | 乙二胺四乙酸四钠 |
| 中和剂 | 中和 | 氢氧化钠、氨基乙基丙醇 |
| 增溶剂 | 增溶 | 乙醇 |
| 收敛剂 | 收敛 | 金缕梅提取液 |
| 愈合剂 | 伤口愈合 | 芦荟提取液 |
| 香精 | 赋香 | 香精或精油 |

抗菌除臭型化妆品的剂型常见的有液状、膏霜状、气雾型、粉状等。

#### 9.2.2.3 配方举例

（1）抗菌除臭液

配方 1：抗菌除臭液 1

| 组　　分 | 质量分数/% | 组　　分 | 质量分数/% |
| --- | --- | --- | --- |
| 乙醇 | 50.0 | 去离子水 | 加至 100.0 |
| 山梨醇 | 5.0 | 香精 | 适量 |
| 烷基苄基二甲基氯化铵 | 2.0 | | |

制备工艺：先将香精溶解于部分乙醇中，再将其余组分混合搅拌均匀，然后将溶有香精的乙醇溶液添加于后者，搅拌均匀即可。

配方 2：抗菌除臭液 2

| 组　　分 | 质量分数/% | 组　　分 | 质量分数/% |
| --- | --- | --- | --- |
| 十二烷基二甲基苄基溴化铵 | 2.0 | 10%碳酸钠 | 10.0 |
| 六氯二羟基二苯甲烷 | 0.3 | CMC | 0.1 |
| 甘油 | 8.0 | 香精 | 0.6 |
| 95%乙醇 | 60.0 | 去离子水 | 加至 100.0 |

制备工艺：将十二烷基二甲基苄基溴化铵、六氯二羟基二苯甲烷溶于去离子水中，加入 95%乙醇、甘油混合均匀，加入 10%碳酸钠、CMC，最后加入香精，混合均匀后过滤即得产品。

(2) 抗菌除臭霜

配方 3：抗菌除臭霜 1

| 组分 | 质量分数/% | 组分 | 质量分数/% |
| --- | --- | --- | --- |
| 硬脂酸单甘油酯 | 10.0 | 氢氧化钾 | 1.0 |
| 硬脂酸 | 5.0 | 甘油 | 10.0 |
| 鲸蜡醇 | 1.5 | 香精 | 0.8 |
| 肉豆蔻酸异丙酯 | 2.5 | 去离子水 | 加至 100.0 |
| 六氯二苯酚基甲烷 | 0.5 | | |

制备工艺：将六氯二苯酚基甲烷及油脂、蜡类物质在同一容器内熔化均匀，保持温度在 75℃，将氢氧化钾、去离子水及甘油在另一容器内溶解并加热至同一温度，将水相加入油相中并不断搅拌，直至温度降至室温，香精在 45℃时加入，静置过夜，在灌装前再搅拌数分钟。

配方 4：抗菌除臭霜 2

| 组　　分 | 质量分数/% | 组　　分 | 质量分数/% |
| --- | --- | --- | --- |
| 16/18 醇 | 2.0 | 氧化锌 | 15.0 |
| 矿物油 | 20.0 | 硬脂酸锌 | 10.0 |
| 凡士林 | 8.5 | 苯酚磺酸铝 | 10.0 |
| 纯地蜡 | 6.0 | 甘油 | 10.0 |
| 羊毛脂 | 4.5 | 氢氧化钾 | 1.0 |
| 失水山梨醇倍半油酸酯 | 4.0 | 香精 | 适量 |
| 硫酸镁 | 0.15 | 去离子水 | 加至 100.0 |

制备工艺：

① 将16/18醇、矿物油、凡士林、纯地蜡、羊毛脂、失水山梨醇倍半油酸酯成分混合加热至80℃，得到油相；

② 将甘油、硫酸镁溶于去离子水中加热至80℃，得到水相；

③ 搅拌下将水相加入油相，继续搅拌待温度降至50℃时缓缓加入氧化锌和硬脂酸锌，并缓慢冷至40℃，在搅拌下缓缓加入氢氧化钾、苯酚磺酸铝和香精，搅匀冷却至室温即可。

配方5：抗菌除臭粉

| 组　分 | 质量分数/% | 组　分 | 质量分数/% |
|---|---|---|---|
| 硼酸 | 6.0 | 氧化锌 | 9.0 |
| 滑石粉 | 72.8 | 苯酚磺酸锌 | 1.0 |
| 维生素C | 0.2 | 水杨酸 | 0.5 |
| 轻质碳酸钙 | 10.0 | 柠檬香精 | 0.5 |

制备工艺：将香精与部分滑石粉混合均匀，然后将剩余滑石粉与其他组分混合均匀，最后将所有物料混合均匀，研磨过筛，混匀即可。

(3) 抗菌除臭气雾剂

配方6：抗菌除臭气雾剂

| 组　分 | 质量分数/% | 组　分 | 质量分数/% |
|---|---|---|---|
| 六氯二羟基二苯甲烷 | 0.12 | 丙二醇 | 4.3 |
| 香精 | 0.2 | 无水乙醇 | 46.5 |
| 苯酚磺酸铝 | 5.75 | 抛射剂DME | 加至100.0 |
| 去离子水 | 0.6 | | |

制备工艺：将所有组分混合均匀后，直接加入气雾罐中，充装抛射剂DME，即得产品。

(4) 草药型抗菌除臭剂　一些植物提取液也常用作除臭的活性物，如地衣、龙胆、山金车花、茶树油、鼠尾草和百里香等提取物。草药的有效成分可渗透至皮肤内，通过减少汗液分泌和抑制细菌的繁殖，达到爽身除臭的目的。含有草药的祛臭化妆品不良反应，安全性高，不影响人体的功能代谢。

配方7：植物抗菌除臭剂

| 组　分 | 质量分数/% | 组　分 | 质量分数/% |
|---|---|---|---|
| 樟脑 | 1.0 | 无水乙醇 | 10.0 |
| 薄荷脑 | 1.0 | 香精 | 0.5 |
| 植物杀菌剂 | 0.2 | 丁子香类香精 | 适量 |
| 侧柏叶萃取液 | 1.0 | 去离子水 | 加至100.0 |
| 甲基纤维素 | 1.0 | | |

制备工艺：将甲基纤维素溶解于去离子水中，加热至70℃，使其溶解完全，然后加入其他组分（香精、侧柏叶萃取液除外），搅拌均匀后，加入香精、侧柏叶萃取液，混合均匀后即得产品。

配方8：气雾型植物抗菌除臭剂

| 组　分 | 质量分数/% | 组　分 | 质量分数/% |
|---|---|---|---|
| 乙醇 | 26.5 | 丙二醇 | 3.0 |
| 滇荆芥提取物 | 2.0 | 香精 | 0.9 |
| 地衣提取物 | 0.9 | 抛射剂DME | 加至100.0 |

### 9.2.3 芳香型化妆品

(1) 芳香型化妆品的基本原理　利用香精的掩蔽作用，可达到改善气味的目的。芳香型化妆品起作用的主要是芳香剂。芳香剂是具有芳香气味，能够直接掩盖不良气味的物质。根据作用方式它又可分为：① 掩盖型芳香剂，具有怡人的香味，能直接掩盖不良气味的芳香剂；② 添加型芳香剂，能够和体臭混合，形成令人愉快的气味的芳香剂。

芳香剂的气味可分为前调、中调、尾调。

(2) 芳香型化妆品类型和配方组成　芳香型化妆品主要有香水、科隆水（古龙水）、花露水等。

① 香水。原料主要是香精、乙醇和水，有的产品还添加一些硬水软化剂、乙二胺四乙酸钠、柠檬酸钠、柠檬酸、葡萄糖酸以及少量的抗氧化剂。高级香水里的香精，多数是天然花、果的芳香油或是麝香、灵猫香之类的动物香料。天然芳香植物常用的有玫瑰、茉莉、丁香、铃兰、紫罗兰、金合欢、晚香玉、岩兰草、柑橘、香柠檬、肉桂等。平价的香水则大多采用人造香料，如乙酸苄酯、乙酸乙酯、乙酸异戊酯、丁酸戊酯、乙酸芳樟酯、己酸乙酯以及肉桂酸酯类等。

② 古龙水。古龙水也是由乙醇配制而成的，是男性喜用的芳香化妆品。古龙水的香气没有香水那样浓郁，香精量一般在3%～8%。古龙水的原料一般是香柠檬油、橙花油、甜橙油、迷迭香油和薰衣草油等。

③ 花露水。花露水是芳香化妆品中香精和乙醇含量最低的一种，香精用量仅为2%～5%。花露水多采用清香的薰衣草油为主要香料，也有玫瑰麝香型的产品。

(3) 配方举例

配方1：香水

| 组分 | 质量分数/% | 组分 | 质量分数/% |
|---|---|---|---|
| 檀香脑 | 1.2 | 合成麝香 | 0.4 |
| 香兰素 | 1.8 | 龙涎香醇 | 0.5 |
| 麝香酮 | 0.6 | 龙蒿 | 0.5 |
| 当归 | 0.1 | 玫瑰 | 0.3 |
| 香紫苏 | 0.6 | 冬青油 | 0.04 |
| 岩兰草 | 1.2 | 薰衣草 | 0.06 |
| 沉香醇 | 0.6 | 香兰素 | 0.3 |
| 广藿香 | 0.4 | 胡椒醇 | 0.7 |
| 异丁子香粉 | 0.7 | 依兰油 | 1.4 |
| 甲基紫罗兰酮 | 1.0 | 乙酸肉桂酯 | 0.5 |
| 橡苔 | 1.2 | 安息香 | 1.0 |
| 香柠檬 | 4.5 | 乙醇 | 加至100.0 |
| 茉莉 | 0.4 | | |

配方 2：玫瑰香水

| 组分 | 质量分数/% | 组分 | 质量分数/% |
|---|---|---|---|
| 合成玫瑰香精 | 2.0 | 茉莉精油 | 0.5 |
| 白玫瑰香精 | 5.0 | 灵猫香精油 | 0.1 |
| 红玫瑰香精 | 7.0 | 麝香酊剂(3%) | 5.0 |
| 玫瑰油 | 0.2 | 乙醇 | 加至100.0 |
| 玫瑰精油 | 0.5 | | |

配方 3：古龙香水（科隆水）

| 组　分 | 质量分数/% | 组　分 | 质量分数/% |
|---|---|---|---|
| 柠檬油 | 1.4 | 香柠檬油 | 0.8 |
| 迷迭香油 | 0.6 | 乙醇 | 加至100.0 |
| 橙花油 | 0.8 | 去离子水 | 16.0 |

配方 4：柠檬花露水

| 组　分 | 质量分数/% | 组　分 | 质量分数/% |
|---|---|---|---|
| 柠檬油 | 1.4 | 迷迭香油 | 0.6 |
| 香柠檬油 | 0.6 | 乙醇(95%) | 加至100.0 |
| 橙花油 | 0.8 | 去离子水 | 16.0 |

配方 2～配方 4 制备工艺：将各物料按比例混合后，经三个月以上的低温陈化，沉淀出不溶性物质，并加入硅藻土等助滤剂，用压滤机过滤，以保证其透明清澈。为防止香水使用时留下斑迹，通常不加色素。

配方 5：去痱子花露水

| 组　　分 | 质量分数/% | 组　　分 | 质量分数/% |
| --- | --- | --- | --- |
| 硼酸 | 0.2～0.5 | 香精 | 适量 |
| 丙二醇 | 3.0～5.0 | 色素 | 适量 |
| 麝香草酚 | 0.05～0.1 | 乙醇 | 70.0～75.0 |
| 薄荷脑 | 0.2～1.0 | 去离子水 | 加至100 |
| 水杨酸 | 0.1～0.5 | | |

制备工艺：将硼酸、丙二醇、麝香草酚、薄荷脑、水杨酸、香精等溶于乙醇，在不断搅拌下，加去离子水稀释充分混合，并加入适量色素，均匀混合后，静置，冷却，滤除沉淀物质即得产品。

## 9.3 抗粉刺化妆品

### 9.3.1 粉刺的概念

粉刺又称痤疮或青春痘，是一种毛囊、皮脂腺堵塞的慢性炎症性皮肤病。粉刺发生是由于体内雄性激素水平增高，促进皮脂腺活动旺盛，皮脂分泌量增多，同时也伴随着表皮和角质的增生加快，角质堵塞毛囊孔和皮脂腺开口部，妨碍皮脂的正常排泄，形成毛囊口角化栓塞，增多的皮脂不能及时排出，形成淡黄色的粉头，经氧化污染后变成黑色。

皮脂在粉囊内积聚增多，突出皮肤表面成为丘疹，经细菌感染引起炎症，发展成毛囊炎，出现脓疮、破溃，最后形成疤痕。

抗粉刺类化妆品通常是通过在化妆品基质中添加抑菌剂、角质溶解剂、穿透剂、抑制皮脂分泌剂等有效成分获得，有时也会添加一些细微的磨砂颗粒以促进角质层的去除。

### 9.3.2 角质溶解型抗粉刺化妆品

（1）角质溶解剂　在发生粉刺时多伴随着严重的表皮角质化，可采用角质溶解剂使角质溶解或剥离，从而起到缓解粉刺形成的作用。角质溶解剂主要作用是软化或者剥离角质，帮助毛囊中积蓄油脂的排出和抑菌剂的有效进入。常见的角质溶解剂有：

① 水杨酸。能使蛋白变性，略有抗菌作用，一般加入量为0.5%～2%，治疗粉刺安全有效，常用于粉剂、洗剂和软膏的制备，也可以与乳酸配伍使用。

② 甘醇酸。天然动植物提取物，许多草药中有这种成分，如甘菊、春黄菊、蛇含草、黄芩、苦参、紫草、细辛、杏仁、白僵蚕等，有清热、消炎、解毒的作用。

③ 果酸。大量存在于苹果等天然水果中，能够分离、软化过度角质化而重

叠、黏合在一起的角质细胞，使其能够自然脱落，松解毛囊角质栓，抑制毛囊皮脂腺导管的异常角质化。果酸可达到真皮层，穿透皮脂腺囊，抑制皮脂腺的分泌，因此是化妆品和治疗粉刺的药品中较为常用的活性成分。

④ 磷脂 GLA。从天然玻璃苣油中提取获得，含有大量 $\gamma$-亚麻酸，能够改善皮肤正常的屏障系统，具有抗粉刺作用。

⑤ 维生素 A 酸。在治疗粉刺的外用药物中较为常见，但是由于其对光具有显著的敏感性，因此在化妆品中已经被禁用。

(2) 配方举例

配方 1：抗粉刺液

| 组　分 | 质量分数/% | 组　分 | 质量分数/% |
|---|---|---|---|
| 水杨酸 | 2.0 | 95%乙醇 | 40.0 |
| Sepigel 305 | 4.0 | 去离子水 | 加至 100.0 |

制备工艺：首先将 Sepigel 305 溶解于 95%乙醇溶液中，然后加入水杨酸以及去离子水，搅拌均匀即得产品。

配方 2：抗粉刺霜

| 组　分 | | 质量分数/% | 组　分 | | 质量分数/% |
|---|---|---|---|---|---|
| A 组分 | 白油 | 10.0 | B 组分 | 甘油 | 4.0 |
| | Polawax GP-200(乳化蜡) | 8.0 | | 乳酸钠(60%溶液) | 10.0 |
| | 聚乙二醇(100)硬脂酸甘油酯 | 4.0 | | 乳酸 | 适量 |
| | 肉豆蔻酸异丙酯 | 0.5 | | 维生素 E 乙酸盐 | 0.05 |
| | 二甲基硅油 | 0.8 | | 去离子水 | 加至 100.0 |
| | 甲氧基肉桂酸辛酯 | 1.5 | C 组分 | 防腐剂、香精 | 适量 |

制备工艺：

① 将 A 组分、B 组分分别加热 80℃混合均匀；

② 将 A 组分加入 B 组分中，80℃搅拌 30min，然后降温至 50℃加入防腐剂和香精即可。

配方 3：抗粉刺乳

| 组　分 | | 质量分数/% | 组　分 | | 质量分数/% |
|---|---|---|---|---|---|
| 油相 | 硬脂酸 | 10.0 | 油相 | 氯霉素 | 0.2 |
| | 单硬脂酸甘油酯 | 0.8 | 水相 | 甘油 | 4.0 |
| | 十六醇 | 1.0 | | 果酸 | 10.0 |
| | 白油 | 1.0 | | 氢氧化钠 | 0.5 |
| | 壬二酸 | 0.6 | | 三乙醇胺 | 0.5 |
| | 维甲素 | 0.1 | | 防腐剂 | 适量 |
| | 地塞米松 | 0.08 | | 去离子水 | 加至 100.0 |

制备工艺：

水相部分→混合→加热—┐
　　　　　　　　　　　├→乳化→均质化→冷却→储藏→灌装→成品
油相部分→混合→加热—┘

### 9.3.3 皮脂抑制型抗粉刺化妆品

皮脂分泌亢进是由雄性激素所支配的，使用对雄性激素有对抗作用的药物从皮肤内部控制皮脂分泌是有效地抑制粉刺形成的手段。

（1）皮脂分泌抑制剂

① 雌激素。雌激素是一类主要的女性激素，由卵巢和胎盘产生，少量由肝、肾上腺皮质、乳房分泌。常用的雌激素有雌二醇、雌酮、乙炔雌二醇等，但是由于激素的安全性问题，因此在化妆品中使用量在不断减少。

② 过氧化苯甲酰。过氧化苯甲酰对痤疮丙酸菌有抑制作用，可使毛囊内刺激性游离脂肪酸生成减少，同时还具有轻微角质溶解作用，可单独使用。在抗粉刺药物中常与其他药物（如维生素 A 酸、局部抗生素）联合使用。

③ Sepicontrol As。Sepicontrol As 为辛酰甘氨酸和肌氨酸和锡兰肉桂（Cinnamomum Zeylanicum）树皮提取物，是一种针对油性伴有粉刺皮肤具有治疗作用的活性物质，能控制产生粉刺的诱因，抑制皮肤过度分泌，控制游离脂肪酸的过氧化。

④ 壬二酸及其衍生物。壬二酸及其衍生物可竞争性抑制 5-$\alpha$-还原酶的作用，抑制过多的雄激素转化为二氢睾酮，最终抑制皮脂腺内游离脂肪酸过量分泌；此外壬二酸及其衍生物还可抑制细菌蛋白质合成，直接抑制和杀灭皮肤表面及毛囊内的需氧菌和厌氧菌，对表皮的葡萄球菌、铜绿假单胞菌、变形杆菌、白色念珠菌、痤疮丙酸菌等具有杀灭作用。但是，由于壬二酸本身溶解性差，配伍性不佳，在化妆品中使用并不广泛，因此推动了壬二酸衍生物的开发。如意大利的 Sinerga 公司开发的 Azeloglicina（壬二酰二甲甘酸钾），具有化学稳定性高，水溶性好，配伍性优良等优点，因此在化妆品中的应用性较好。目前基于壬二酸衍生物的化妆品和外用药有凝胶剂、乳膏剂、胶浆剂等。

（2）配方举例

配方 1：珍珠祛痘膏

| 组　分 | 质量分数/% | 组　分 | 质量分数/% |
|---|---|---|---|
| 珍珠粉 | 2.0 | 壬二酸 | 15.0 |
| 鲸蜡醇 | 6.0 | 去离子水 | 加至 100.0 |
| 液体石蜡 | 3.0 | 单硬脂酸甘油酯 | 3.0 |
| 红没药醇 | 0.5 | 丙三醇 | 5.0 |
| 冰醋酸 | 0.1 | 十二醇硫酸钠 | 0.5 |

制作工艺：

① 先将珍珠粉、鲸蜡醇、液体石蜡、红没药醇、冰醋酸、单硬脂酸甘油酯

和十二醇硫酸钠加入部分去离子水和丙三醇中混合，加热至80℃，50r/min搅拌30min，停止加热；

② 待冷却至45℃，加入壬二酸与剩余去离子水的混合物，继续搅拌20 min，且不加热，得半成品；

③ 将半成品置于0.04MPa的负压条件下均质1min，进行多次抽真空，将半成品冷却至40℃并静置20 h，即制得珍珠祛痘膏。

配方2：祛痘水凝露

| 组分 | | 质量分数/% | 组分 | | 质量分数/% |
|---|---|---|---|---|---|
| A组分 | 去离子水 | 加至100.0 | C组分 | 黄原胶 | 0.06 |
| | 20%氢氧化钠溶液 | 1.0 | | 丁二醇 | 4.0 |
| | 辛酰甘氨酸 | 1.0 | | 植物防腐剂NPS | 0.7 |
| B组分 | 甜菜碱 | 1.5 | D组分 | 壬二酸甘氨酸二钾 | 3.0 |
| | 木糖醇 | 1.5 | | 蜂胶提取物 | 5.0 |
| C组分 | 甘油 | 2.0 | | 马齿苋提取物 | 1.0 |

制备工艺：

① 将A组分加热搅拌升温至80～85℃，搅拌均匀；

② 将B组分加入A相搅拌均匀，将C组分加入；

③ 降温至40～45℃，加入D组分，持续搅拌降温至室温，得到祛痘水凝露。

### 9.3.4 杀菌型抗粉刺化妆品

(1) 抑菌剂 ① 最常用的抑菌剂主要有硫黄和间苯二酚，其中间苯二酚(雷锁辛)能使蛋白变性，具有抗菌作用，美国FDA认为间苯二酚对于粉刺治疗是安全有效的；② 辛酰-胶原酸是含有8个碳原子的脂质氨基酸，具有抗痤疮丙酸菌的作用，是一种新型粉刺治疗剂；③ 其他抑菌剂，如氯苄烷铵、氯化苄甲乙氧铵等也常添加于抗粉刺化妆品中。

(2) 配方举例

配方1：抗粉刺乳

| 组分 | | 质量分数/% | 组分 | | 质量分数/% |
|---|---|---|---|---|---|
| A组分 | 硬脂酸甘油酯 | 10.0 | B组分 | 去离子水 | 加至100.0 |
| | 丙二醇二辛酯 | 8.0 | C组分 | 对氯苯甲酚 | 0.5 |
| | 十八醇、十八烷基硫酸钠 | 5.0 | D组分 | 硫黄 | 2.0 |
| B组分 | 丙二醇 | 3.0 | | 二氧化钛 | 5.0 |
| | 尿囊素 | 0.2 | | 黄土氧化物 | 0.5 |
| | 防腐剂 | 适量 | E组分 | 精油 | 适量 |

制备工艺：

① 将A组分中各组分于80℃下熔化，加热B组分至相同温度，将C组分加

入B组分中，并于A组分中乳化；

② 将D组分仔细研磨至磨碎，并搅拌冷却成膏体，逐步加入混合物中，最后加入E组分精油，即得产品。

配方2：抗粉刺露

| 组　分 | 质量分数/% | 组　分 | 质量分数/% |
|---|---|---|---|
| 胶体状硫黄 | 0.3 | 羟乙烯基聚合物 | 0.2 |
| 卤化碳 | 0.1 | 二异丙醇胺 | 0.2 |
| 甘草酸二钾 | 0.2 | 去离子水 | 加至100.0 |
| 乙醇 | 10.2 | | |

制备工艺：先将甘草酸二钾溶于去离子水中，在搅拌下加入胶体状硫黄和羟乙烯基聚合物，使之成均匀分散液。另外，将卤化碳溶于乙醇中，并将其加入上述分散液中，最后加入二异丙醇胺，充分搅拌即可。

配方3：防治粉刺霜

| 组　分 | 质量分数/% | 组　分 | 质量分数/% |
|---|---|---|---|
| 硬脂酸 | 14.0 | 间苯二酚 | 3.0 |
| 硬脂酸单甘酯 | 1.0 | 氢氧化钾 | 0.5 |
| 白油 | 1.0 | 香精 | 适量 |
| 甘油 | 8.0 | 对羟基苯甲酸甲酯(防腐剂) | 适量 |
| 十六醇 | 1.0 | 去离子水 | 加至100.0 |

制备工艺：

① 将硬脂酸、硬脂酸单甘酯、白油、甘油和十六醇混合均匀并加热至70℃；

② 将间苯二酚和氢氧化钾溶入去离子水中，加热至70℃；

③ 将两液混合、搅拌均匀，冷却至40℃，加入香精和防腐剂，搅拌均匀，即得产品。

配方4：粉刺霜

| 组　分 | | 质量分数/% | 组　分 | | 质量分数/% |
|---|---|---|---|---|---|
| A组分 | 单硬脂酸甘油酯 | 5.0 | B组分 | 85%三乙醇胺 | 1.0 |
| | 鲸蜡醇乳酸酯 | 2.0 | | 胶态硅铝酸镁 | 2.0 |
| | 硬脂酸 | 2.0 | | 对羟基苯甲酸甲酯 | 0.2 |
| | 羊毛酸异丙酯 | 2.0 | | 氧化铁色素 | 适量 |
| | 对羟基苯甲酸丙酯 | 0.07 | C组分 | 胶态硫 | 3.0 |
| B组分 | 去离子水 | 加至100.0 | D组分 | 膨润土 | 5.0 |
| | 丙二醇 | 3.0 | E组分 | 95%乙醇 | 5.0 |
| | 间苯二酚 | 3.0 | | | |

制备工艺：

① 将胶态硫分散到水相B中去，加热水相至80℃，并加入膨润土，加热A组分至80℃，随之搅拌，将A组分加至B溶液中，继续搅拌，停止加热；

② 当温度降至50℃时，把95%乙醇加入其中，拌匀冷却后即可。

## 9.3.5 中药抗痤疮化妆品

皮肤炎症大多是由细菌感染和皮肤真菌引起的。许多草药有消炎、止痛、排脓等作用，对粉刺有良好的治疗效果。

抗菌消炎植物有：红花、金银花、蒲公英、丁香、桃仁、瓜蒌（根）、白莲、白及、防风、日本当归、日本辛夷、商陆、兴安白芷、日本菟丝子、藁本、节瓜、甘松香、橄榄、冬瓜、莳萝、洋茴芹、肉苁蓉、龙蒿、黄芩等。

抗真菌的植物有：小茴香、黄连、生姜、陈皮、大蒜、薄荷、紫苏、橙皮、肉豆蔻、墨旱莲、问荆、木贼、野艾、肉桂、郁金、沙参、绞股蓝、桔梗、千里光、黄芩等。

配方1：紫草芦荟抗粉刺霜

| 组分 | | 质量分数/% | 组分 | | 质量分数/% |
| --- | --- | --- | --- | --- | --- |
| A组分 | 羊毛脂 | 5.0 | A组分 | 鲸蜡醇 | 0.6 |
| | 芦荟提取物 | 0.3 | | 液体石蜡 | 37.5 |
| | 紫草提取物 | 0.2 | B组分 | 硼砂 | 0.8 |
| | 蜂蜡 | 12.0 | | 去离子水 | 加至100.0 |
| | 角鲨烷 | 1.5 | C组分 | 香精、防腐剂 | 适量 |

制备工艺：将金A组分和B组分分别加热至80℃下，搅拌下缓慢将B组分滴加入去离子A组分中，充分乳化，冷却至45℃时加入适量香精和防腐剂，搅匀即可。

配方2：抗粉刺露1

| 组分 | 质量分数/% | 组分 | 质量分数/% |
| --- | --- | --- | --- |
| 川芎和防风提取物 | 0.5 | 乙醇(75%) | 4.0 |
| 聚乙烯醇 | 16.0 | 防腐剂 | 适量 |
| 金银花、枇杷叶提取物 | 0.3 | 香精 | 适量 |
| 甘油 | 3.0 | 去离子水 | 加至100.0 |

制备工艺：将金银花、枇杷叶、川芎、防风提取物，以及聚乙烯醇、防腐剂加入去离子水中，加热至75℃，待物料熔解后冷至45℃时加入甘油、香精，冷至室温时再加入乙醇搅匀，过滤即得本品。本品对皮脂分泌旺盛、毛囊上皮增生而使皮脂腺管口阻塞以及细菌感染引起的粉刺的治疗效果较好。

配方3：抗粉刺露2

| 组分 | 质量分数/% | 组分 | 质量分数/% |
| --- | --- | --- | --- |
| 野菊花萃取液 | 0.8 | 黄柏萃取液 | 1.5 |
| 樟脑 | 0.1 | 甘油 | 8.0 |
| 丁香油 | 1.0 | 玫瑰香精 | 0.5 |
| 黄芩萃取液 | 2.0 | 去离子水 | 加至100.0 |

制备工艺：将甘油加入加热至75℃的去离子水中，混合均匀，搅拌20min，待冷至45℃时加入野菊花、黄芩、黄柏萃取液以及丁香油、玫瑰香精混匀，冷至室温即得成品。本品有消炎、杀菌的功效，对面部粉刺有明显的疗效。

配方4：抗粉刺露3

| 组分 | 质量分数/% | 组分 | 质量分数/% |
|---|---|---|---|
| 阿拉伯树胶 | 3.0 | 氢氧化钙 | 0.1 |
| 樟脑 | 0.4 | 茉莉香精 | 适量 |
| 硫黄 | 3.0 | 去离子水 | 加至100.0 |
| 枇杷提取液 | 0.5 | | |

制备工艺：将阿拉伯树胶溶于去离子水中，搅匀后再加入硫黄、樟脑、氢氧化钙、枇杷提取液、茉莉香精，混匀后即得本品。本品可抑菌护肤，治疗粉刺，且气味芳香。

配方5：抗粉刺液

| 组　分 | 质量分数/% | 组　分 | 质量分数/% |
|---|---|---|---|
| 野菊花萃取液 | 0.8 | 黄柏萃取液 | 1.5 |
| 樟脑 | 0.1 | 甘油 | 8.0 |
| 丁香油 | 1.0 | 玫瑰香精 | 0.5 |
| 黄芩萃取液 | 2.0 | 去离子水 | 加至100.0 |

制备工艺：将甘油加热至75℃，把樟脑加入70℃的去离子水中，再与上述甘油混合均匀，搅拌20min，待冷至45℃时加入野菊花、黄芩、黄柏萃取液以及丁香油、玫瑰香精混匀，冷至室温即得成品。本品有消炎，杀菌的功效，对面部粉刺有较明显的疗效。

配方6：抗粉刺露4

| 组　分 | 质量分数/% | 组　分 | 质量分数/% |
|---|---|---|---|
| 甘油 | 12.0 | 乳化剂 | 1.2 |
| 薏苡仁提取物 | 0.5 | 维生素C | 0.2 |
| 牡丹皮提取物 | 0.3 | 防腐剂、香精 | 适量 |
| 十八醇 | 6.0 | 去离子水 | 加至100.0 |
| 单硬脂酸甘油酯 | 8.0 | | |

配方7：抗粉刺露5

| 组　分 | 质量分数/% | 组　分 | 质量分数/% |
|---|---|---|---|
| 苦参提取液 | 0.3 | 乳化剂 | 1.2 |
| 黄芩提取液 | 0.2 | 尿素 | 0.5 |
| 单硬脂酸甘油酯 | 9.0 | 柠檬香精 | 0.5 |
| 十八醇 | 7.0 | 防腐剂 | 0.01 |
| 甘油 | 12.0 | 去离子水 | 加至100.0 |

配方 8：抗粉刺露 6

| 组　分 | 质量分数/% | 组　分 | 质量分数/% |
| --- | --- | --- | --- |
| 龙胆草提取物 | 0.5 | 连翘提取液 | 0.3 |
| 乳化剂 | 1.3 | 单硬脂酸甘油酯 | 8.0 |
| 甘油 | 20.0 | 防腐剂 | 适量 |
| 十八醇 | 6.0 | 玫瑰香精、色素 | 适量 |
| 黄芩提取液 | 0.2 | 去离子水 | 加至 100.0 |

制备工艺：配方 6～配方 8 的制备是将各物料混合均匀即可。

# 10 化妆品常用设备

化妆品多为乳液状、膏状、水状、粉状，是由多种化学原料、天然原料复配的一种精细化学品，在生产过程中较少发生化学反应。用于化妆品生产的设备多为一些中小型化工企业的简单加工设备，同时它们具有多用性，同一种设备可用于不同类型的产品的生产。

化妆品最终的状态和流变性质取决于原料的属性、配比，除此之外最重要的影响因素来自于设备的选择和使用。在化妆品的制备过程中主要涉及原料的粉碎、研磨，物料的混合、乳化、分散，物料的输送、加热、灭菌，产品的成型、包装，化妆品用水的纯化等多个环节。本章根据化妆品的类型和工段的差异，主要介绍膏乳制品的乳化设备、乳化后混合脱气设备以及附属的纯化设备、灭菌设备和灌装设备等。

## 10.1 乳化设备

膏乳类化妆品包括雪花膏、冷霜、营养霜、润肤乳、洗发乳、防晒霜、洗面奶、护手霜等，是化妆品中最常用的一个大类。膏乳类化妆品常用的设备主要有各种类型的搅拌设备、均质设备、三辊研磨机、真空脱气设备等。在膏乳类化妆品的生产过程中保证质量的最关键的一步是乳化，因此乳化设备是最为重要的一种设备。

对于膏乳类化妆品，乳化过程的控制是至关重要的环节，可影响产品的最终状态、稳定性、流变性质。在精细化学品工业中常用的乳化方法有物理化学结合法和机械法。化妆品的制备过程中，很少涉及化学反应，机械法混合是最为常用的方法。根据乳化设备的差异和过程的差别，机械法又被分成了管动法、射流法、搅拌法、均质法等，其中搅拌法和均质法是目前化妆品工业中最为常用的两种方法。

一般搅拌乳化可得到颗粒度为5～10μm的乳液，胶体磨可将乳液的颗粒度控制在1～5μm，超声波乳化机、高剪切均质和高压均质机则能实现1μm以下。最为常用的搅拌法，获得的乳液粒径较大，稳定性和细腻度不佳。因此，为了提高化妆品的品质，具有更强分散能力的高效能均质乳化设备（如胶体磨、高剪切均质机、高压均质机、超声波乳化机）目前被大量采用。

因此本节主要介绍膏乳类化妆品乳化过程中常用的搅拌设备和均质机，并简单介绍不同设备的作用原理和适用条件。

## 10.1.1 搅拌乳化设备

### 10.1.1.1 搅拌乳化机理和乳液稳定性

（1）搅拌乳化机理　搅拌乳化是有水分散体系的最为基础也是最为常用的手段，根据搅拌容器中物料的混合方式的差异，物料的搅拌乳化主要通过以下几种机制实现。

① 对流混合。搅拌容器中，通过搅拌器的旋转把机械能传递给液体物料，引起液体的流动，产生强制对流，形成物料的对流混合。主要包括主体对流（物料大范围的循环流动）和涡流对流（漩涡的对流运动）。

② 扩散混合。搅拌容器中，各组分在混合的过程中，以分子热运动（扩散）形式向四周无规则运动，从而增加了两个组分间的接触面积且缩短了扩散平均自由程，达到均匀分布的目的。对于互不相溶组分的粒子，在混合过程中以单个粒子为单元向四周移动，类似气体和液体分子的扩散，使各组分的粒子先在局部范围内扩散，达到均匀分布。

③ 剪切混合。剪切混合是指搅拌器通过机械作用在物料粒子间形成剪切面之间的滑移和冲撞作用，促进了物料之间的局部混合。对于高黏度流变物料，剪切混合是主要的混合驱动力。

（2）液体混合物的稳定性　液体混合物的稳定性是指参与混合的各组分（液体、固体、气体）分散后，抵抗重新聚集或分层的能力。通常，相溶的液体与液体的混合物、以及相溶的固体和液体之间的混合物是最稳定的；不溶固体与液体、液体与液体之间的混合物稳定性较差。分散体系稳定的关键是要选择合适的乳化剂，以及合适的乳化设备。

### 10.1.1.2 搅拌乳化设备的构成和类型

液态非均相的物质之间的初步混合和加热通常通过搅拌器或搅拌釜实现，其中小规模生产可通过搅拌器实现，而大规模的生产则需要采用搅拌釜。搅拌乳化设备一般用来处理低黏度或中等黏度的液体。

（1）搅拌乳化设备的构成　搅拌釜的基本构造由搅拌器（又称叶轮）、测温装置、取样装置、釜壳等组成。

搅拌器的主要功能是实现物料的混合、分散、乳化。它主要由搅拌桨、搅拌轴、电机、变速器等部分组成。

搅拌釜壳一般是具有夹套结构的金属、玻璃、搪瓷的圆筒形外壳，釜内壁多为耐酸碱的搪瓷涂层。为了进料和出料的方便，夹套上端通常设有加料口，下端设有出料口，夹套内可添加循环导热介质（硅油或水），配合导热介质的生产过程则需要外加高温循环泵。部分不具有夹套结构的搅拌釜，则可将导热介质通过蛇形管置于釜内，实现乳化过程的有效控温。为了机械结构的稳定，搅拌机通常被固定于釜顶，或者固定于可以移动的稳定构件上。

（2）搅拌乳化设备的类型

① 立式搅拌釜。立式搅拌釜是最为常用的稳定搅拌设备，如图 10-1 所示，该类搅拌釜的特点是搅拌器垂直安装，电机、变速器、轴的中心在一条垂直于地面的线上。

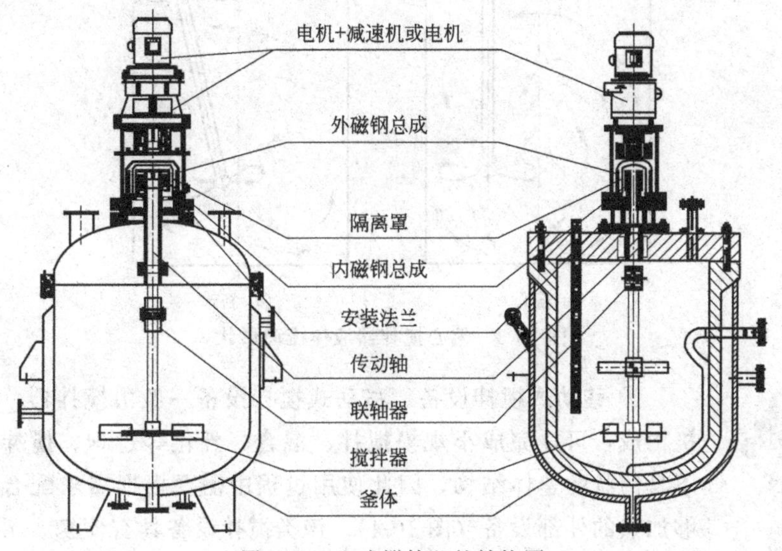


图 10-1 立式搅拌釜的结构图

② 卧式搅拌釜。卧式搅拌釜通常是轴对称的结构，轴为平行于地面的水平型（图 10-2），其最显著的优势是改变了釜内物料的高度，增大了液面表面积，改善搅拌设备的振动稳定性，可有效结合物料的沉降平衡和搅拌混合，快速实现物料的混合与乳化。通常配合安装无通轴螺带式搅拌器，有效地实现水平方向上的整体混合。部分卧式搅拌釜的螺带式搅拌器的螺带结构采用中空钢管，并在钢管上设计通气小孔。气体从气孔进入，分布到框架管内，又从管上的其他小孔排出，均匀分布在液体中，搅拌器在转动过程中带动液体流动同时促进气体在液体中的分布，这样比固定分布管式结构的分散效果更好。

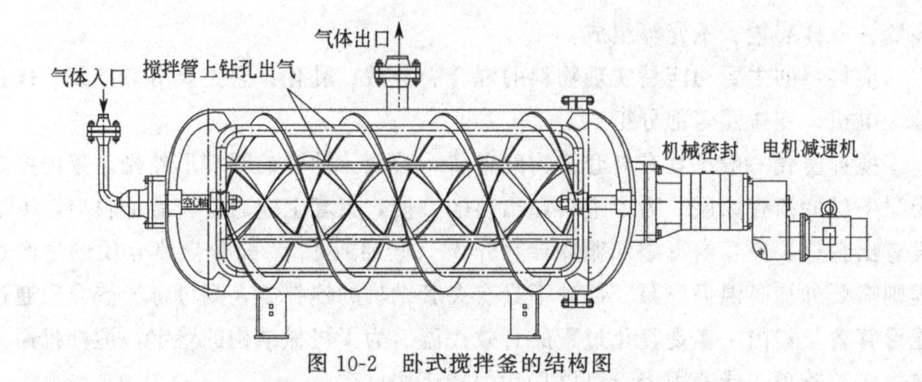

图 10-2　卧式搅拌釜的结构图

③ 偏心搅拌设备。搅拌器偏心安装的乳化搅拌设备为偏心搅拌设备，这种搅拌设备通常可以改变釜内的液体循环路线（图 10-3），可以解决搅拌过程中液体分层，物料沉降等问题。

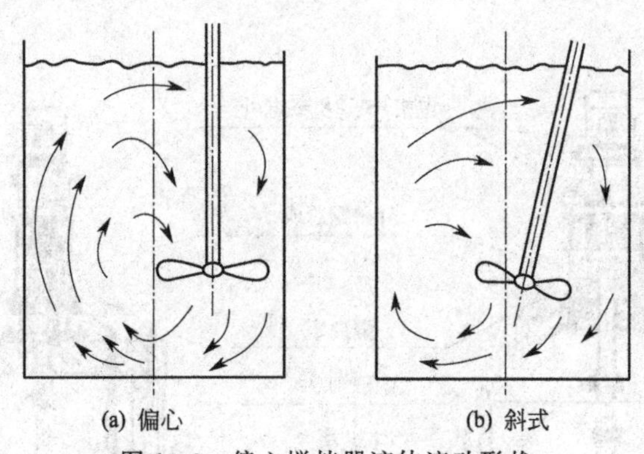

图 10-3　偏心搅拌器液体流动形状

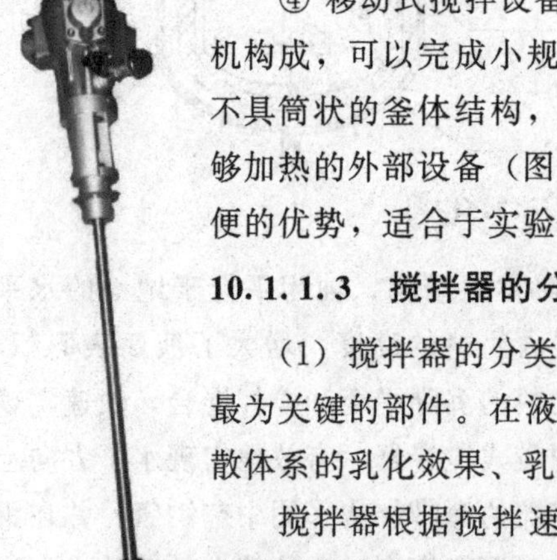
图 10-4　移动式搅拌器

④ 移动式搅拌设备。移动式搅拌设备一般由搅拌器、轴和电机构成，可以完成小规模搅拌、混合、乳化等过程，搅拌器本身不具筒状的釜体结构，因此使用过程中需要根据需求配合使用能够加热的外部设备（图 10-4）。该类搅拌设备具有便携、灵活、简便的优势，适合于实验室小规模的研究和生产。

#### 10.1.1.3　搅拌器的分类和液体流动方式

（1）搅拌器的分类　搅拌器又称为搅拌桨，是搅拌釜结构中最为关键的部件。在液体介质的混合中，搅拌器的类型决定了分散体系的乳化效果、乳化速率、产品的稳定性。

搅拌器根据搅拌速率可以初步分为高速型和低速型两大类。高速搅拌器主要适用于低黏度的液体物料的分散、乳化、混合；低速搅拌器是指在相对静止的情况下工作的一类搅拌器，适用于高黏度物料之间的搅拌分散。

根据结构差异，又可将搅拌器分为桨式搅拌器、旋桨式搅拌器、涡轮式搅拌器、框式搅拌器、锚式搅拌器等。

(2) 搅拌器与液体流动方式　搅拌引起液体运动，运动液体具有三个方向的速度，分别是径向速度、轴向速度和切向速度。其中径向速度和轴向速度对混合起关键作用。切向速度使液体绕轴转动，形成速度不同的液层，在离心力的作用下，产生表面下凹的旋涡，形成打旋现象。搅拌将产生三种基本流型：轴向流动、径向流动、轴向和径向混合流动，图 10-5 为搅拌器与基本流型之间的关系。

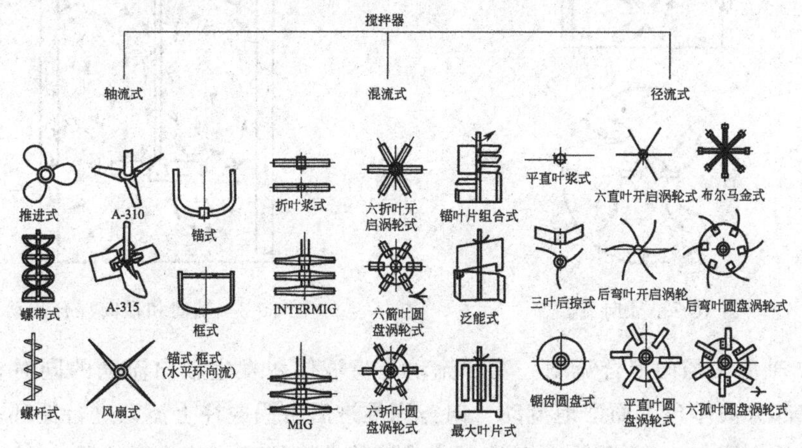

图 10-5　搅拌器流型分类图谱

① 轴向流动。轴向流动是指液体从轴向流入叶轮，并从轴向流出，搅拌速度较快时产生打旋现象，转速越快漩涡越深，速度极快时叶片可露出液面［见图 10-6(a)］，导致空气混入混合体系而产生气泡，影响乳剂外观。为了解决这个问题，釜壁通常会安装挡板，这样可以有效地避免产生漩涡现象［见图 10-6(b)］。常见的可产生轴向流动的搅拌器有旋桨式搅拌器、螺杆式搅拌器等。

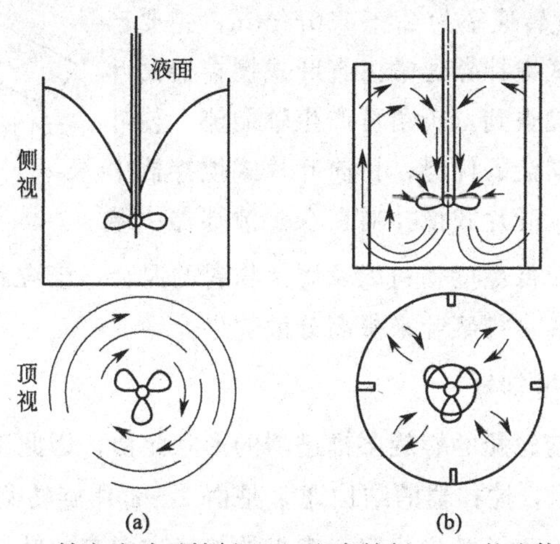

图 10-6　轴向流动无挡板（a）和有挡板（b）的流体形状

② 径向流动。径向流动是指液体从轴向流入，从径向流出的流体运动形式（图 10-7）。釜壁安装挡板，可促进液体径向流动，得到较好的搅拌乳化效果。较为典型的径向流动搅拌器有涡轮式搅拌器和平直的叶片式搅拌器。

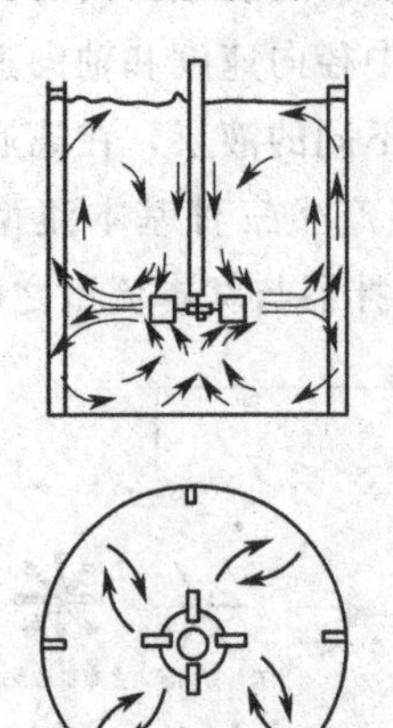

图 10-7　径向流动

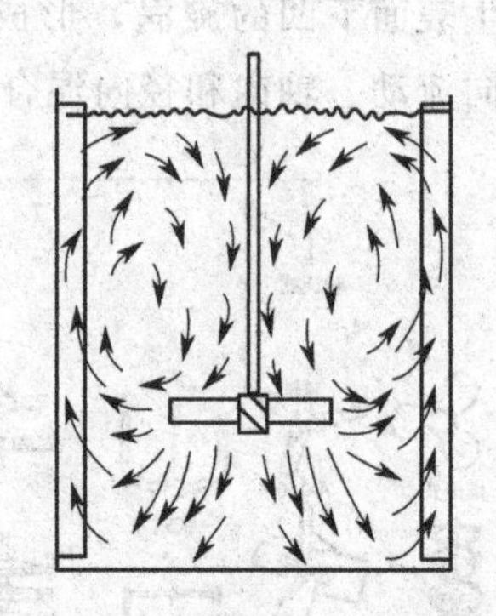

图 10-8　轴向和径向混合流动

③ 轴向和径向混合流动。混合流动是指液体在发生轴向流动的同时在转轴附近有部分液体自上而下地流动，向釜底推进后由锅底往上流动进行循环，产生径向流动（图 10-8）。较为典型的混合式搅拌器有折叶式叶片搅拌器。

#### 10.1.1.4　叶片式搅拌器

叶片式搅拌器又称桨式搅拌器，是最为简单的一种搅拌器。桨叶由平板条钢制造，一般叶片的数量为 2～4 片，桨叶直径为釜体的内径的 1/3～2/3。根据桨叶的形态分为平直叶式和折叶式（图 10-9）。平直叶式搅拌器的叶片和旋转平面垂直，桨叶直径与高度比为 4～10，圆周的旋转速率为 20～150r/min，主要产生径向流动。折叶式搅拌器通常由直叶式搅拌器的叶片相反折转一定角度得到，折角可产生轴向流，使叶轮兼有轴向流和径向流的优势，目前叶片式搅拌器中以折叶式较为常用。叶片式搅拌器在众多搅拌器中结构相对简单，适用于低黏度物料以及固体物料的混合，当容器内液位较高时，可在同一轴上同时安装多排桨叶来提高分散效果。

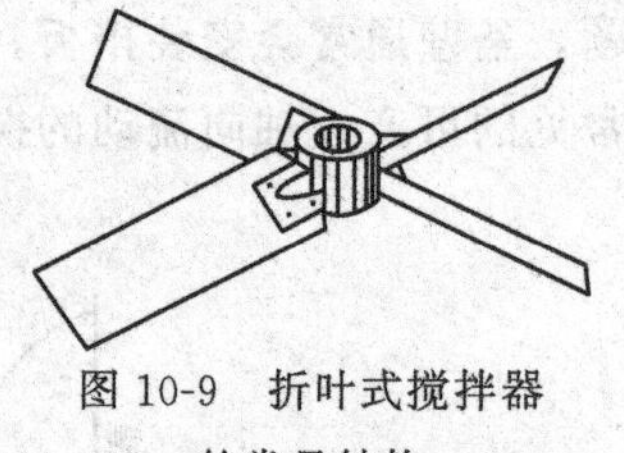

图 10-9　折叶式搅拌器的常见结构

#### 10.1.1.5　旋桨式搅拌器

旋桨式搅拌器与轮船的螺旋桨推进器的形状相似，因此也被称为推进式搅拌器。如图 10-10 所示，搅拌器的结构通常是由 2～3 片旋转桨组成，桨片通常采用螺母固定于轴上，为了结构稳定，螺母的拧紧方向与桨叶旋转方向相反。桨叶旋转直径约为容器直径的 0.2～0.3 倍，搅拌器叶片与旋转平面具有一定的角度，以轴向流为主，伴有径向流。由于螺旋桨的推进作用，使得液体在搅拌罐中心附近形成向下的流动，外部液体则呈现向上的流动，通过中心物料和外部物料的循环实现物料分散（图 10-6）。旋桨式搅拌器最高转速可达 300r/min，循环量大，适用于大容器低黏度（<2Pa·s）物料的混合。

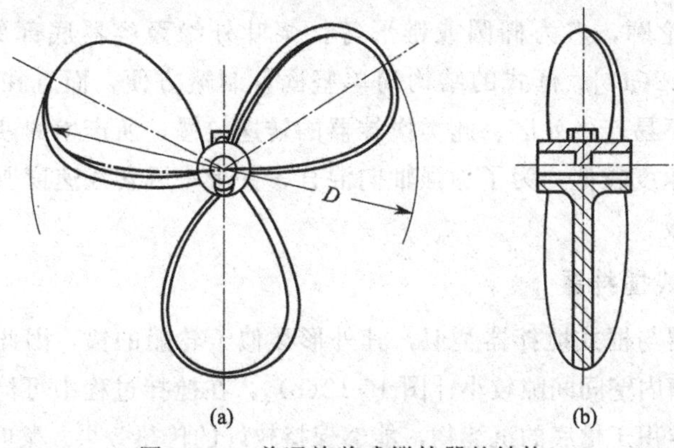


图 10-10　普通旋桨式搅拌器的结构

### 10.1.1.6　涡轮式搅拌器

涡轮式搅拌器的基本结构（图 10-11）类似于离心泵，由轴、圆盘、叶片组成。圆盘和叶片（4～6 片）相互垂直。常见叶片为平直或弯曲状态，桨叶的外径、宽度与高度的比通常为 20∶5∶4。该类搅拌器的搅拌速度较高，一般转速为 100～500r/min。

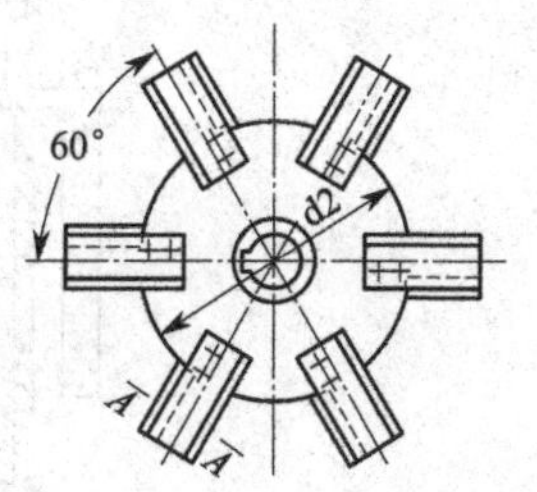


图 10-11　涡轮式搅拌器的结构

涡轮式搅拌器在搅拌过程中，搅拌器高速运转可产生强大的离心力，将液体物料吸入轮心，同时在离心力的作用下液体沿着涡轮切线的方向抛出，湍流程度大，剪切力大，可将乳液细化。涡轮式搅拌器主要产生径向流（图 10-7），同时也伴随着轴向流。该搅拌器适用于 4～6$m^3$ 液体物料的混合，也可用于气体及其不相溶液体、固液之间的混合。与旋桨式搅拌器相比涡轮式搅拌器液体流动的方式更为丰富，流动的速度更高，桨叶附近液体的湍流更为剧烈，剪切力更大，因此在乳化过程中可以获得粒径更小的乳液。如图 10-7 所示，由于涡轮转动的高速离心力对上下层液体均有较强的吸入力，因此搅拌器上下物料均可形成自身的液体流动回路，这一特点使得涡轮式搅拌器不适用于容易分层液体物料的混合。为了解决这一问题，通常是将该类搅拌器安装位置更偏向釜的底部，使得搅拌器以下径向流动的液体碰底后快速折回，并带动底部密度较大的物料，实现釜内物料的良好循环。此外，也可通过加挡板减小轮中心的离心漩涡，增强折流引起的轴向流等方式更好地混合物料。倾斜安装涡轮搅拌器可破坏常规的循环回路增加旋转的阻力，也可实现分层物料之间混合的目的。总体而言，涡轮式搅拌器适用于中低黏度物料。

#### 10.1.1.7 框式搅拌器

框式搅拌器适用于高黏度物料的搅拌，其外形轮廓与容器壁形状相似，底部形状适应罐底轮廓，多为椭圆或锥形等，桨叶外缘至容器底部的距离为 30～50mm [图 10-12(a)]。框式的结构简单坚固，制造方便，而且在工作时能搅动大量的物料，不易产生死区。此类搅拌器的转速较慢，所产生的液流的径向速度较大，而轴向速度较低，为了加强轴向混合，并减小因切线速度所产生的表面漩涡，可加装挡板。

#### 10.1.1.8 锚式搅拌器

锚式搅拌器与框式搅拌器类似，其外形类似于轮船的锚，因此得名，桨叶外缘形状与搅拌槽内壁间间隙较小 [图 10-12(b)]，在搅拌过程中可清除附着于槽壁的黏性物质或堆积于槽底的沉淀物，能够保持较好的传热效果。桨叶外缘的圆周速度为 15～80r/min，可用于搅拌黏度高达 200Pa·s 的牛顿型流体和拟塑性流体。

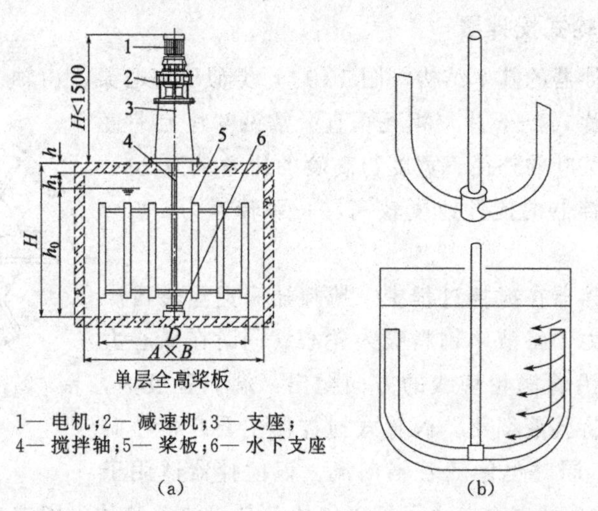


图 10-12 框式搅拌器 (a) 和锚式搅拌器 (b) 的形状和液体流动

#### 10.1.1.9 螺带式或螺杆式搅拌器

螺杆式搅拌器采用焊接的方式将平板叶片以螺旋的方式焊接在轴上 [图 10-13(a)]。螺带式搅拌器有单条或双条螺带结构，螺旋之间采用支撑杆固定，每个螺距设置 2～3 根杆件用于螺带的固定 [图 10-13(b)]。螺带或螺杆的外廓尺寸接近容器内壁，使搅拌涉及整个罐体。螺带或螺杆式搅拌器均为轴流型搅拌器，工作过程中，液体物料沿螺旋外侧螺旋上升，在中心形成凹穴汇合，形成外上内下的对流循环。该类搅拌器具有较强的防止物料附着于釜壁的作用，因此适用于高黏度液体或粉状物料的混合。螺带和螺杆的形式可根据容器的几何形状和液层高度来确定。一般单螺带式、双螺带式搅拌器适用于平底或椭圆底容器；锥形螺带式搅拌器（图 10-14）适用于 90°锥底容器。

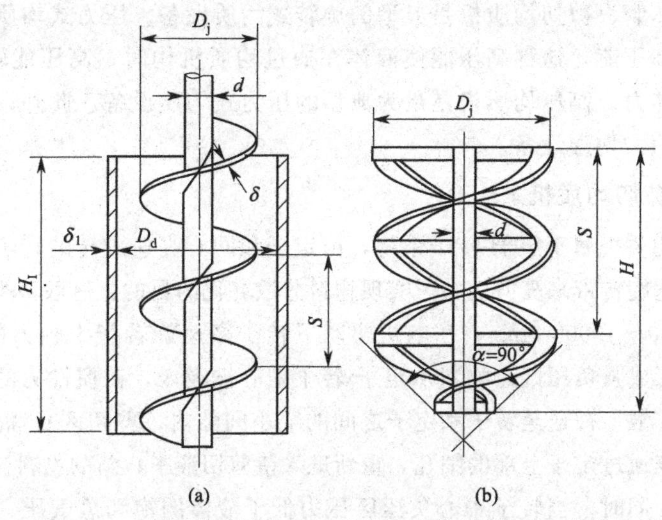


图 10-13　螺杆式搅拌器（a）和螺带式搅拌器（b）的结构

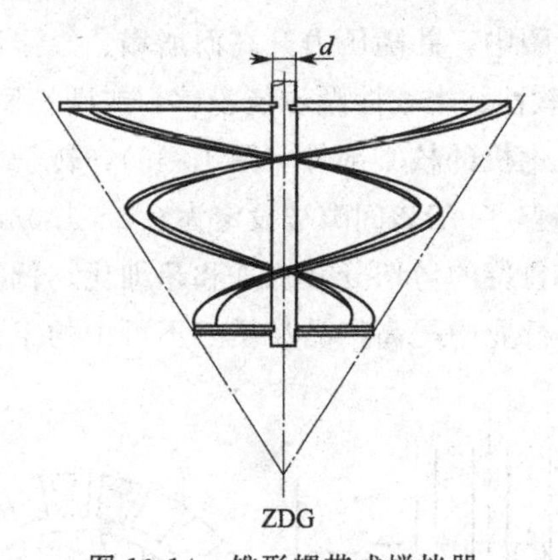


图 10-14　锥形螺带式搅拌器

## 10.1.2　均质乳化设备

均质也称匀浆，是使悬浮液（或乳化液）体系中的分散相颗粒度降低、分布均匀化的处理过程。这种处理同时起降低分散物尺度和提高分散物分布均匀性的作用。均质化可使微粒的粒度降至显微或亚显微级水平。在化妆品的生产过程中，均质机通常结合搅拌器使用，以实现膏体和乳剂的高稳定性和颗粒的高细腻度。

化妆品工业中常用的均质乳化装备有高剪切均质机、高压均质机、胶体磨、离心式均质机、超声乳化机等。这些设备产生均质作用的本质是使料液中的分散物质（包括固体颗粒、液滴等）受到流体力学上的剪切作用而破碎。

按使用能量类型和结构的特点，均质机可分为旋转式和压力式两大类。旋转式均质设备由转子或转子-定子系统构成，它们直接将机械能传递给受处理的液体介质。胶体磨、剪切均质机是典型的旋转式均质设备。压力式均质设备能使液体介质获得高压能，这种高压能使液体在通过均质机构时，高压能转化为动能，从而获得流体力。高压均质机是最为典型的压力式均质设备。此外，超声波乳化机也属于压力式均质设备。

### 10.1.2.1　剪切均质机

剪切式均质机属于定子-转子系统，由定子和同心高速旋转的转子组成，转子通过电机高速旋转带来高剪切力，实现物料分散乳化的目的。一般该类均质机的电机转速为1000～10000r/min，在电机驱动下转子高速旋转产生强大的离心力场，在转子中心形成强负压区。物料从定子-转子中心被吸入，在惯性力的作用下，由中心向四周扩散，被送至转子和定子之间的窄小间隙内（剪切区）；混合物受到强剪切力，高速通过定子上部的细孔，重新进入待剪切液中；新的物料被吸入，进入下一个循环。同时，当转子中心负压区压力低于液体的饱和蒸气压（或空气分离压）时，液体（化妆品中主要是水，偶见乙醇）汽化产生蒸汽进而形成气泡，气泡随液体流向定子-转子齿圈中，并随压力升高而崩塌。气泡崩塌瞬间，形成高速微射流，强大的压力波使软性、半软性颗粒被粉碎，或硬性团聚的细小颗粒被分散。定子-转子结构为剪切乳化机的核心部件（图10-15），转子之间的间隙是保证物料流动速度和剪切力的关键，一般该间隙被设定为0.2～1.0mm。

剪切式均质机以其独特的剪切分散机理和超细化、低能耗、高效化和性能稳定等优点成为了化妆品行业中提高产品品质必不可少的工艺设备。

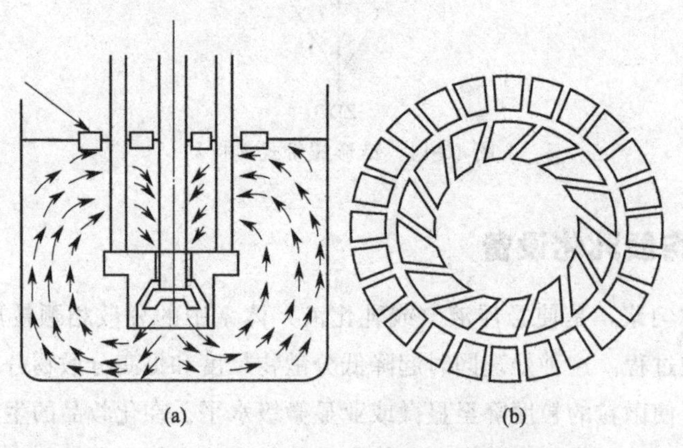


图10-15　剪切式均质机基本结构

#### 10.1.2.2 胶体磨

胶体磨也属于定子-转子系统。胶体磨是一种剪切力较大的均质乳化设备。胶体磨最为主要的部件由一个固定的圆盘（定盘）和高速旋转的磨盘（动盘）组成［图 10-16(c)］。有别于剪切型均质机的转子，胶体磨的动盘形状是两个相互套合的截椎体，其内部结构如图 10-16(a) 所示。动盘材质一般为不锈钢，表面可为平滑表面或波纹表面，其转速一般为 1000～10000r/min。而定盘的材质一般为铸铁，表面也可为平滑表面或波纹表面。定动盘之间的距离约为 0.050～0.150mm。在动盘高速旋转下，化妆品的粗制品或者混合液被迫通过两盘之间的间隙，由于磨盘高速旋转，附于旋转面上的物料速度较大，而附于固定面上的物料速度为零，其间产生较高的速度梯度，从而使物料受到强烈的剪切摩擦，产生微粒化作用。经过处理的乳剂粒度可达 0.01～5μm。

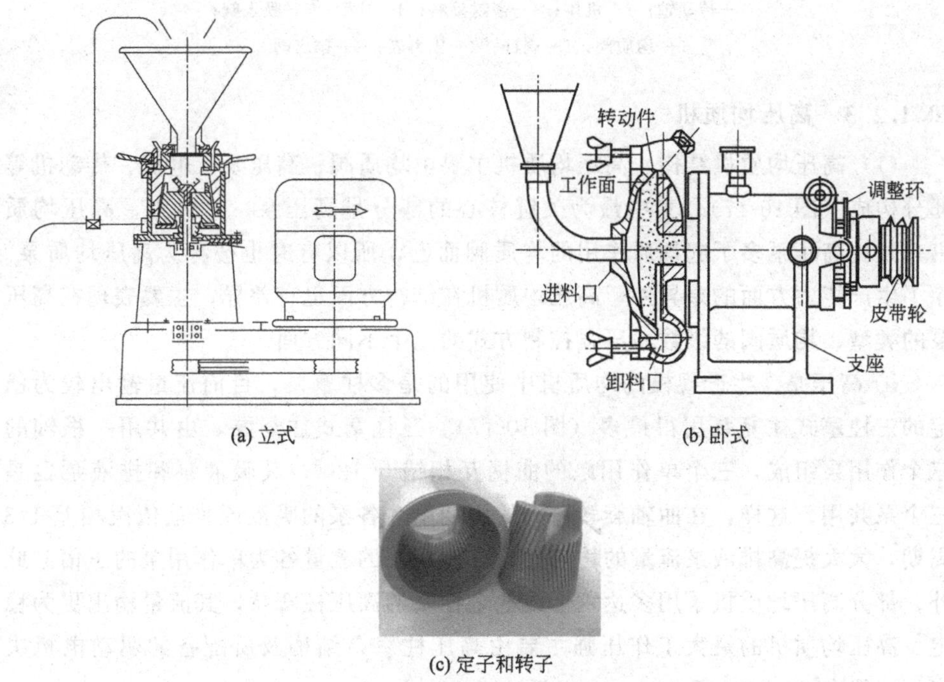


图 10-16　胶体磨的结构

胶体磨常见的类型主要有立式胶体磨［图 10-16(a)］和卧式胶体磨［图 10-16(b)］。立式胶体磨电机垂直安装，电机转子自重使电机轴不易发生轴向传动，因此可不考虑轴向定位，此外立式胶体磨可以利用重力排空内部物料，可以防止内部结构中污染物的停留，适用于高黏度物料的乳化。卧式胶体磨水平安装高度低，在设计和安装过程中要考虑轴向定位，以防电动机轴轴向传动碰齿。卧式胶体磨的出料口下方需要设置放料阀，以便长时停机时设备内部物料放出，为了防止物料自重回流，一般适用于黏度较低的物料的乳化。

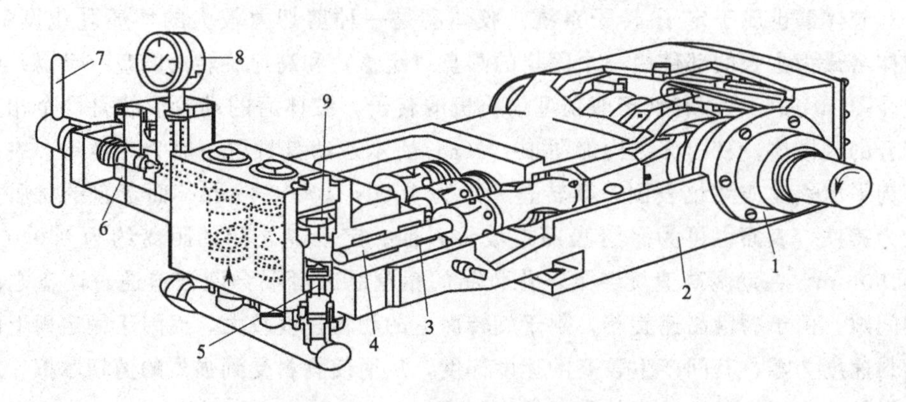


图 10-17　均质机的基本结构

1—传动轴；2—机体；3—密封垫料；4—柱塞；5—吸入阀；

6—均质阀；7—阀杆；8—压力表；9—排出阀

#### 10.1.2.3　高压均质机

（1）高压均质机结构　高压均质机主要由均质阀、高压泵、电机、传动机等部分构成（图 10-17）。其中最为关键核心的部分是高压泵。总体上，高压均质机只是比高压泵多了起均质作用的均质阀而已，所以有时也被称为高压均质泵。除了生产能力方面的差异外，高压均质机在结构方面也有差异，主要表现在高压泵的类型、均质阀的级数、压强控制方式的三个不同方面。

① 高压泵。生产规模的均质机中使用的是多柱塞泵，目前流量输出较为稳定的三柱塞式往复泵用得最多（图 10-17）。三柱塞式往复泵，由共用一根轴的三个作用泵组成，三个单作用泵的曲柄互相错开 120°，其吸液泵和排液泵也是三个泵共用。这样，在曲轴旋转一周的周期里，各泵的吸液或排液依次相差 1/3 周期，大大提高排液泵流量的均匀性。三作用泵的流量各为单作用泵的三倍。此外，部分高压均质机采用多达六个或七个柱塞的高压柱塞泵，其流量输出更为稳定。高压均质机的最大工作压强主要由高压柱塞泵结构及所配备的驱动电机决定，一般在 7～104MPa。

② 均质阀。均质阀通常与高压泵的输出端相连，由阀座、阀杆和冲击环组成，是通过调节均质压强对料液进行均质作用的部件。国外多采用钨钴铬合金或硬质合金等制成，而国内多采用 4Cr13。均质阀有一级和二级两种。

图 10-18 为一级均质阀的结构图，均值阀主要由阀座、均质头和均质环组成。通常，一级均质阀只在实验规模的均质机上采用，其处理量较小，颗粒的细微化程度也不佳，分散粒子之间较容易聚集。目前现代工业中多数高压均质机采用二级均质阀，以获得更均匀更细小的乳化粒子。

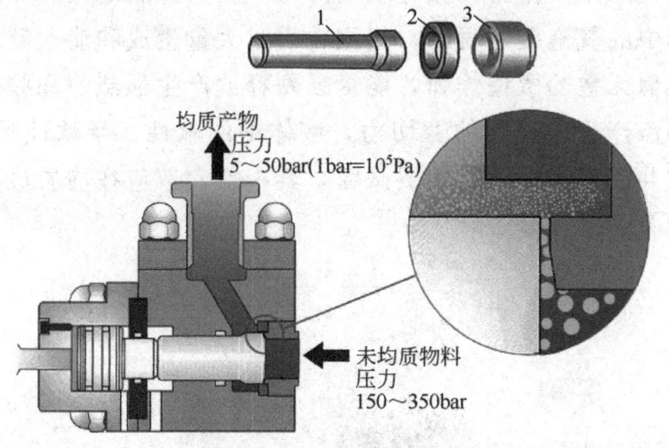


图 10-18 一级均质阀结构

1—均质头；2—均质环；3—阀座

二级均质阀实际上是两个一级均质阀串联而成（图 10-19）。一级均质阀往往仅使乳滴破裂成小粒径的乳滴，但起乳化作用的大分子物质或表面活性剂尚未均匀分布在小滴乳液的界面上，小滴仍有相互聚集形成大滴乳的可能。经第二道均质阀的进一步处理，使乳化物质均匀分布在新形成的两相的界面上。二级均质中将总压降的 85%～90%分配给第一级，而将余下的 10%～15%的压降分配给第二级。

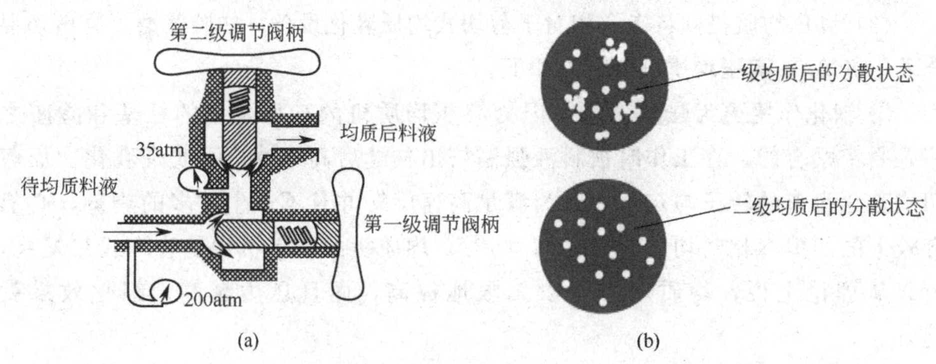


图 10-19 二级均质阀结构和均质后乳液的分散状态

（2）高压均质机原理 高压均质机的原理是在高压泵中利用高压使得液料高速流过狭窄的缝隙时受到强大的剪切力，液料冲击至金属环产生的撞击力，以及因静压力突降与突升产生的空穴爆炸力等综合力的作用，把颗粒较大的乳浊液或悬浮液分散成颗粒细微的稳定乳浊液或悬浮液。如图 10-20 所示，当被均质物料通过阀座与阀杆间大小可调的间隙（一般为 0.1mm）时，其流速在瞬间被加速到 200～300m/s，从而产生巨大的压力降；当压力降低到工作温度下液体的饱和蒸气压时，液体迅速“汽化”，内部产生大量气泡。含有大量气泡的液体从缝隙出口流出，流速逐渐降低，压力又随之提高，压力增加到一定值时，液体中的气泡破裂凝结，气泡在瞬时大量生成和溃灭就形成了空穴现象。空穴现象似无数的微型炸弹，能量强烈释放产生强烈的高频振动，同时伴随着强烈的湍流产生的强烈的剪切力，液体中的软性、半软性颗粒就在空穴、湍流剪切力的共同作用下被粉碎成微粒，其中空穴效应在均质过程中所起作用被认为是最为关键的。

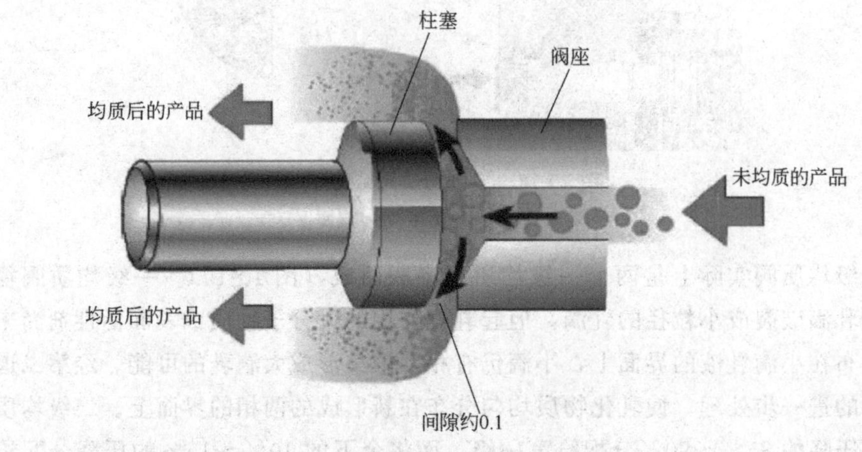


图 10-20　高压泵原理图

(3) 高压均质机的特点　相对于剪切式均质乳化设备（如胶体磨、高剪切混合乳化机等），高压均质机的特点如下。

① 细化作用更为强烈。这是因为高压均质机的高压泵中的柱塞和阀座之间是紧密贴合的，在工作时被料液强制挤出狭缝后高速冲击下实现乳化；而剪切式乳化设备的转子与定子之间为满足高速旋转并且不产生过多的热量，必然有较大的间隙（相对均质阀而言）；同时，均质机的传动机构是容积式往复泵，所以从理论上说，均质压力可以无限地提高，而且压力越高，细化效果就越好。

② 均质机的细化作用主要是利用了物料间的相互作用，所以物料的发热量较小，因而能保持物料的性能基本不变。

③ 均质机能定量输送物料，因为它依靠往复泵送料，能耗较大。

④ 均质机的易损件较多，维护工作量较大，特别在压力很高的情况下。

⑤ 均质机不适合于黏度很高的情况。

#### 10.1.2.4　超声波乳化机

超声波乳化机是通过频率超过人听力上限的振动波——超声波（20000Hz）实现物料均质的。其最显著的特点是能量高度集中，强度较大，振动剧烈，且破坏性强。其振动部件较为常见的是弹簧式超声发生器，该发生器主要由具有狭峰的矩形喷嘴和与之相对的两端呈尖头状的平板（或者单面刀片）振动簧片构成，如图 10-21 所示。当液体混合物从入口经喷嘴高速流入管路时，物料以一定的压力冲击簧片的刃口，在簧片的尖端产生强烈的振动。此时，调节簧片频率，使物料所激发的簧片振动频率与簧片的固有频率相当，从而产生超声波共振，乳化效果最佳。激发频率与液体的流速成正比，而与喷嘴和簧片间的距离成反比。超声波共振使得物料在舌簧片附近产生空穴作用，液滴得以破碎，破碎后的物料可以再一次经过入口进入管路，进行循环破碎。粗制的乳液可以经过多次循环超声乳化，得到高稳定性的乳液。在一些乳液的生产过程中甚至可以实现无乳化剂分散，并具备长时间稳定的效果。

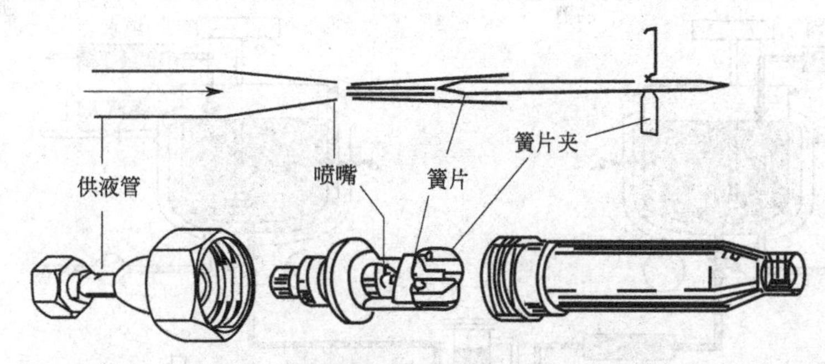


图 10-21　超声波乳化机的振动部件示意图

此外，超声波乳化机的空穴作用可在细胞内产生空泡，随着空泡振动和其猛烈的聚爆而产生出机械剪切压力和振荡，达到细胞破碎的效果，因此超声波均质机还具备一定的杀菌消毒作用。

### 10.1.2.5　乳化工艺和成套设备

化妆品按照剂型可分为液态、油状、乳液状、膏体状、混悬状、凝胶状、块状、笔状、蜡状、气雾状、膜状、胶囊状、纸状等。其中以乳液状、膏体状最为常见。因此乳化工艺是化妆品工艺中最为关键的工艺。

如图 10-22 所示，乳化工艺多数可分为三个阶段：溶解阶段，将油相原料和水相原料分别加入油相锅和水相锅中加热搅拌溶解；乳化阶段，将油相物料加入油相锅中加热搅拌稳定后，将水相物料通过真空吸入乳化锅中，控温搅拌或均质乳化；冷却阶段，在乳化锅中控温搅拌冷却后，加入香精、防腐剂以及功能性成分，进一步冷却后出料。在此过程中涉及的油相锅、水相锅均为具有加热功能的搅拌釜；乳化锅通常配有搅拌器或者高剪切乳化剂，部分剂型需要和均质机配合实现乳液的细腻度；加料通常是通过真空泵的负压吸入；整个过程的加热和冷却一般通过蒸汽和冷却水调控；此外，乳化锅一般配备另外的加料口，以实现其他组分的加入，整体的基本设备如图 10-23 所示。

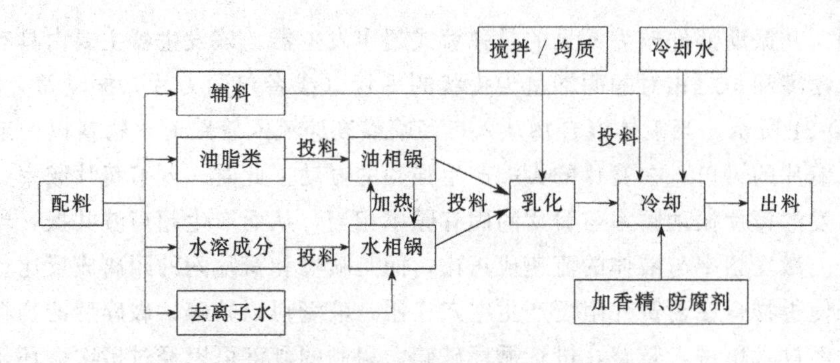


图 10-22　乳液类化妆品工艺流程图

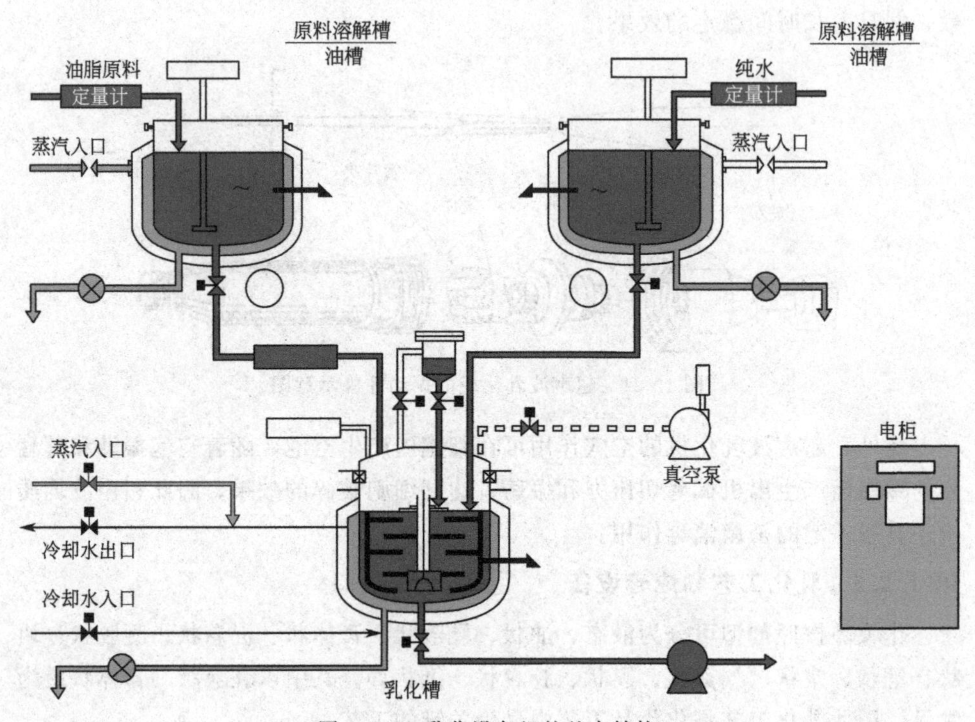


图 10-23　乳化设备组的基本结构

# 10.2　其他混合设备

## 10.2.1　三辊研磨机

三辊研磨机广泛应用于油漆、油墨、墨汁、涂料、塑料、橡胶、医药、食品、化妆品等精细化工行业原料的湿式研磨，它具有粉碎、分散、乳化均质、调色等多种功能。在化妆品制造过程中，三辊研磨机是一种应用比较广泛的研磨设备，尤其在冷霜、唇膏、粉底液等产品制造生产中。

如图 10-24 所示，三辊研磨机由机体、出料板、冷却系统、轧辊、挡料板、电气开关或电气控制系统、手轮、传动系统等部件构成，其中最为关键的部件为在铸铁的机架中安装的三只不同转速的，采用不锈钢或花岗石制成的轧辊，辊轴的两端装有大小齿轮用来变速。在手轮的调节下，前后两轧辊可以前后移动，调整间隙，中间轧辊的位置固定不动。需要研磨的膏料可用泵或人工的方式送入后辊和中辊的两夹板之间。夹板必须与辊的表面密合，防止膏料向两端泄漏。通过紧贴而相反方向旋转的轧辊和两辊的速度差所产生强大的剪切力破坏原料颗粒内分子之间的结构应力，以获得细腻的膏料。对于不同类型的产品，对膏体细腻程度的不同要求，可根据生产质量的实际要求，调节前后两轧辊与中间轧辊之间的空隙。

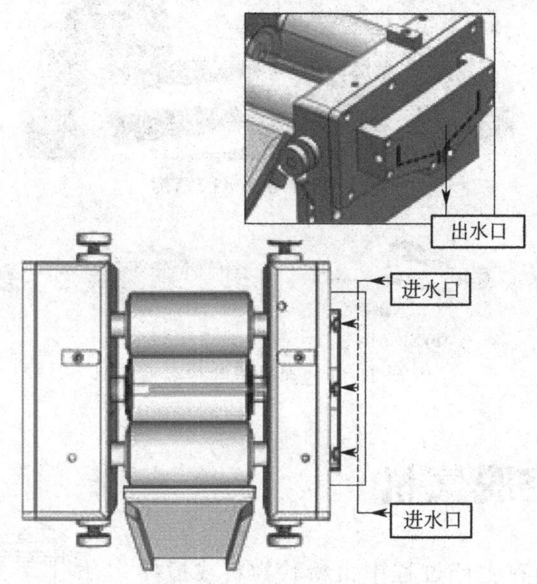


图 10-24　三辊研磨机结构图

## 10.2.2　捏合机

半干状态或黏稠液体的混合操作称为捏合。捏合机用于一般粉体混合机和液体搅拌机不能加工的半干状态或黏稠液体（黏度＞2000 Pa・s）的混合，是混炼、捏合、破碎、分散重新组合各种化工产品的理想设备。因此捏合机是霜膏类化妆品混合过程中较为常用的混合设备。其工作的主要原理是通常对物料进行局部混合，进而达到整体混合的目的。

捏合机既具有混合搅拌的功能，又具有对物料造成挤压力、剪切力、折叠力等综合作用，因此，捏合机的叶片格外坚固，能承受巨大的作用力，容器的壳体也具有足够的强度和刚度。捏合机一般为双桨平行的卧式结构，凡与物料接触的零部件，如拌桨、拌缸内壁及墙板等均为不锈钢制件，均耐腐蚀。

捏合机关键部件是一对互相配合和旋转的叶片（图 10-25），通常有 Z 型、SIGMA 型、鱼尾型、切割型（图 10-26），所产生强烈剪切作用而使半干状态的或橡胶状黏稠塑料材料迅速混合。一般捏合机的两个叶片的转速是不同的，速度范围为 30～60r/min，速比范围为 1.0～1.9，工作时可根据实际要求进行适当调整。

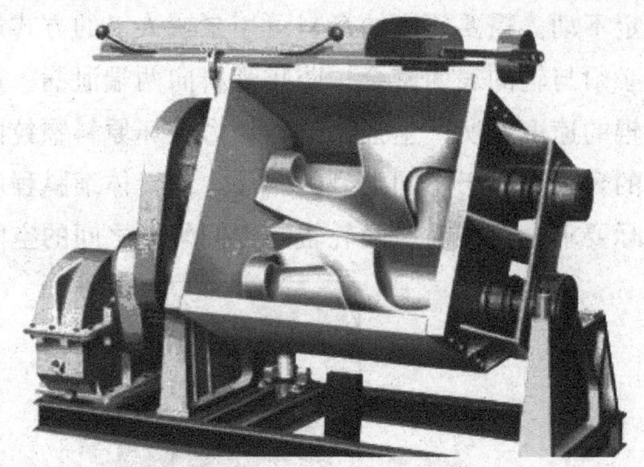

图 10-25 捏合机的结构

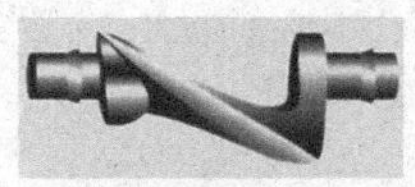

(a) 切割型

(b) SIGMA型

(c) Z型

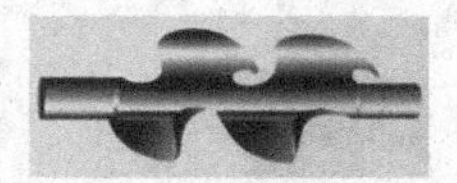

(d) 鱼尾型

图 10-26 捏合机叶片类型

## 10.3 真空脱气机

霜膏类化妆品在生产过程中由粉状物料或搅拌生产工艺带入空气使产品外观粗糙多泡，影响产品的密度、外观质量和产品的储存稳定性。因此为了提高产品品质一般需要对原料或者最终的产物进行脱气处理。

最为常用的是真空脱气法，其基本原理是物料通过泵的抽吸作用进入真空罐，当真空罐充满物料后，入口侧阀关闭，真空泵继续运行使得真空罐内形成负压。压力降低，气体的溶解度减小，致使物料中分散和溶解的气体被释放出来，聚集在真空罐的顶部，此时进料阀再次打开，新物料进入罐内，聚集在真空罐顶部的气体通过自动排气阀排出（图 10-27）。经过脱

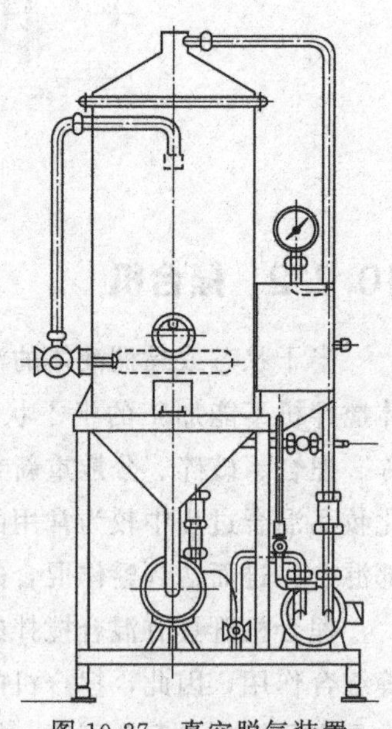

图 10-27 真空脱气装置

气处理的膏体结构紧密细腻并有光泽，同时可以有效地提高产品的透明度。

# 10.4 灭菌设备和化妆品GMP车间基本要求

随着时代的发展和科技的进步，化妆品工业近年来有很大的发展，化妆品生产设备的自动化程度以及专业化程度不断地在提高，化妆品生产工厂、车间的卫生标准也逐渐提高。

## 10.4.1 灭菌

在化妆品的工业生产过程中，灭菌是必不可少的关键环节，目前在化妆品工业中较为常用的灭菌方式有蒸汽灭菌、紫外线灭菌、微波灭菌等。

(1) 蒸汽灭菌　蒸汽灭菌是沿用历史最长、应用面最广的一种灭菌方式，如今仍在广泛应用。传统的蒸汽法仅需要一台具有提供持续蒸汽能力的密闭性良好的柜体或烘箱结构作为灭菌仓，将需要灭菌的物品置于密闭灭菌仓中，开启蒸汽源，采用风机加强仓内的空气流通并控制温度为120～130℃，控制时间为60min，即可达到良好的灭菌效果。近年来，人们对传统方式进行了改进，推出了脉动真空方式的蒸汽式灭菌设备，提高了灭菌质量，缩短了灭菌周期。

(2) 紫外线灭菌　紫外线是一种肉眼看不见的光波，存在于光谱紫射线端的外侧，故称紫外线。当细菌、病毒吸收超过3600～65000$\mu W/cm^2$剂量的紫外线，细菌、病毒的脱氧核糖核酸（DNA）及核糖核酸（RNA）被破坏，造成生存力及繁殖力的丧失，达到消毒灭菌效果。此外紫外线可产生自由基，引起光电离，也可导致细胞的死亡。在化妆品的生产过程中，通常是将紫外灯安装于输送带顶部的盖壳上，实现对输送带上产品的连续灭菌，这是目前大规模化妆品生产线中较为常用的一种方式。紫外线消毒也是密闭的生产、包装、检验车间较为常用的一种方式。该方法具有安装简便、设备要求简单、时间可控、无须加热、对热不稳定的物质伤害较小等优势。

(3) 微波灭菌　微波也是一种辐射波，微波灭菌是利用高频电磁场使物质内部分子极化急剧运动迅速升温的灭菌方法。微波灭菌具有灭菌效率高、速度快、处理后无污染等优点，因此受到广泛的重视，目前在医药、食品行业已经进入了应用研究阶段。随着快速灭菌的需求不断提高，近年来微波灭菌的研究应用越来越受到关注，但是微波灭菌目前只适用于化妆品的实验室小规模研究开发，适用于大规模的灭菌设备并不成熟，因此在生产过程中鲜少使用。

## 10.4.2 化妆品GMP车间基本要求

为了加强化妆品的品质管理，保证消费者的使用安全性，国内一些化妆品企业基于《化妆品卫生监督条例》及其实施细则的基本原则，并参考药物 GMP 标准来建设和设计其生产车间，其中广东省出台了较为完整的《广东省化妆品 GMP 良好生产规范》，以下主要基于该规范介绍化妆品 GMP 车间与设备相关的卫生要求。

(1) 场地要求　规定要求制作、灌装、包装间总面积不得小于 $100m^2$，人均占地面积不得小于 $4m^2$，车间净高不得小于 2.5m。生产车间地面应当平整、耐磨、防滑、无毒、不渗水，便于清洁消毒。需要清洗的工作区地面应当有坡度，不积水，在最低处设置具有箅盖的地漏。生产车间四壁及天花板应当用浅色、无毒、耐腐、耐热、防潮、防霉材料涂衬，并应当便于清洁消毒。防水层高度不得低于 1.5m。生产车间之前设置缓冲区。生产车间通道应当宽敞，采用无阻拦设计，保证运输和卫生安全防护。设参观走廊的生产车间应当用玻璃墙与生产区隔开，防止人为污染。生产区必须设更衣室，室内应当有衣柜、鞋架等更衣设施，并应当配备流动水、洗手及消毒设施。

生产企业应当根据生产产品类别及工艺的需要设置二次更衣室。半成品储存间、灌装间、清洁容器储存间、更衣室及其缓冲区必须有空气净化或者空气消毒设施。采用空气净化装置的生产车间，其进风口应当远离排风口，进风口距地面高度不少于 2m，附近不得有污染源。采用紫外线消毒的，紫外线消毒灯的强度不得小于 $70\mu W/cm^2$，并按照 $30\ W/10m^2$ 设置，离地 2.0m 吊装。

(2) 卫生要求　生产车间空气中细菌总数不得超过 1000 个$/m^3$。生产车间应当有良好的通风设施，温湿度适宜。生产车间应当有良好的采光及照明，工作面混合照度不得小于 220lux，检验场所工作面混合照度不得小于 540lux。生产用水水质及水量应当满足生产工艺要求，水质至少达到生活饮用水卫生标准的要求。化妆品生产企业应当有适合产品特点、能保证产品卫生质量的生产设备。生产企业固定设备、电路管道和水管的安装应当防止水滴和冷凝物污染化妆品容器、设备及半成品、成品。凡接触化妆品原料和半成品的设备、工具、管道必须用无毒、无害、抗腐蚀材料制作，内壁应当光滑，便于清洁和消毒。

# 10.5　灌装设备

膏体和液体灌装机是指将化妆品、食品、药品、日化用品等产品自动定量灌注到固定容器的设备；根据化妆品的最终状态，化妆品工业中常用的灌装机有液体灌装机、膏体灌装机等。

## 10.5.1　液体灌装设备

(1) 常压灌装机　常压液体灌装机是在正常压力下，靠液体自重进行灌装的一类简单的灌装设备。设备的基本构造如图10-28所示。液体产品由高位槽或泵经输液管送进灌装机的储液箱，储液箱内液面一般由浮子式控制器保持基本恒定，储液箱内的流体产品再经过灌装阀的开关进入待灌容器中。这类灌装机分为定时灌装和定容灌装两种，适用于灌装低黏度不含气体的液体如香水、化妆水、爽肤水、花露水等。该类灌装机最显著的特点是原理简单，设备成本低，维护简单；但常压液体灌装机的定量方式比较简单，灌装损耗较大，对于一些高成本的化妆产品或者黏度较高的乳液而言并不适用。

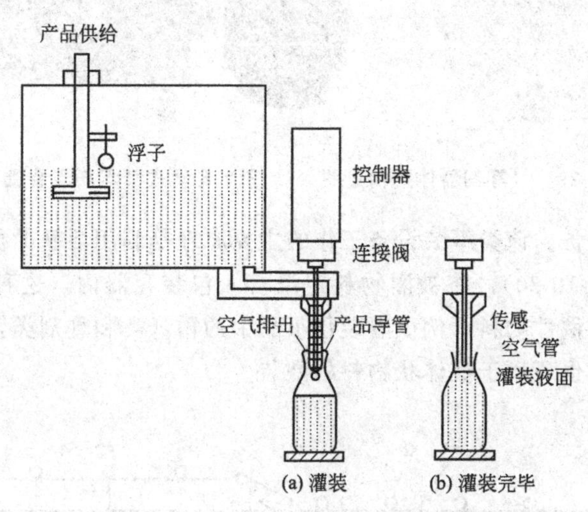


图10-28　定容等压灌装机的示意图

(2) 压力灌装机　气压式化妆品是化妆品的一种特殊设计，其容器是具有气阀系统的耐压金属、塑料或者玻璃器体。该类化妆品常见的有发用化妆品、抑汗祛臭化妆品、香水、剃须膏、洗面奶、喷雾水等。

根据产品生产规模的要求气雾剂灌装机可分为手动式、半自动式、全自动生产线式等。气雾灌装机在结构上主要由灌液计量缸、灌液头、台面、机架及气动元件组成。液体计量缸固定在台面上靠后的位置，灌液头安装在升降立柱的台板上，根据罐子的高度不同方便上下调节（图10-29）。其工作的过程分为灌液、封口、充气三个阶段。灌液计量缸、灌液头负责定量灌液，盖接压轧，气动元件负责将沸点在室温以下的流体——喷射剂（化妆品中多用氮气、三氯一氟甲烷、二氯二氟甲烷等）在高压下压入瓶内，并将瓶内空气挤出喷罐。

## 10.5.2　膏体和黏稠乳剂灌装设备

膏霜类产品的灌装最为常用的方法是机械压力法。采用机械压力法的灌装设备主要有活塞式、刮板泵式、齿轮泵式，其中活塞式是目前化妆品工业中较为常

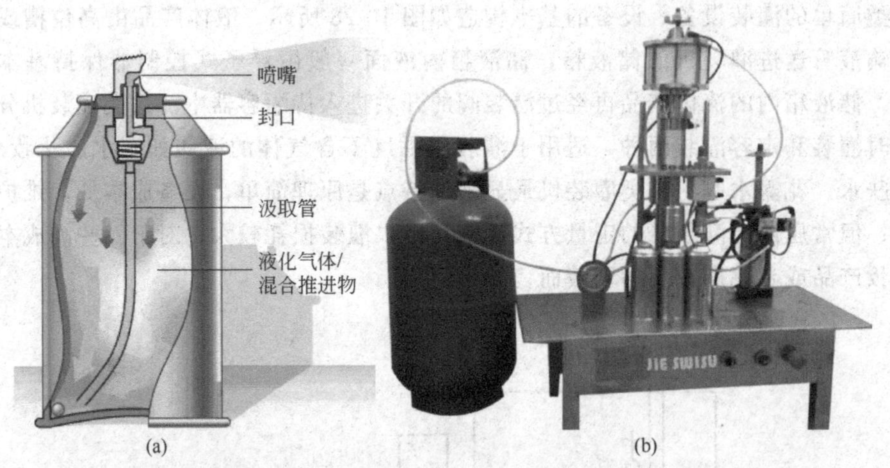


图 10-29 气雾剂器体的构造图（a）和半自动式气雾剂灌装机（b）

用的一类灌装设备。该类灌装设备工作的主要原理是利用活塞的往复运动所产生的定量压差（图 10-30），将被灌物料定量挤入包装容器内，这种方法主要用于灌装黏度较大的稠性物料，例如灌装化妆品中的霜膏类和乳剂类，食品中的酱类和肉糜等，有时也可用于液体状物料的灌装。

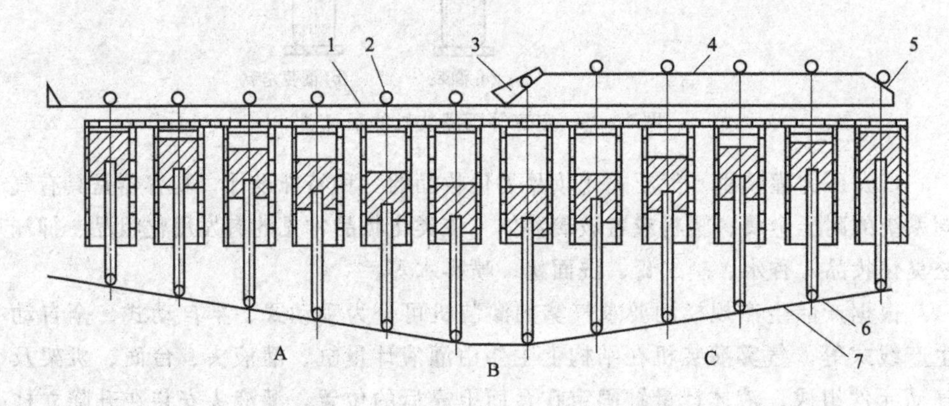


图 10-30 活塞式灌装机活塞运动示意图

1—下轨道；2,6—滚轮；3—转辙器；4—上轨道；5—复位板；7—凸轮展开曲线

# 10.6 天然产物提取的基本设备

近年来，随着人们对化妆品的需求不断提升，以及外来化妆品品牌对国内市场的不断冲击，天然化成为化妆品发展的一个较为重要的方向。因此在化妆品生产过程中就开始涉及一些提取设备的应用，其中较为常见的设备有渗漉罐、提取罐等。

## 10.6.1 渗漉罐

渗漉法是将适度粉碎的药材或植物置于渗漉罐中，由上部不断添加溶剂，溶剂渗过药材层向下流动过程中浸出药材成分的方法。如图 10-31 所示，渗漉筒基本结构由筒体、椭圆形封头（或平盖）、气动出渣门、气动操作系统等组成。渗漉法的基本操作是将植物材料粉碎成中粗粉后，用 0.7～1 倍量的溶剂（乙醇或乙醇水溶液）浸润原材料 4h 左右，待原材料组织润胀后将其装入渗漉罐中，将原料层压平均匀，用滤纸或纱布盖料，再覆盖盖板，以免原材料浮起；随后打开底部阀门，从罐上方加入溶剂，将原材料颗粒之间的空气向下排出，待空气排完后关闭底部阀门，继续加溶剂至超过盖板板面 5～8cm，将渗漉筒顶盖盖好并放置 24～48h，将溶剂从罐上方连续加入罐中，打开底部阀门，调整流速，进行渗漉浸取。

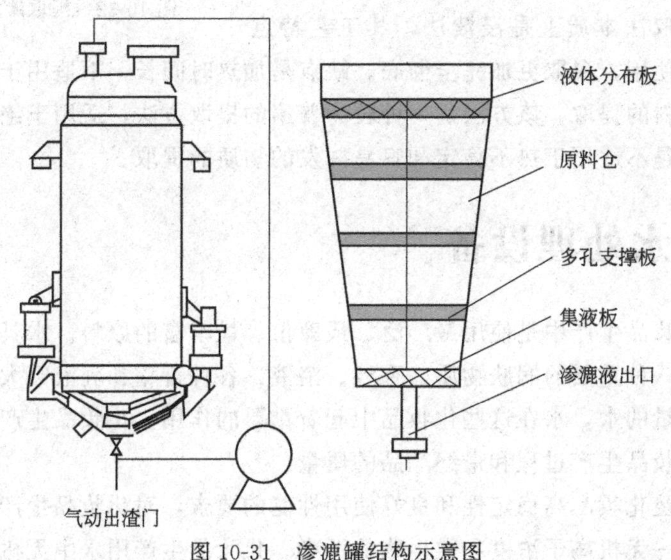


图 10-31 渗漉罐结构示意图

渗漉操作过程不需加热，溶剂用量少，过滤要求低，适用于热敏性、易挥发物料的提取，不适用于黏度高、流动性差的物料的提取。渗漉法属于动态浸出方法，溶剂利用率高，有效成分浸出完全，可直接收集浸出液，适用于贵重原料及高浓度制剂中有效成分的提取，但新鲜、易膨胀、无组织结构的药材不宜选用。

## 10.6.2 提取罐

回流提取法是植物或药材中有效成分提取较为普遍的方法，工业上通常通过提取罐实现。如图 10-32 所示，提取罐的上封头设计有投料门、清洗球、蒸汽出口、回流口、观察窗等，部分提取罐的上封头设计有电动机的支架，支架上安装有减速箱，电动机的传动轴通过减速箱减速后带动罐体内搅拌器转动。提取罐的夹套可通入蒸汽、有机油、冷却水进行换热。出渣门通过不锈钢软管与启闭汽缸连接，启闭汽缸是出渣门的开启和关闭装置，通过压缩空气进行控制。为了保证出渣门关闭后不至于松脱，在罐体底部还设计有锁紧汽缸。当出渣门关闭后，锁紧汽缸通过压缩空气将出渣门牢牢地锁住，保证提取操作的正常进行。在加热浸提工艺中，为了减少溶剂蒸发后的损失，常将溶剂蒸汽引入冷凝器中冷凝成液体，并再次返回容器中浸取目的产物，这种操作过程称为回流提取法。

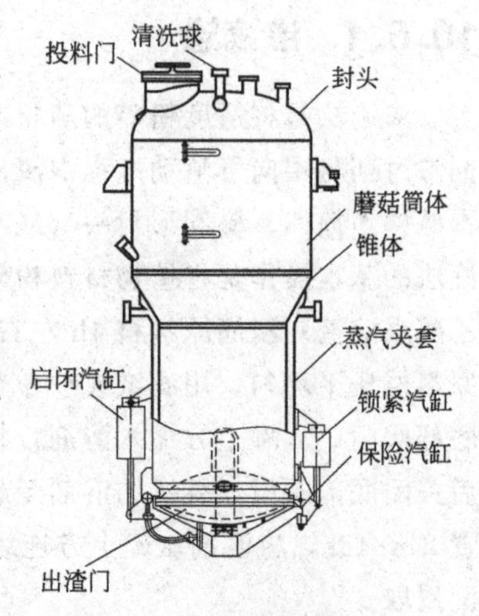


图 10-32　提取罐的结构

回流提取法本质上是浸渍法，其工艺特点是溶剂循环使用，浸取更加完全彻底。缺点是加热时间长，不适用于热敏性物料和挥发性物料的提取。该方法是一种较为普遍的提取方法，适用于绝大多数物质的提取，但是不适用于热不稳定和容易挥发的物质的提取。

## 10.7　水处理设备

水在化妆品生产中是使用最广泛、最廉价、最丰富的原料。水具有很好的溶解性，也是一种重要的润肤物质。香波、浴液、各种膏霜和乳液等大多数化妆品中都含有大量的水，水在这些化妆品中起着重要的作用。化妆品生产用水的质量直接影响化妆品生产过程和最终产品的质量。

为了满足化妆品高稳定性和良好使用性能的要求，对化妆品生产用水有两方面的要求——无机离子浓度和微生物的污染。化妆品生产用水中无机离子的存在会影响乳液稳定性，与部分活性物质形成配合物影响产品品质或外观，此外也可造成微生物的滋生，因此化妆品用水需去除水中的无机离子。化妆品生产用水应为一般纯水，电导率小于 2.5μS/cm，细菌总数≤100CFU/mL。典型的制水流程为：原水、预处理系统（砂滤、活性炭滤）、后处理系统（离子交换、反渗透）、储罐、分配管路。

(1) 水质预处理系统　水中的机械杂质、胶体、微生物、有机物和活性氯等对水处理设备的效率有较大影响，应当进行预处理。首先采用砂过滤和微孔过滤树脂进行预处理，除去水中的粗颗粒物，包括一些悬浮状和胶体状的物质。采用活性炭、吸附树脂等吸附剂进一步去除剩余生物细微颗粒物（1～2mm）和一部分的铁和锰。

(2) 后处理系统

① 离子交换水处理。离子交换系统通常用在反渗透之前，目的是去除水中的钙镁离子软化水质。离子交换树脂是一种带有相应的功能基团的功能性高分子。常规的离子交换树脂带有大量的钠离子，当水中的钙镁离子含量高时，离子交换树脂可以释放出钠离子，功能基团与钙镁离子结合，这样水中的钙镁离子含量降低，水的硬度下降。当树脂上的大量功能基团与钙镁离子结合后，树脂的软化能力下降，可以用氯化钠溶液冲洗树脂，在高钠离子环境下功能基团会释放出钙镁离子而与钠离子结合，这样树脂就恢复了交换能力。

② 膜分离纯水制备。水处理中最常用的膜分离方法有电渗析、反渗透、超过滤和微孔膜过滤等。电渗析是利用离子交换膜对阴、阳离子的选择透过性，以直流电场为推动力实现离子分离的方法。而反渗透、超过滤和微孔膜过滤则是以高于渗透压的压力为推动力的膜分离方法。其中在化妆品用水的纯化中反渗透法是最为常用的方法。

反渗透（简称 RO）源于美国航天技术，是 60 年代发展起来的一种膜分离技术，其原理是原水在高压力的作用下通过反渗透膜，推动水由高浓度向低浓度扩散从而达到分离、提纯、浓缩的目的。由于该过程与自然界的渗透方向相反，因而被称为反渗透。反渗透可以去除水中的细菌、病毒、胶体、有机物和98.6%以上的溶解性离子。该方法运行成本低、操作简单、自动化程度高、出水水质稳定，与其他传统的水处理方法相比具有明显的优越性，广泛运用于水处理设备相关行业。图 10-33 为反渗透柱示意图和原理图。

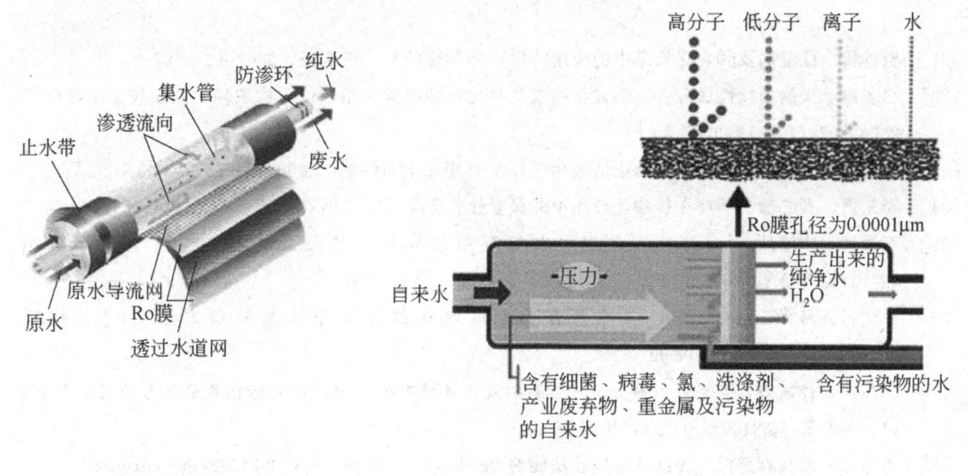


(a) 反渗透柱构造示意图　　(b) 反渗透柱原理图

图 10-33　反渗透柱示意图和原理图

# 参考文献


[1] 马振友．皮肤美容化妆品制剂手册［M］．北京：中医古籍出版社，2004.

[2] 刘玮．皮肤科学与化妆品功效评价［M］．北京：化学工业出版社，2005.

[3] 李明阳．化妆品化学［M］．北京：科学出版社，2006.

[4] 董银卯．化妆品配方设计与生产工艺［M］．北京：中国纺织出版社，2007.

[5] 李东光，翟怀凤．精细化学品配方［M］．南京：江苏科学技术出版社，2008.

[6] 白景瑞，滕进．化妆品配方设计及应用实例［M］．北京：中国石化出版社，2001.

[7] 阎世翔．化妆品科学［M］．北京：科学技术文献出版社，1995.

[8] 董云发，凌晨．植物化妆品及配方［M］．北京：化学工业出版社，2005.

[9] 朱文元，陈力．美容皮肤医学新进展［M］．北京：化学工业出版社，2009.

[10] 李东光．实用化妆品配方手册［M］．北京：化学工业出版社，2014.

[11] 李冬梅，胡芳．化妆品生产工艺［M］．北京：化学工业出版社，2010.

[12] 臧剑士编．化妆品生产基本知识［M］．北京：轻工业出版社，1985.

[13] 肖子英．实用化妆品学［M］．天津：天津大学出版社，1999.

[14] 李东光，翟怀凤．实用化妆品制造技术［M］．天津：金盾出版社，1998.

[15] 裴培，曹太定．天然化妆品［M］．合肥：安徽科学技术出版社，1988.

[16] 周欣初．中草药与化妆品［M］．天津：天津科学技术出版社，1987.

[17] 唐冬雁，刘本才．化妆品配方设计与制备工艺［M］．北京：化学工业出版社，2003.

[18] 缪勇．化妆品生产新技术新工艺新配方与国际通用管理标准实用手册［M］．沈阳：辽宁电子出版社，2004.

[19] 余丽丽，朱雷，余佳丽，等．保湿因子与保湿化妆品［J］．中国化妆品（行业），2009（8）：84-95.

[20] 程艳，祁彦，王超，等．保湿化妆品功效评价与发展展望［J］．香料香精化妆品，2006（3）：31-34.

[21] 贾艳梅．保湿剂及其在化妆品中的应用［J］．中国化妆品：行业版，2003（2）：82-86.

[22] 曲志涛．天然功效性成分——燕麦粉制浆及在化妆品中的应用［J］．广东轻工职业技术学院学报，2008，07（4）：18-20.

[23] 张巧鸣．蜂蜜提取物在化妆品中的应用［J］．日用化学品科学，2006，29（3）：28-30.

[24] 李来丙，龚必珍．芦荟在护肤化妆品中的保湿性的研究［J］．浙江化工，2003，34（8）：25-26.

[25] 程金波，李耀品．一种具有深层温和保湿功效的芦荟凝胶及其制备方法［P］．中国，CN104622743A，2015-05-20.

[26] 陈光，何海涵，徐富丽．一种含有人参提取物的保湿霜及其制备方法［P］．中国，CN104398447A，2015-03-11.

[27] 王昌涛，孙啸涛，陈星玎，等．一种含有燕麦β-葡聚糖的保湿、抗衰老化妆品配方及其生产工艺［P］．中国，CN102488628A，2012-06-13.

[28] 许印．一种具有美白、保湿和防脱妆功能的BB霜［P］．中国，CN105342884A，2016-02-24.

[29] 莫远清，夏涛．一种抗衰老及保湿化妆品［P］．中国，CN105919861A，2016-09-07.

[30] 余云丰．一种用于保湿的化妆品组合物及其配制方法、应用［P］．中国，CN105662986A，2016-06-15.

[31] 李青，杨雪莹，李翔．一种以羊胎素为主的保湿焕颜精华液及保湿焕颜化妆品［P］．中国，

CN105395451A，2016-03-16.
[32] 罗发松，翁琳琳．一种化妆品用保湿剂及其制备方法［P］．中国，CN103251520A，2013-08-21.
[33] 杉本贵谦，原矢奈奈，斋藤正年．保湿剂以及含有保湿剂的化妆品［P］．中国，CN104661643A，2015-05-27.
[34] 杨业．保湿化妆品组合物及其制备方法［P］．中国，CN104055714A，2014-09-24.
[35] 张健．一种润透保湿精华水及其制备方法［P］．中国，CN105943491A，2016-09-21.
[36] 周敬，陈萍．一种含马油的滋润保湿化妆品组合物及其制备方法［P］．中国，CN103610608A，2014-03-05.
[37] 冯文华，程传深，刘山，等．一种补水保湿的化妆品组合物及其制备方法［P］．中国，CN104940047A，2015-09-30.
[38] 王萍．一种保湿化妆品［P］．中国，CN105362112A，2016-03-02.
[39] 黄荣波．含有积雪草提取物的美白保湿化妆品及其制备方法［P］．中国，CN104523536A，2015-04-22.
[40] 王剑．深海鱼皮胶原蛋白肽抗衰紧肤光亮保湿化妆品及制备方法［P］．中国，CN103932969A，2014-07-23.
[41] 郑鹏，卢晓菲，周宇虹．一种具有保湿抗皱作用的组合物及化妆品［P］．中国，CN105125454A，2015-12-09.
[42] 陈萍．一种具有美白保湿功能的化妆品及其制备工艺［P］．中国，CN105919887A，2016-09-07.
[43] 林志隆．一种保湿护肤面膜［P］．中国，CN104666236A，2015-06-03.
[44] 张婉萍，李芳芳，贾方雅，等．一种含亚麻籽提取液的洗发水及其制备方法［P］．中国，CN104739717A，2015-07-01.
[45] 李俊明，陈凯凯．一种黄瓜保湿化妆水［P］．中国，CN105496887A，2016-04-20.
[46] 陈平，周丽，孙金龙，等．一种具有祛痘功效的护肤组合物及其制备方法［P］．中国，CN105168063A，2015-12-23.
[47] 聂小曼．含花蜜、鳄梨油的36小时保湿霜及其制备方法［P］．中国，CN105267134A，2016-01-27.
[48] 樊利平，陈洁娣．一种美白保湿眼霜及其制备方法［P］．中国，CN105287340A，2016-02-03.
[49] 王怀喜．天然果酸营养面膜［P］．中国，CN104970984A，2015-10-14.
[50] 王华英．保湿剂及保湿护理品的配方设计［D］．无锡：江南大学，2009.
[51] 潘育方，伍善广．高保湿性能、稳定性良好O/W乳剂型粉底液的研制［J］．化工时刊，2006，20(4)：42-44.
[52] 孟潇，冯小玲，陈庆生，等．高效保湿霜配方设计及其保湿性能研究［J］．香料香精化妆品，2015，(04)：63-67.
[53] 赵峡，杨海，于广利，等．海洋多糖保湿乳剂的制备研究［J］．中国海洋大学学报（自然科学版），2007，37(4)：605-608.
[54] 孙莉明．含AQUAXYL的化妆品配方优化和保湿机理研究［D］．上海：华东理工大学，2015.
[55] 刘迪，尹志刚，谢付凤，等．肌肤保湿霜配方设计［J］．郑州轻工业学院学报（自然科学版），2013，28(4)：11-14.
[56] 刘春娟，李军，梁清，等．林蛙油保湿乳液的制备及其性能研究［J］．食品工业，2017(1)：95-98.
[57] 许东颖，王婴，廖正福．柠檬酸单硬脂酸甘油酯保湿霜的制备及性能评价［J］．广东化工，2014，

41 (15)：25-27.

[58] 夏咏梅，蓝鸽，章克昌，等．生物制品与壳聚糖及其在膏霜中的保湿性能评价［J］．日用化学工业，2001，31 (6)：48-49.

[59] 王宇，昝丽霞，胡琳琳，等．天麻多糖润肤霜工艺配方研究［J］．亚太传统医药，2016，12 (17)：21-23.

[60] 林娜妹，毛勇进，庄启业，等．一种清爽保湿补水美容液的配方研究［J］．广东化工，2013，40 (13)：59.

[61] 王雪梅，施文婷，黄红，等．棕榈酸葡甘聚糖酯保湿霜的制备及性能研究［J］．香料香精化妆品，2010 (6)：35-38.

[62] 苏志刚，李炳奇．曲酸稳定性及其祛斑效果的研究［J］．日用化学工业，1999 (2)：56-57.

[63] 武玉峰，张波．美白配方［J］．日用化学品科学，2012，(08)：51-55.

[64] 张智萍，关建云，何秋星．人参果提取物的美白保湿功效及安全性研究［J］．日用化学品科学，2013，36 (10)：33-37.

[65] 王文渊，蔡民，李玉婷，等．竹叶黄酮护肤霜功效的研究［J］．日用化学工业，2011，41 (6)：430-433.

[66] 郭小燕．曲酸祛斑美白霜［P］．中国，CN105267109A，2016-01-27.

[67] 胡小燕．曲酸祛斑美白霜［P］．中国，CN105456147A，2016-04-06.

[68] 黎晖．一种祛斑精华及其制备工艺［P］．中国，CN106265376A，2017-01-04.

[69] 黄少丹，吴宗泽，宋凤兰，等．中药美白成分的筛选及美白霜的制备［J］．宜春学院学报，2014，36 (12)：17-19.

[70] 周丹丹，贺立平，刘婷婷，等．不同配方化妆品对皮肤美白作用的初步研究［J］．香料香精化妆品，2016 (1)：45-49.

[71] 刘瑞学，万禁禁．具有美白功效的组合物及其制备方法与应用［P］．中国，CN106038386A，2016-10-26.

[72] 沈发治，王富花．当归、甘草、芦荟美白护肤霜的研制［J］．广州化工，2009，37 (8)：207-209.

[73] 胡桂燕，计东风，曹锦如，等．一种蚕丝蛋白祛斑美白霜及其制备工艺［P］．中国，CN1857193，2006-11-08.

[74] 李苑，宋凤兰，方娆莹，等．复方当归美白淡斑霜的制备及评价［J］．今日药学，2016 (11)：770-774.

[75] 广州千百度化妆品有限公司．一种美白霜及其制备方法［P］．中国，CN106176560A，2016-12-07.

[76] 赵雅欣，高文远，张连学，等．甘草美白润肤乳制备工艺的研究［J］．应用化工，2009，38 (9)：1344-1346.

[77] 袁玉梅．高性价比美白护肤品的研制［D］．无锡：江南大学，2008.

[78] 张彩华，徐国清．化妆品美白剂［J］．萍乡高等专科学校学报，2004 (4)：16-18.

[79] 罗新星．金花茶美白功能研究及其产品制备［D］．大连：大连理工大学，2015.

[80] 王雪梅，王家恒，吴汉平，等．抗氧化活肤霜的制备及性能研究［J］．香料香精化妆品，2015 (4)：47-52.

[81] 张帅．美白保湿乳液祛皱配方和美白配方的安全性评价［D］．长沙：湖南中医药大学，2010.

[82] 堤谦治，庞贵朴．美白化妆品［J］．日用化学品科学，1986 (4)：53-55.

[83] 王方．嫩肤美白营养液及嫩肤美白组合物［P］．中国，CN105535025A，2016-05-04.

[84] 张玲玲．透明质酸分散的纳米级橙皮素胶束爽肤水的制备及美白抗炎效果评价［D］．太原：山西

医科大学，2015.
[85] 施昌松，崔凤玲，李光华．烟酰胺在皮肤美白产品中的应用研究［J］．日用化学品科学，2005，28（2）：25-26.
[86] 王斐芬．维生素E美白霜［P］．中国，CN103860400A，2014-06-18.
[87] 李虎，刘志军．维生素对黑色素代谢的影响［J］．中国医药指南，2013（8）：52-54.
[88] 李易春．一种含有蜗牛黏液提取物的功效性护肤品及制备方法［P］．中国，CN103860451A，2014-06-18.
[89] 刘珂纶．一种全效修复的蜗牛原液及其制备方法［P］．中国，CN104887596A，2015-09-09.
[90] 郭项雨，任清，刘永国．一款高效美白剂组合的研究［J］．日用化学品科学，2010，33（10）：28-31.
[91] 广州丹奇日用化工厂有限公司．一种含儿茶素的养颜修复面霜及其制备方法［P］．中国，CN106344455A，2017-01-25.
[92] 舒鹏，孔胜仲，龚盛昭．一种美白乳液的制备与稳定性研究［J］．日用化学工业，2014，44（11）：620-623.
[93] 杨安全，沈志荣，张丽华，等．一种珍珠美白精华素［P］．中国，CN102198075A，2011-09-28.
[94] 杨安全，沈志荣，张丽华，等．一种珍珠美白精华素的制备工艺［P］．中国，CN102198073A，2011-09-28.
[95] 王勇刚，王鹏，韩福森，等．美白祛斑组合物［P］．中国，CN101491490，2009-07-29.
[96] 周羿．一种祛斑霜的制备方法［P］．中国，CN104352399A，2015-02-18.
[97] 邱晓斌．一种芸香苷活性美白霜［P］．中国，CN101732170A，2010-06-16.
[98] 阮华君，廖杰．一种珍珠美白保湿化妆水及其制备方法［P］．中国，CN101199471，2008-06-18.
[99] 戴钧钧．珍珠粉美白霜［P］．中国，CN102670474A，2012-09-19.
[100] 吕海珍．中药美白护肤霜的研制［J］．中国中医药现代远程教育，2012（19）：159-161.
[101] 刘新庭．中药祛斑美白霜的研究［J］．中成药，1991（3）：9.
[102] 陈艳华．MAP型洗面奶配方研究［D］．无锡：江南大学，2011.
[103] 董银卯，冯明珠，赵华，等．洗面奶洗净度检测方法初探［J］．香料香精化妆品，2007，10（5）：22-25.
[104] 徐广苓．一种控油洗面奶及其制备方法［P］．中国，CN103599009 A，2014-02-26.
[105] 胡全会．一种清爽洗面奶及其制备方法［P］．中国，CN103860408 A，2014-06-18.
[106] 刘谋盛，陈邈．一种中药的泡沫型洗面奶及其制备方法［P］．中国，CN102198078 A，2011-09-28.
[107] 李承勇，周姝，罗超，等．氨基酸洗面奶及其制备方法［P］．中国，CN105832572 A，2016-08-10.
[108] 张震，王其宝，丁林，等．一种温和保湿氨基酸洗面奶［P］．中国，CN105997768 A，2016-10-12.
[109] 阎华，李云捷，于博，等．一种去角质洗面奶［P］．中国，CN105902420 A，2016-08-31.
[110] 徐万锡．洗面奶［P］．中国，CN105476877 A，2016-04-13.
[111] 周树立．珍珠洗面奶［P］．中国，CN101288637 A，2008-10-22.
[112] 李竞铭，王立升，刘旭，等．一种含植物提取物的洗面奶及其制备方法［P］．中国，CN102920638 A，2013-02-13.
[113] 章嫣然，栾德东．一种植物提取物洗面奶及其制备方法［P］．中国，CN104473803 A，2015-

04-01.
[114] 谢升旺．一种含石斛的补水抗皱洗面奶及其制备方法［P］．中国，CN106109332 A，2016-11-16.
[115] 章嫣然，栾德东．一种磨砂清洁洗面奶及其制备方法［P］．中国，CN104382789 A，2015-03-04.
[116] 郭留希，赵清国，刘君丽．一种含有纳米碳晶的磨砂抗过敏洗面奶及其制备方法［P］．中国，CN105434269 A，2016-03-30.
[117] 白波，索有瑞，冯蝶静，等．一种黑果枸杞美白保湿洗面奶及其制备方法［P］．中国，CN103565700 A，2014-02-12.
[118] 邹健．一种具有抗衰老的中草药洗面奶及其制备方法［P］．中国，CN105362120 A，2016-03-02.
[119] 吴桂标．清洁霜［P］．中国，CN103948521 A，2014-07-30.
[120] 郁丁丁．一种绿豆粉清洁霜及其制备方法［P］．中国，CN104323943 A，2015-02-04.
[121] 吴前禄．一种美白保湿清洁霜及其制备方法［P］．中国，CN105919893 A，2016-09-07.
[122] 吴桂标．非反应式乳化清洁霜［P］．中国，CN103462827 A，2013-12-25.
[123] 吴前禄．一种美白保湿清洁霜及其制备方法［P］．中国，CN105919893 A，2016-09-07.
[124] 赵霞．一种石榴滋养清洁皂［P］．中国，CN103371957 A，2013-10-30.
[125] 卫笑心，沈腊．一种皮肤清洁皂及其制造方法［P］．中国，CN103789109 A，2014-05-14.
[126] 刘丽仙，蒋丽刚，申奉受．面膜配方技术和面膜布材质概述［J］．日用化学品科学，2015，38（6）：6-9，44.
[127] 杨永毅．抹茶绿泥面膜及其制备方法［P］．中国，CN104000750 A，2014-08-27.
[128] 钟苏．一种肌肤修复面膜霜及其制备方法［P］．中国，CN105310945 A，2016-02-10.
[129] 刘德金．一种具有美白效果的水凝胶面膜及其制备方法［P］．中国，CN106236624 A，2016-12-21.
[130] 蓝桂华，陈蓬．十二味经典中药面膜贴及其制备工艺［P］．中国，CN1478461 A，2004-03-03.
[131] 叶君锡，周创彬．一种卡通面膜及其制造方法［P］．中国，CN104721123 A，2015-06-24.
[132] 李强．一种番白叶药材剃须膏［P］．中国，CN103705417 A，2014-04-09.
[133] 谈许婷．一种泡沫剃须膏及其制备方法［P］．中国，CN105193643 A，2015-12-30.
[134] 高炳良．泡沫剃须膏［P］．中国，CN104666125 A，2015-06-03.
[135] 陈达峰，李青山，尚会立．一种还原态剃须膏的制备［P］．中国，CN104434552 A，2015-03-25.
[136] 孙伟．一种儿童沐浴液及其制备方法［P］．中国，CN102755268 A，2012-10-31.
[137] 张磊，杨利超．一种含天然油脂乳状沐浴液及其制备方法［P］．中国，CN103705404 A，2014-04-09.
[138] 王祥荣，张云，陈莉莉，等．一种沐浴液［P］．中国，CN102614095 A，2012-08-01.
[139] 金宏．一种草药沐浴液及其制备工艺［P］．中国，CN103751062 A，2014-04-30.
[140] 林迪．一种海洋生物抗菌沐浴凝胶［P］．中国，CN103655252 A，2014-03-26.
[141] 青岛海芬海洋生物科技有限公司．一种含有海藻多糖的保湿沐浴凝胶［P］．中国，CN103655225 A，2014-03-26.
[142] 任海波，张艳花，苏箐，等．保健沐浴盐及其制备方法［P］．中国，CN102274147 A，2011-12-14.
[143] 张茹．一种中药沐浴盐及其制备方法［P］．中国，CN103099765 A，2013-05-15.
[144] 韩存海．一种沐浴盐及其制备方法［P］．中国，CN105687052 A，2016-06-22.
[145] 宋平，马德广，管兴国，等．香皂的发展与开发［J］．日用化学品科学，2001，24（2）：8-10.
[146] 袁娟．香皂及其制备方法［P］．中国，CN104450324 A，2015-03-25.

[147] 李小迪．皮肤老化与抗衰老化妆品［J］．香料香精化妆品，2001（3）：23-26.
[148] 陈志灿．果酸护肤霜的配方设计［J］．黑龙江科技信息，2011（16）：31-31.
[149] 徐万锡．果酸护肤液及其制备方法［P］．中国，CN105496822A，2016-04-20.
[150] 曹涛，曹皓然，朱星名．食用级抗皱、抗衰老爽肤水［P］．中国，CN105581927A，2016-05-18.
[151] 化妆品配方［J］．日用化学品科学，2014，（01）：54-56.
[152] 李美凤．一种美白抗衰老化妆品及其制备方法［P］．中国，CN103800275A，2014-05-21.
[153] 邓伟健，蒲源．一种含有三重胶原蛋白的抗衰老精华液及其制备方法［P］．中国，CN104921987A，2015-09-23.
[154] 刘书元．一种胶原蛋白保湿霜［P］．中国，CN106333879A，2017-01-18.
[155] 吴耀松．龟皮胶原蛋白的应用研究与相关化妆品的初试生产［D］．长沙：湖南师范大学，2006.
[156] 庄永亮．海蜇胶原蛋白理化性质及其胶原肽的护肤活性研究［D］．青岛：中国海洋大学，2009.
[157] 闫鸣艳，秦松，冯大伟，等．狭鳕鱼皮胶原多肽组合物水洗面膜的研制［J］．日用化学工业，2011，41（3）：194-199.
[158] 张晓亭．复方祛斑抗皱霜的配制与临床应用［J］．西北药学杂志，1992（3）：26.
[159] 彭苗，王雪梅，燕奥林，等．抗皱紧致眼霜的研制及其性能研究［J］．日用化学品科学，2015，38（7）：20-24.
[160] 谢坤，张建芬．一种含有活性胜肽成分的抗皱保湿护肤品［P］．中国，CN104523554A，2015-04-22.
[161] 谢淑春，杨凯．一种抗衰老多胜肽复合物及其应用［P］．中国，CN104523449A，2015-04-22.
[162] 卢映霞，赵俊英．SOD皮肤抗衰老化妆品的研制［J］．日用化学工业，1995（3）：8-10.
[163] 陈光，王岩，韩蕊．一种可快速吸收的嫩肤露及其制备方法［P］．中国，CN104721115A，2015-06-24.
[164] 祖元刚，付玉杰，陈丽艳，等．一种含有辅酶 $Q_{10}$ 和植物精华的乳剂及其制备方法［P］．中国，CN101032459，2007-09-12.
[165] 陈思渊．辅酶 $Q_{10}$ 纳米结构脂质载体及其凝胶剂的研制［D］．武汉：华中科技大学，2012.
[166] 严明强，张红兵．β-葡聚糖在化妆品中的应用［J］．香料香精化妆品，2007（6）：31-34.
[167] 王昌涛，孙啸涛，陈星玎，等．一种含有燕麦β-葡聚糖的保湿、抗衰老化妆品配方及其生产工艺［P］．中国，CN102488628A，2012-06-13.
[168] 杨跃飞．一种中老年滋养抗皱霜及其制备方法［P］．中国，CN102614103A，2012-08-01.
[169] 陈平，严常开，孙金龙，等．眼部抗皱护肤品及其制备方法［P］．中国，CN102860949A，2013-01-09.
[170] 吴优．一种抗皱保湿美容霜及其制备方法［P］．中国，CN105147566A，2015-12-16.
[171] 王庆华，舒锦华，刘山，等．羧甲基酵母葡聚糖在护肤品中的应用研究［J］．广东化工，2010，（06）：7-9.
[172] 陈立琼．hEGF在化妆品中美白/延缓衰老功效的探索［D］．无锡：江南大学，2008.
[173] 李晓鹏，胡昌华，李谋斌，等．含角质细胞生长因子-2的生物美容护肤品和重组人角质细胞生长因子-2的制备方法［P］．中国，CN1561960，2005-01-12.
[174] 林雪，程超．生物活性化妆品配方及其制作方法［P］．中国，CN103271837A，2013-09-04.
[175] 叶朝辉，余莉．细胞因子及其在化妆品中的应用［J］．中国生物美容，2010（1）：47-52.
[176] 李校堃，李海燕，杨晶，等．一种含有血管内皮生长因子活性多肽的植物油体护肤乳液［P］．中国，CN103320466A，2013-09-25.

[177] 孙杰．一种皮肤美容修复抗衰除皱的化妆品制剂［P］．中国，CN101884602A，2010-11-17.
[178] 姜惠敏．羊胎盘抗氧化肽的制备及其在抗衰老化妆品中的应用［D］．无锡：江南大学，2016.
[179] 李青，杨雪莹，李翔．一种以羊胎素为主的保湿焕颜精华液及保湿焕颜化妆品［P］．中国，CN105395451A，2016-03-16.
[180] 李爱伏．一种多功效化妆品及制作方法［P］．中国，CN106377489A，2017-02-08.
[181] 颜辉．抗衰老化妆品的配方开发及应用［D］．无锡：江南大学，2008.
[182] 周畅．牡丹籽油作为化妆品基础油的开发研究［D］．上海：上海交通大学，2015.
[183] 张静．葡萄籽油 O/W 型膏霜化妆品开发研究［D］．银川：宁夏大学，2013.
[184] 李慧萍．人参 AFG 系列化妆品开发研究［D］．吉林：吉林农业大学，2014.
[185] 殷海琴．天然抗菌物质群组的提取及其在化妆品中的应用研究［D］．广州：华南理工大学，2014.
[186] 钱文涛．一种植物化妆品的开发研究［D］．北京：中央民族大学，2006.
[187] 于佳．月季花抗衰老化妆品的开发研究［D］．天津：天津大学，2015.
[188] 孟慧，许勇．二氧化钛微囊防晒霜的研制［J］．药学实践杂志，2012，30（1）：38-41.
[189] 胡礼鸣，杨亚玲，胡瑜，等．含天然三七总皂苷及纳米 $TiO_2$ 防晒霜的配方研究［J］．日用化学品科学，2008，31（7）：34-37.
[190] 罗娟，成小玲，邓立元，等．维生素 A、E 的防晒霜的研制［J］．日用化学品科学，2003，26（6）：39-40.
[191] 吴铁，唐林志，吴怡，等．辅酶 $Q_{10}$ 防晒养护霜［P］．中国，CN105125430A，2015-12-09.
[192] 康代平，刘德海，张伟杰，等．防晒霜及其的制备方法［P］．中国，CN105434188A，2016-03-30.
[193] 邓伟健，蒲源．一种新型的高效防晒粉底液［P］．中国，CN105434289A，2016-03-30.
[194] 城内美树，金泽克彦．防晒化妆品［P］．中国，CN105534733A，2016-05-04.
[195] 蔡小芳，鹿桂乾，张利萍．一种具有出水霜特征的防晒护肤日霜及其制备方法［P］．中国，CN105832574A，2016-08-10.
[196] 李金明，丁峰，李珣，等．一种含有 SOD 的脂质体防晒保湿喷雾剂及其制备方法［P］．中国，CN105997562A，2016-10-12.
[197] 余财美，蔡欣怡，黄红珲．一种防晒 BB 霜［P］．中国，CN106214520A，2016-12-14.
[198] 陈光勇，陈旭冰，刘光明．紫外线和防晒化妆品［J］．山东化工，2006，(04)：17-20.
[199] 钟有志主编．化妆品工艺［M］．北京：中国轻工业出版社，1999.
[200] 董银卯．化妆品［M］．北京：中国石化出版社，2000.
[201] 周洁，张海州．防晒产品中防晒剂的配比研究和优化方法［J］．日用化学工业，2002，(01)：26-28.
[202] 黄玉媛，陈立志，刘汉淦，等．化妆品配方［M］．北京：中国纺织出版社，2008.
[203] 李东光，翟怀凤．实用化妆品配方手册［M］．北京：化学工业出版社，2000.
[204] 吴志宏，姚孝元．防晒化妆品防晒效果评价［J］．中国卫生监督杂志，2008，(02)：137-139.
[205] 陈玲．化妆品化学［M］．北京：高等教育出版社，2002.
[206] 虞苏幸．日用化工新产品与新技术［M］．南京：江苏科学技术出版社，2001.
[207] 姚超，张智宏，林西平，等．纳米技术与纳米材料—防晒化妆品种的纳米二氧化钛［J］．日用化学工业，2003，(05)：333-336.
[208] 程艳，祁彦，王超，等．防晒化妆品功效性评价与展望［J］．日用化学品科学，2006，(08)：

31-33.
[209] 王雪梅．画眉深浅入时无——化妆品与健康美容［M］．合肥：安徽大学出版社，2004：56.
[210] 郑言，李芬．化妆品与美容［M］．济南：山东人民出版社，1986：156.
[211] 杨素珍，阚洪玲，张天民．透明质酸在美容化妆品方面的应用［J］．食品与药品，2010，12（4）：275-278.
[212] 赫布·凯莱赫，老诚．新一代美容化妆品发展潮流［J］．临床医学工程，2006（12）：47-49.
[213] 佳尼斯·布阮娜，周升．必需脂肪酸在美容化妆品中的应用［J］．日用化学品科学，2005，28（8）：45-48.
[214] 阎世翔，广丰．美容化妆品科技新理念［J］．中国化妆品，2004（11）：88-93.
[215] 刘颖．中国美容化妆品业发展报告［J］．日用化学品科学，2005，28（5）：8-13.
[216] 杨志刚．国际美容化妆品科技动态［J］．北京日化，2004（4）：1-8.
[217] 杨纯瑜，芦西兰．我国美容化妆品的研究现状及发展趋势［J］．北京日化，2003（1）：1-6.
[218] 虞瑞尧．21世纪美容化妆品新技术与新原料［J］．中国化妆品，2002（8）：18.
[219] 杨超．一种保湿润唇膏［P］．中国，CN105997708A，2016-10-12.
[220] 徐健．一种透明润肤唇膏及其制备方法［P］．中国，CN105411877A，2016-03-23.
[221] 吴月存．防晒多效护唇膏［P］．中国，CN105106054A，2015-12-02.
[222] 吴娟．一种可食用唇膏及其制备方法［P］．中国，CN104771351A，2015-07-15.
[223] 韩茂荣．一种保湿润唇膏［P］．中国，CN104721082A，2015-06-24.
[224] 吴胜．一种防晒多效护唇膏［P］．中国，CN104688598A，2015-06-10.
[225] 郭亚萍．含维生素的唇膏［P］．中国，CN104473789A，2015-04-01.
[226] 丁兆捷．一种天然保湿唇膏［P］．中国，CN104248563A，2014-12-31.
[227] 刘石生．防晒透明唇膏及其制备方法［P］．中国，CN104173206A，2014-12-03.
[228] 李晓婷．一种滋润保湿护唇膏［P］．中国，CN103816100A，2014-05-28.
[229] 张琦．一种温和清爽润唇膏［P］．中国，CN103655414A，2014-03-26.
[230] 张磊．一种长效保湿润唇膏［P］．中国，CN103445987A，2013-12-18.
[231] 肖伟荣．一种防过敏唇膏［P］．中国，CN103110561A，2013-05-22.
[232] 肖伟荣．一种安全唇膏［P］．中国，CN103027885A，2013-04-10.
[233] 刘昊涅．一种天然护唇膏的制备方法［P］．中国，CN102397200A，2012-04-04.
[234] 戴柏澍．一种变色唇膏［P］．中国，CN102366354A，2012-03-07.
[235] 居华．一种防晒多效护唇膏［P］．中国，CN102293728A，2011-12-28.
[236] 付雪艳，高兰月，张文伟，等．防干裂唇膏［P］．中国，CN102274135A，2011-12-14.
[237] 詹贻洪．水貂油唇膏［P］．中国，CN101862290A，2010-10-20.
[238] 任芳芳．多功能唇膏［P］．中国，CN101804019A，2010-08-18.
[239] 舒晓航，刘瑞学，冷群英．一种轻薄贴肤的气垫腮红及其制备方法［P］．中国，CN106176423A，2016-12-07.
[240] 袁彦洁．一种微胶囊型腮红［P］．中国，CN104490613A，2015-04-08.
[241] 陈敀文．一种眉笔笔芯及其制备方法［P］．中国，CN106473950A，2017-03-08.
[242] 袁承，李宝才，任万云，等．一种眉笔组合物及其制备方法［P］．中国，CN106265225A，2017-01-04.
[243] 高小娜．铅笔式眉笔［P］．中国，CN105816359A，2016-08-03.
[244] 王岚．一种天然无毒眉笔及其制备方法［P］．中国，CN105267077A，2016-01-27.

[245] 陶文花．一种眉笔及其制备方法［P］．中国，CN101732198A，2010-06-16.
[246] 孙丽萍．一种眼影块［P］．中国，CN106265140A，2017-01-04.
[247] 戴女裕．一种人参眼影膏及其制备方法［P］．中国，CN105326757A，2016-02-17.
[248] 刘彩霞．一种粉质眼影块［P］．中国，CN105287255A，2016-02-03.
[249] 许龙．水性眼影及其制备方法［P］．中国，CN105168013A，2015-12-23.
[250] 张琦．一种眼影膏［P］．中国，CN103655411A，2014-03-26.
[251] 戴钧钧．珍珠粉眼影膏［P］．中国，CN102670475A，2012-09-19.
[252] 徐美仙．眼影块［P］．中国，CN102178625A，2011-09-14.
[253] 任芳芳．粉质眼影块［P］．中国，CN101804020A，2010-08-18.
[254] 叶芳．眼影霜［P］．中国，CN101176702，2008-05-14.
[255] 陈啟文．一种眼线笔芯及其制备方法［P］．中国，CN106473934A，2017-03-08.
[256] 罗君星．眼线笔［P］．中国，CN106388221A，2017-02-15.
[257] 蔡少青．一种有香味的指甲油［P］．中国，CN106389140A，2017-02-15.
[258] 刘艺鹏．温和洗甲水［P］．中国，CN106389158A，2017-02-15.
[259] 崔晓华．眼线笔［P］．中国，CN106360945A，2017-02-01.
[260] 武纪东，张玉．一种稳定、抗水、透气型粉底液［P］．中国，CN106361662A，2017-02-01.
[261] 熊廷珍．全营养型水性指甲油［P］．中国，CN106309168A，2017-01-11.
[262] 杨超．一种保湿润肤粉底液［P］．中国，CN106109373A，2016-11-16.
[263] 杨超．一种长效粉底液［P］．中国，CN106109374A，2016-11-16.
[264] 毛红兵．一种耐水水性指甲油及其制备方法［P］．中国，CN106074219A，2016-11-09.
[265] 韩再满．一种具有保健功能的香粉及其制备方法与用途［P］．中国，CN105995905A，2016-10-12.
[266] 杨超．一种抗皱粉底液［P］．中国，CN105997803A，2016-10-12.
[267] 杨超．一种可变色的荧光指甲油［P］．中国，CN105997568A，2016-10-12.
[268] 杨超．快速易干的指甲油［P］．中国，CN105997590A，2016-10-12.
[269] 杨超．一种睫毛膏组合物［P］．中国，CN105997592A，2016-10-12.
[270] 杨超．一种防褪色指甲油［P］．中国，CN105997679A，2016-10-12.
[271] 杨超．一种长效睫毛膏［P］．中国，CN105997696A，2016-10-12.
[272] 李德彬．一种洗甲水［P］．中国，CN105769595A，2016-07-20.
[273] 朱修圣．一种多味香粉［P］．中国，CN105558505A，2016-05-11.
[274] 徐健．一种无油性粉饼及其制备方法［P］．中国，CN105476872A，2016-04-13.
[275] 王岚．一种去皱眼线液及其制备方法［P］．中国，CN105310914A，2016-02-10.
[276] 郭靖凯．高抗紫外线剂粉饼［P］．中国，CN105250163A，2016-01-20.
[277] 洪熙，陈刚，吴海燕，等．一种绿色健康洗甲水［P］．中国，CN105078801A，2015-11-25.
[278] 韩秋漪，张善端，荆忠．可见光固化指甲油及其制备方法［P］．中国，CN105012160A，2015-11-04.
[279] 吴克．一种止痒抗油粉底液及其制备方法［P］．中国，CN104997687A，2015-10-28.
[280] 吴克．一种养护洗甲水及其制备方法［P］．中国，CN104971032A，2015-10-14.
[281] 李武相．一种天然香粉的加工方法［P］．中国，CN104921578A，2015-09-23.
[282] 朱伟萍．一种延缓衰老的营养防晒粉饼［P］．中国，CN104721106A，2015-06-24.
[283] 戴钧钧．药物粉饼［P］．中国，CN104666121A，2015-06-03.

[284] 刘幼芝．一种具有增长效果的抗水性睫毛膏［P］．中国，CN104666190A，2015-06-03.
[285] 王静．一种环保洗甲水［P］．中国，CN104622719A，2015-05-20.
[286] 宋其祥．一种营养粉饼［P］．中国，CN104509563A，2015-04-15.
[287] 熊洁，罗平．一种丝柔肤感精华粉底液及其制备方法［P］．中国，CN104434570A，2015-03-25.
[288] 楼彪，施金金，卢正君．一种粉饼及其生产工艺［P］．中国，CN104042505A，2014-09-17.
[289] 林学荣．荧光变色指甲油［P］．中国，CN103735427A，2014-04-23.
[290] 王元会．一种芦荟洗甲水［P］．中国，CN103690409A，2014-04-02.
[291] 张琦．一种改良型睫毛膏［P］．中国，CN103655239A，2014-03-26.
[292] 吕小明，黄海林．一种眼线液［P］．中国，CN103655386A，2014-03-26.
[293] 周宇．一种睫毛膏［P］．中国，CN103565664A，2014-02-12.
[294] 李德彬．一种环保洗甲水［P］．中国，CN103271838A，2013-09-04.
[295] 张淑霞．一种洗甲水及其制备方法［P］．中国，CN103169629A，2013-06-26.
[296] 周正冲．一种化妆香粉［P］．中国，CN102885706A，2013-01-23.
[297] 金继月，戴永求．一种低刺激指甲油［P］．中国，CN102552059A，2012-07-11.
[298] 梁杰，彭伟．具有促进睫毛生长作用的眼线液［P］．中国，CN102552091A，2012-07-11.
[299] 陈军．一种睫毛膏及其制备方法［P］．中国，CN102274134A，2011-12-14.
[300] 徐美仙．一种化妆香粉［P］．中国，CN102178633A，2011-09-14.
[301] 蒋和平．水溶性高硬度抗菌指甲油及其制备方法［P］．中国，CN101836940A，2010-09-22.
[302] 金晨曦，石克煌．一种水溶性指甲油的制备方法［P］．中国，CN1785154，2006-06-14.
[303] 王培义．化妆品——原料·配方·生产工艺［M］．北京：化学工业出版社，1999.
[304] 裘炳毅．化妆品化学与工艺技术大全（上、下册）［M］．北京：中国轻工业出版社，1997.
[305] 韦尔立．化妆品化学［M］．北京：高等教育出版社，1990.
[306] 刘瓘文．新型发用化妆品——摩丝的研究［J］．日用化学工业，1998（04）：13-17.
[307] 徐艳萍，杜薇薇．化妆品［M］．北京：科学技术文献出版社，2002.
[308] 王雨来．发用化妆品中草药及天然植物调理剂［J］．福建轻纺，2004（01）：28-29.
[309] 厦门WTO工作站．欧盟修订部分发用化妆品原料的使用要求［J］．中国洗涤用品工业，2015（09）：80.
[310] 李阳明主编．化妆品化学［M］．北京：科学出版社，2002.
[311] 俞福良．浅析发用化妆品的进展［J］．日用化学品科学，1995（1）：20-21.
[312] 陈金芳．化妆品工艺学［M］．武汉：武汉理工大学出版社，2001.
[313] 吕育齐，李津明．W/O/W型复乳状中药发乳的研制［J］．日用化学工业，1996（4）：47-48.
[314] 巫建国．定型发胶配方七则［J］．今日科技，1990（7）：16.
[315] 王云，康代平，张伟雄．烫发水的研究与优化［J］．广东化工，2013，40（13）：49-50.
[316] Alexamder P，王燕．烫发液［J］．日用化学品科学，1989，（02）：42-44.
[317] 石荣莹，刘志兵，张蕾，等．天然植物染发剂［J］．上海化工，2005，30（6）：25-29.
[318] 孟卫华，刘宪俊．洗发水的成分、配制工艺及市场概况综述［J］．中国洗涤用品工业，2016（4）：71-77.
[319] 尹国玲，曹林珍．氧化型染发剂［J］．江南大学学报（自然科学版），2003，2（1）：80-82.
[320] 余红霞．一种新的单剂型染发剂的研制［J］．湖南理工学院学报（自然科学版），2002，32（2）：59-60.
[321] 张爱波，苏力宏，刘秀婷．暂时性彩色染发液的研制［J］．应用化工，1999，28（2）：10-11.

[322] 赵建华．洗发水配方优化 [D]．无锡：江南大学，2008.

[323] 冯兰宾，袁铁彪．化妆品生产工艺 [M]．北京：轻工业出版社，1986.

[324] 刘毅，广丰．功能化妆品概要 [J]．中国化妆品，2006 (06)：92-93.

[325] 吴正林．中国化妆品大全 [M]．上海：上海科学技术文献出版社，1994.

[326] 王远洋，赵泽民．蜜蜂产品在化妆品中的功能及应用 [J]．蜜蜂杂志，2016 (08)：18-20.

[327] 顾良荧．日用化工产品及原料制造与应用大全 [M]．北京：化学工业出版社，1997.

[328] 光井武夫主编．新化妆品学 [M]．张宝旭，译．北京：中国轻工业出版社，1996.

[329] 来关根，童忠良．中外日用化学品及化妆品配方集锦 [M]．杭州：浙江科学技术出版社，1987.

[330] 王凌云，岑颖洲，李药兰．海藻的特殊功能及其在化妆品中的应用 [J]．日用化学工业，2003 (04)：258-260.

[331] 肖子英，广丰．第五讲美乳化妆品全成分标注 [J]．中国化妆品：行业，2010 (16)：66-70.

[332] 高炳良．棒状抑汗剂 [P]．中国，CN104666118A，2015-06-03.

[333] 林贤文．一种除臭膏 [P]．中国，CN103690390A，2014-04-02.

[334] 苏洪国．换肤粉刺霜 [P]．中国，CN1185951，1998-07-01.

[335] 马思荣．珍珠祛痘膏及其制作工艺 [P]．中国，CN105997775A，2016-10-12.

[336] 周耀华，肖作兵．食用香精制备技术 [M]．北京：中国纺织出版社，2007.

[337] 龚子东，王建新．制药仪器设备操作技术 [M]．郑州：郑州大学出版社，2010.

[338] 王港，黄锐，陈晓媛，等．高速混合机的应用及研究进展 [J]．中国塑料，2001 (7)：11-14.

[339] 李中，袁惠新．萃取设备的现状及发展趋势 [J]．过滤与分离，2007，17 (4)：42-45.

[340] 胡长鹰，王有伦，陆振曦．高剪切均质机机理研究 [J]．化工装备技术，1997 (1)：13-17.

[341] 徐峰．剪切式均质机结构设计与技术分析 [J]．日用化学品科学，2009，32 (4)：27-30.

[342] 袁铁彪．化妆品乳剂——第八讲 制造化妆品乳剂的设备 [J]．日用化学工业，1985 (02)：43-47.

[343] 戴元忠．胶体磨工作原理及其应用 [J]．粮油加工与食品机械，1988 (5)：46-47.

[344] 向红跃．液体洗涤剂和流体化妆品类物料的灌装 [J]．日用化学工业，1991 (4)：12-15.

[345] 余立君．医用灭菌设备的技术进展 [J]．中国医疗设备，2008，23 (4)：52-54.

[346] 赵华，尹月煊．《化妆品安全技术规范》(2015 版) 内容解读 [J]．日用化学品科学，2017 (1)：6-10.